“十四五”测绘导航领域职业技能鉴定规划教材

遥感测绘技术

张衡 周杨 李鹏程 席英 王淑香 魏伟 黄群 编著

国防工业出版社
·北京·

内容简介

本书从国家和军队职业技能鉴定工作出发,紧紧围绕遥感测绘技术,循序渐进、深入浅出地介绍了遥感测绘技术基本原理和作业方法,内容包括遥感测绘概念及分类、航空遥感影像获取、遥感测绘基础知识、像片控制测量、遥感图像判绘、单像遥感测绘作业理论、立体遥感测绘作业理论、空中三角测量、数字遥感测绘基础、地形图建库出版编辑与成果检查。

本书可作为"摄影测量员(遥感测绘方向)"工种职业技能鉴定、遥感测绘专业高等职业教育培训教材,也可供从事摄影测量、无人机测绘、图像判绘等工作的测绘工程技术人员学习参考。

图书在版编目(CIP)数据

遥感测绘技术 / 张衡等编著. -- 北京 : 国防工业出版社, 2024. 12. -- ISBN 978-7-118-13214-4

Ⅰ. P237

中国国家版本馆 CIP 数据核字第 20249ED091 号

※

国防工业出版社出版发行

(北京市海淀区紫竹院南路 23 号　邮政编码 100048)

三河市天利华印刷装订有限公司印刷

新华书店经售

*

开本 710×1000　1/16　**插页** 4　**印张** 13¼　**字数** 233 千字

2024 年 12 月第 1 版第 1 次印刷　**印数** 1—1500 册　**定价** 68.00 元

国防书店:(010)88540777　书店传真:(010)88540776

发行业务:(010)88540717　发行传真:(010)88540762

前言

遥感测绘技术是测绘科学与技术学科重要的组成部分,也是目前全要素地理空间信息获取最快捷、使用最广泛的重要手段。遥感测绘是指使用野外测量仪器、数字摄影测量工作站、数字化成图系统等设备,进行航空航天遥感影像的野外控制测量、判绘、加密、纠正、测图、地形图建库、出版编辑,并绘制数字地形图、制作数字影像地图。

本书是根据测绘导航领域鉴定指导中心 2023 年制订的"摄影测量员(遥感测绘方向)"职业技能标准编写的。内容包括 10 个章节:第 1 章遥感测绘概念及分类,介绍了遥感测绘的基本概念、分类方法和发展阶段;第 2 章航空遥感影像获取,介绍了航空遥感平台及相机、航空遥感测绘对影像和飞行质量的要求;第 3 章遥感测绘基础知识,介绍了中心投影概念、航摄像片的重要点线面、遥感测绘常用坐标系、像片方位元素及航摄比例尺等内容;第 4 章像片控制测量,介绍了像片控制测量基本知识、准备工作以及像控点测量作业等内容;第 5 章遥感图像判绘,介绍了遥感图像判绘定义、判读特征、地形要素判绘等内容;第 6 章单像遥感测绘作业理论,介绍了共线条件方程、倾斜和投影误差、像点坐标系统误差、单像空间后方交会、DEM 和单像测图等内容;第 7 章立体遥感测绘作业理论,介绍了立体像对基本知识、立体像对方位元素、立体像对观察与量测、相对定向、空间前方交会及绝对定向等内容;第 8 章空中三角测量,介绍了空中三角测量基本概念、区域网空中三角测量方法;第 9 章数字遥感测绘基础,介绍了数字影像和数字遥感测绘定义、特征提取和影像匹配的定义及过程、数字微分纠正和常用的数字遥感测绘系统等内容;第 10 章地形图建库出版编辑与成果检查,介绍了地形图基础知识、地形图编辑和地形图成果检查验收等内容。

本书的写作分工如下:第 1 章由张衡和黄群同志编写;第 2、3、6、7 章由张衡同志编写;第 4 章由魏伟同志编写;第 5 章由王淑香同志编写;第 8 章由周杨同志编写;第 9 章由李鹏程同志编写;第 10 章由席英同志编写。全书由张衡同志统稿并绘制插图。

本书在编著过程中得到信息工程大学地理空间信息学院教学科研处和测绘工程教研室的领导和同事们的大力支持,特别是摄影测量教学组诸位老师提供了许多技术支持,在此一并表示诚挚的感谢!

本书可作为测绘导航领域"摄影测量员(遥感测绘方向)"职业技能鉴定、遥感测绘专业高等职业教育教材,也可供从事摄影测量、遥感测绘、无人机测绘等工作的测绘工程技术人员学习参考。由于编者水平所限,书中错误在所难免,敬请读者批评指正。

编者

2024 年 05 月于郑州

目录

第1章
遥感测绘概念及分类

遥感测绘技术具有悠久的历史，目前已发展到数字测量阶段，并向智能测量阶段过渡，它是传统摄影测量与遥感技术和计算机视觉相结合的产物。国际摄影测量与遥感协会（ISPRS）1988 年给出定义：摄影测量与遥感是从非接触成像和其他传感器系统通过记录、量测、分析与表达等处理，获取地球及其环境和其他物体可靠信息的工艺、科学与技术。其中，摄影测量（测绘部分）侧重于提取几何信息；遥感侧重于提取物理信息。本书侧重于介绍航空遥感测绘部分的基础概念和理论方法，内容主要包括遥感影像获取、遥感测绘基础、影像控制测量、遥感图像判绘、遥感测绘作业理论、空中三角测量、数字遥感测绘和地形图建库与出版编辑。

1.1 遥感测绘的概念

1.1.1 遥感测绘定义和任务

遥感（Remote Sensing，RS），顾名思义，就是遥远的感知，是在不接触物体的情况下，对物体进行探测，感知它的几何属性和物理属性，是一种非接触的测量和识别技术。遥感测绘（或者摄影测量）定义为利用摄影机或其他传感器采集被测对象的图像信息，经过加工处理和分析，获取有价值的可靠信息的理论和技术。本书主要讲解航空遥感测绘。

该定义中有三个关键知识点：目标、图像和信息。目标是指地面上的被测对象；图像是指利用摄影机或其他传感器所采集到的图像或影像信息；信息是指通过加工处理和分析最终得到的可靠信息（摄影测量产品）。三个知识点之间的关系如图 1－1 所示，从目标到图像是“遥感（或摄影）”的过程，而从图像到信息是“测绘（或测量）”的过程，本书侧重描述的是“测量”的过程。

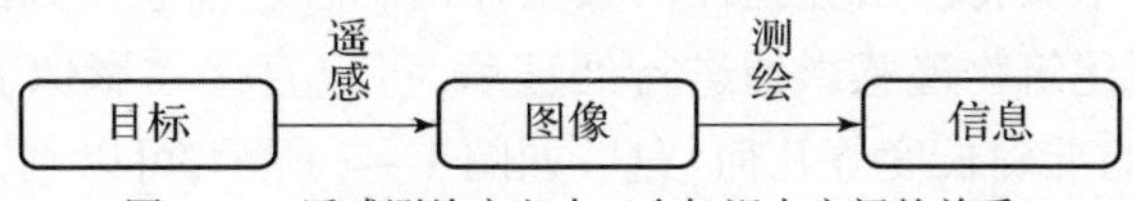

图 1－1　遥感测绘定义中三个知识点之间的关系

遥感测绘的主要任务是使用野外测量仪器、数字摄影测量工作站、数字化成图系统等仪器设备，进行遥感影像的野外控制测量、判绘、加密、纠正、测图、出版编辑等工作，并绘制数字地形图、制作数字正射影像（DOM）、构建数字地面模型（DTM），建立各类地形信息数据库，进行空间信息的分析与应用，为各种地理信息系统（GIS）、土地信息系统（LIS）、空间信息系统（SIS）提供基础数据。

遥感测绘过程解决的主要问题是几何定位和影像解译。几何定位是确定被摄对象（或目标）的大小、形状和空间位置，该过程基本原理源于测量学的前方交会方法，如图 1－2（a）所示，根据两个已知观测站点位置和两条观测方向，交会出构成这两条光线的未知点的三维坐标，而遥感测绘原理如图 1－2（b）所示，通过对不同位置获取的未知点影像 a_1，a_2 进行量测，达到对未知点间接测量的目的，该部分内容为本书重点描述内容。影像解译是确认与影像对应的摄影目标的属性，常规的影像解译方法是根据地物在影像上的构像规律，采用人工目视判读方法识别地物属性，近年来随着人工智能、区块链、神经科学赋能影像解译技术，AI 判读识别技术精度越来越高。

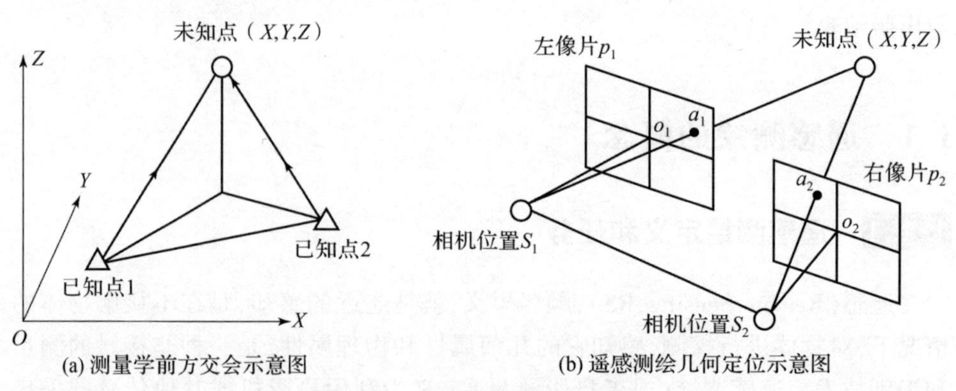

(a) 测量学前方交会示意图　　(b) 遥感测绘几何定位示意图

图 1－2　遥感测绘几何定位原理

1.1.2　遥感测绘的特点

遥感测绘的特点是对遥感影像进行量测与解译等处理，无须接触物体本身，因而较少受到周围环境与条件的限制。被摄物体可以是固体、液体或气体，也可以是静态或动态，还可以是遥远的、巨大的（宇宙天体与地球）或极近的、微小的（电子显微镜下的细胞）。影像是客观物体或目标的真实反映，信息丰富、逼真，人们可以从影像中获得所研究物体的大量几何和物理信息。如图 1－3 所示，通过对获取的地面建筑物遥感影像进行处理后，可以直接在影像上量测某个位置坐标、某段距离的准确长度等几何信息；如图 1－4 所示，可以判读分析出影像相应的属性信息，如影像获取的季节、时间、水流方向、周围场地性质等信息。

图1－3　通过影像间接获取地面目标几何信息

图1－4　通过影像分析地物属性信息

相比传统地形测量，遥感测绘具有无法比拟的优越性，如不受地理位置限制（境外目标、危险区域无法实地测量）、不受天气条件限制（雨雪天气无法实地测量）、不用接触被测目标、效率更高。遥感测绘是在获取二维影像基础上，重建目标地物三维模型,进而在重建的三维模型上进行量测或提取所需的各种信息。其本质是实现从二维影像到三维模型的过程,包括摄影获取立体像对、三维建模以及立体量测。

1.1.3 遥感测绘的产品

航空遥感测绘主要通过飞机、飞艇、无人机等在空中对地面进行摄影,实现大范围的地表信息获取,特别适用于地形测绘。遥感测绘成图速度快,产品形式多样,主要包括:数字栅格地图(DRG),如图 1-5(a)所示;数字线划地图(DLG),如图 1-5(b)所示;数字正射影像(DOM),如图 1-5(c)所示;数字高程模型(DEM),如图 1-5(d)所示。这些产品简称 4D 产品。

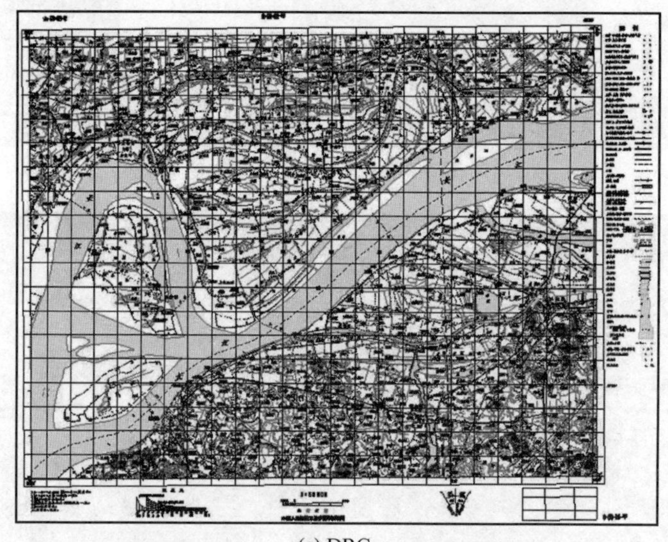

(a) DRG

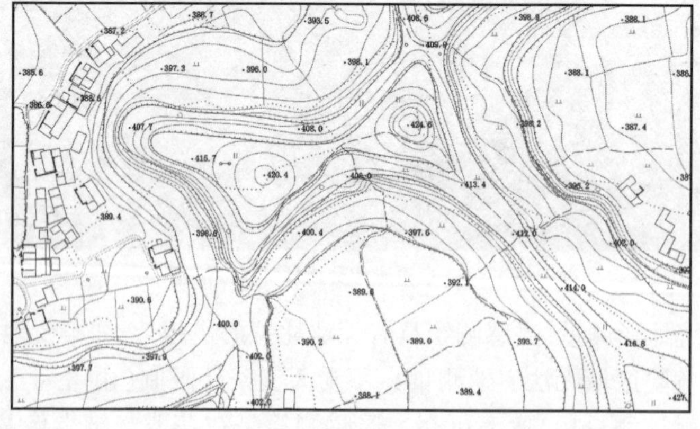

(b) DLG

(c) DOM

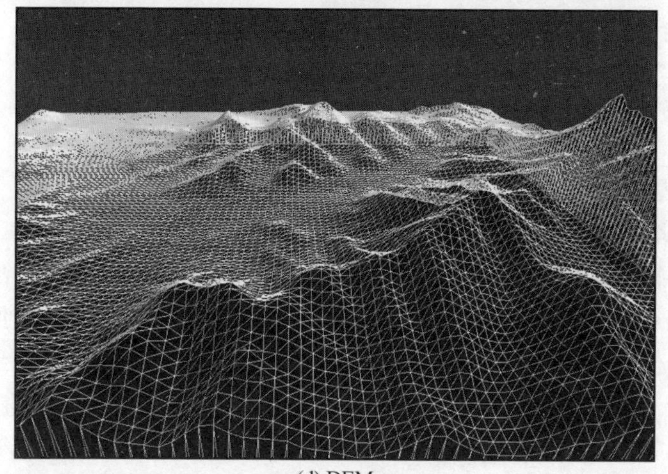

(d) DEM

图1－5 遥感测绘4D产品(见彩图)

DRG是现有纸质地形图经计算机处理后得到的栅格数据文件,每一幅地形图在扫描数字化后,经几何纠正,并进行内容更新和数据压缩处理。DRG在内容上、几何精度和色彩上与国家基本比例尺地形图保持一致。

DLG是现有地形图要素的矢量数据集,保存各要素间的空间关系和相关的属性信息,全面地描述地表目标,是摄影测量数字测图最重要的成果。它能满足地理信息系统中各种空间分析要求,可随机进行数据选取和显示,与其他信息叠加后,可进行空间分析和决策。

DEM是通过有限的地形高程数据实现对地面地形的数字化模拟,即用一组有序数值阵列形式表示地面高程的一种实体地面模型。数字高程模型可以真实、完整地反映地表形态,通过它能够生成等高线、三维立体图,进行坡度、坡向、坡面、通视等分析计算。

DOM 是利用 DEM 对数字航空/航天相片,逐像元进行投影差改正、镶嵌,按国家基本比例尺地形图图幅范围剪裁生成的数字正射影像数据集。DOM 具有地图几何精度和影像特征的图像,具有精度高、信息丰富、直观真实等优点。

1.2 遥感测绘的分类

遥感测绘通常按应用对象、成像距离、技术方法等进行分类。不同的分类方法并不是完全孤立的,在一些应用中通常需要不同类型的遥感测绘方法互为补充、互相配合。

1.2.1 按应用对象分类

按照遥感测绘定义中的“目标”或应用对象的不同,遥感测绘可分为地形遥感测绘与非地形遥感测绘。

地形遥感测绘的主要任务是测绘各种比例尺的地形图及城镇、农业、林业、地质、交通、工程、资源与规划等部门需要的各种专题图,建立地形数据库,为各种地理信息系统提供三维的基础数据,如图 1 – 6 所示。非地形遥感测绘主要用于工业、建筑、考古、医学、生物、体育、变形监测、事故调查、公安侦破与军事侦察等方面,其对象与任务千差万别,但其主要方法与地形遥感测绘一样,即从二维影像重建三维模型,在重建的三维模型上提取所需的各种信息,如图 1 – 7 所示。

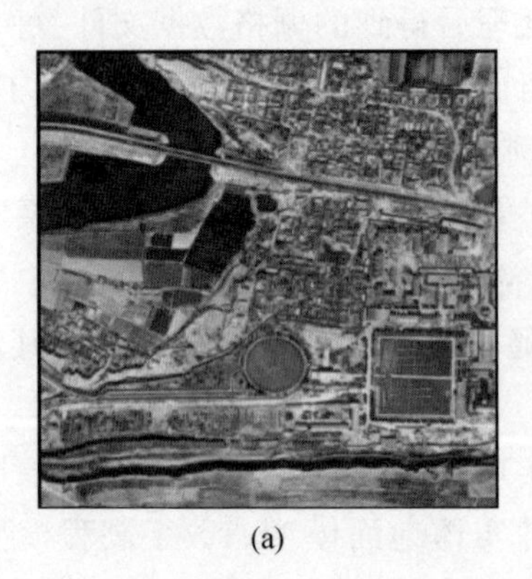
(a)

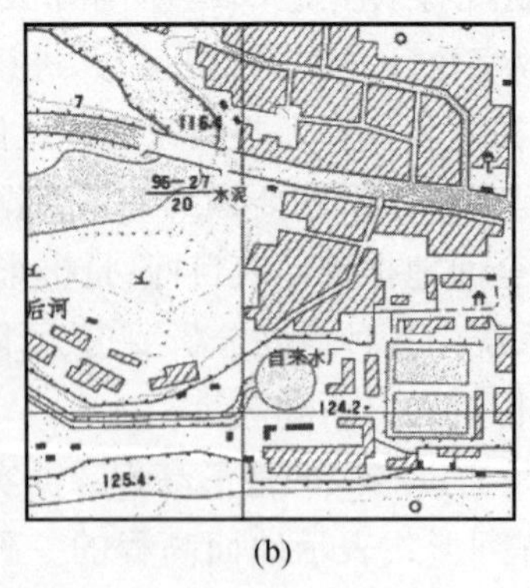

(b)

图 1 – 6　地形遥感测绘

(a)

(b)

图1-7 非地形遥感测绘

1.2.2 按成像距离分类

按照成像距离(地面目标和获取图像传感器之间的距离)的不同,遥感测绘可分为航天遥感测绘(成像距离≥200km,传感器平台一般为卫星,如图1-8所示)、航空遥感测绘(2km < 成像距离 < 10km,传感器平台一般为航空摄影飞机,如图1-9所示)、低空遥感测绘(地面以上,2km以下,传感器平台一般为无人机、飞艇、系留气球,如图1-10所示)、地面遥感测绘(传感器平台通常在地面上,如地面测量车等)、近景遥感测绘(成像距离 < 100m)和显微遥感测绘等。

图1-8 航天遥感测绘

图1-9 航空遥感测绘

图1-10 无人机低空遥感测绘

航天、航空、低空和地面遥感测绘,主要用于测制地形图和建立相应的数据库,因此四者均属于地形遥感测绘。随着无人机、载荷、导航和电子技术的发展,利用无人机开展低空遥感测绘作业,已经成为当今地理信息获取的重要手段,也成为航天遥感测绘和传统航空遥感测绘的有力补充。低空遥感测绘可广泛应用于国家重大工程建设、灾害应急与处理、国土监察、资源开发、新农村和小城镇建设等方面,尤其在大比例尺基础测绘、土地资源调查监测、土地利用动态监测、数字城市建设、应急救灾测绘数据获取、军事侦察等方面具有广泛应用。近景遥感测绘主要用于工业建筑、文物考古、公安侦破、事故调查,以及弹道轨迹、落点定位、变形测量、矿山工程、生物医学等诸多非地形遥感测绘任务中,由于具有很强的对应性,因此通常称近景遥感测绘为非地形遥感测绘。显微遥感测绘主要用于生物医学研究。

1.2.3 按技术方法分类

按照技术方法或者对遥感图像加工处理获取可靠信息的过程,遥感测绘分为模拟遥感测绘、解析遥感测绘和数字遥感测绘。该分类方法具有划分遥感测绘历史发展阶段的意义。

模拟遥感测绘是最直观、延续时间最久的一种遥感测绘方法。1900—1960年间,在摄影技术成熟的条件下,随着飞机的发明以及立体像对和立体测图仪器的广泛使用,遥感测绘理论与技术逐步成熟,进入模拟遥感测绘阶段。模拟遥感测绘是用光学和机械方法模拟摄影时的几何模式,通过几何反转,由像片重建所摄物体的缩小的几何模型,对该几何模型进行量测便可得到所需的图件,如地形原图。在模拟遥感测绘中,以硬拷贝像片作为处理的原始信息,利用光学机械模拟装置,实现复杂的遥感测绘解算,进而得到模拟产品。在这个阶段我国生产的遥感测绘仪器有多倍仪(图1-11)、纠正仪(图1-12)等多种模拟仪器。

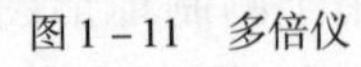

图1-11　多倍仪

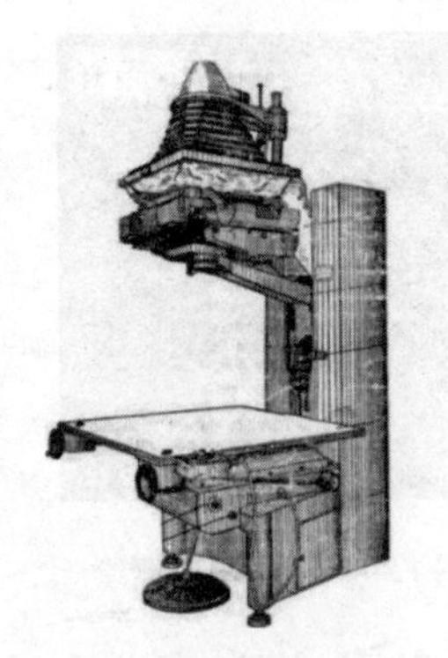

图1-12　纠正仪

解析遥感测绘是伴随1943年电子计算机的出现和发展而发展起来的,是依据像点与相应地面点间的数学关系,用电子计算机解算像点相应地面点的坐标并进行测图解算的技术。在解析遥感测绘中利用少量的野外控制点加密测图用的控制点或其他用途的更加密集的控制点的工作,称为解析空中三角测量(也称为电算加密）。由电子计算机实施解算和控制并进行测图的工作称为解析测图，相应的仪器系统称为解析测图仪。电算加密和解析测图仪的出现，是遥感测绘进入解析阶段的重要标志。在解析遥感测绘中，仍然以胶片或像片等作为处理的原始信息，但用精确的数字解算代替了精度较低的模拟解算，得到的是模拟产品和数字产品。这个阶段我国生产了 APS 系列（图 1－13）、JX 系列解析测图仪。

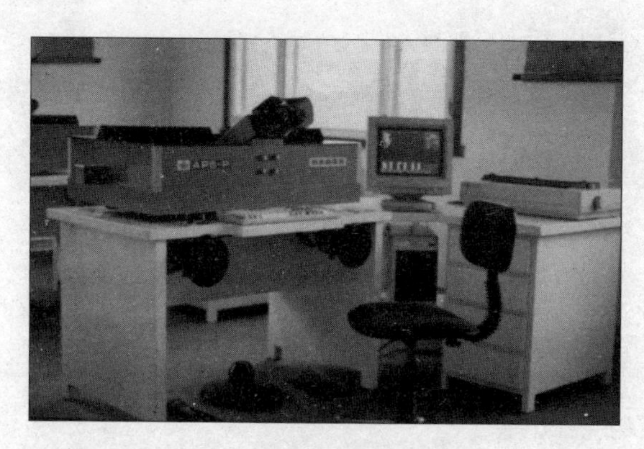

图 1－13　APS－P 解析测图仪

20 世纪 60 年代中期，国际上开始了全数字摄影测量（遥感测绘）工作站的研究。1988 年瑞士研制出第一台全数字摄影测量工作站，到 1992 年，国际上研制出多台实用化的全数字摄影测量工作站，标志着遥感测绘进入了数字遥感测绘时代。数字遥感测绘是以数字影像为基础，用电子计算机进行分析和处理，确定被摄物体的形状、大小、空间位置及其性质的技术。在数字遥感测绘系统中进行影像匹配和摄影测量处理，便可以得到各种数字成果。数字遥感测绘适用性很强，不仅能处理航空影像、航天影像和近景摄影影像等各种资料，为地图数据库的建立与更新提供数据，而且能用于制作数字地形模型、数字地图，以至用于巡航导弹的地形匹配系统，为指挥自动化提供测绘保障。这个阶段我国自主研发的全数字遥感测绘系统有 VirtuoZo 系列（图 1－14）和 MapMatrix 系列（图 1－15）。

上述的按技术方法分类，标志着遥感测绘发展的三个阶段（表 1－1 为三个阶段特点比较）的形成，其基本的理论依据是：摄影构像的数学模型，即共线条件方程（参见 6.1 节）；基于同名投影光线与基线（立体像对两摄站的连线）共面，即共面条件方程（参见 7.4.1 节）。在上述技术方法中利用这两个方程又构成了单像遥感测绘和立体遥感测绘的理论基础。

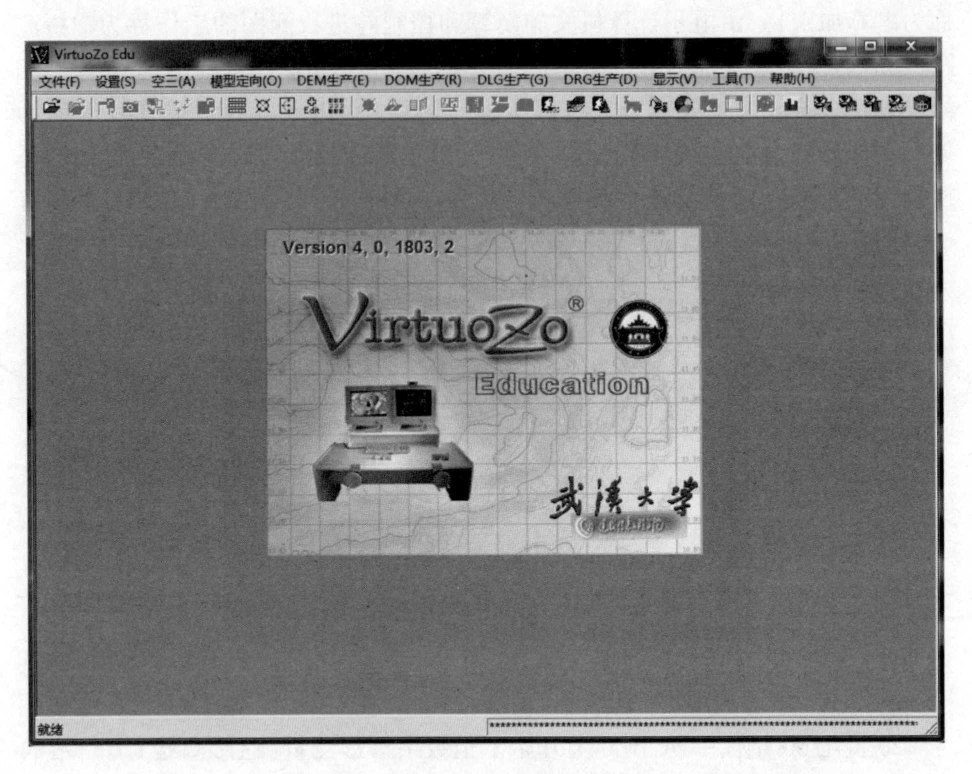

图 1 – 14 VirtuoZo 界面(见彩图)

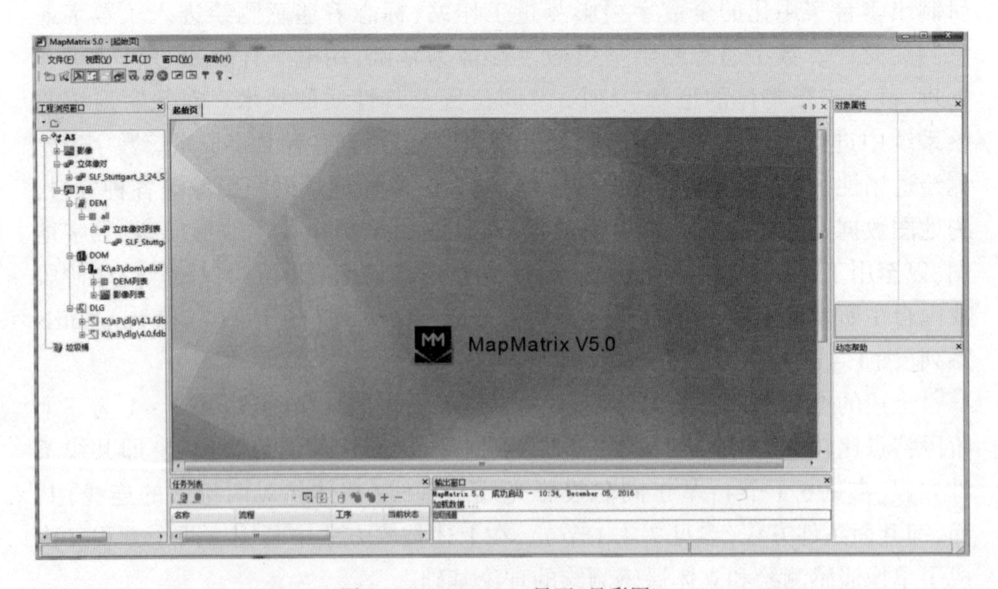

图 1 – 15 MapMatrix 界面(见彩图)

表1-1 遥感测绘三个发展阶段的特点

发展阶段	原始资料	投影方式	仪器设备	操作方式	产品
模拟遥感测绘	像片	物理投影	模拟测图仪	作业员手工	模拟产品
解析遥感测绘	像片	数字投影	解析测图仪	机助作业员操作	模拟产品+数字产品
数字遥感测绘	数字化影像+数字影像	数字投影	数字摄影测量工作站	自动化操作+作业员干预	数字产品+模拟产品

1. 什么是遥感测绘？与传统测量手段相比，该技术有哪些优势？
2. 遥感测绘有哪些产品？
3. 遥感测绘按成像距离和技术方法如何分类？

第2章

航空遥感影像获取

遥感测绘是在物体的影像上进行量测与解译,因此要对被研究的物体进行摄影,以获得被研究对象的影像。由于遥感测绘是利用立体影像进行观测,测量中为了获得较高精度,因此对摄影过程有一些特殊要求。本章主要介绍遥感测绘定义中从目标到图像的“遥感(摄影)”过程,以及在航空摄影时对像片及飞行质量的相关要求。

2.1 航空遥感测绘影像获取平台及航空摄影仪

2.1.1 航空遥感和航空遥感测绘基本概念

航空遥感是利用航空摄影机从飞机或其他航空器上获取地面或空中目标的图像信息的技术。航空遥感测绘是指在飞机或其他航空器上用航空摄影仪器(或航空摄影相机)对地面连续提取像片,结合地面控制点测量、调绘和立体测绘等步骤,绘制地形图的作业过程。它是遥感测绘中最为常见的一种方法,相对于航天遥感测绘,其摄影高度通常小于10km。它一般不受地理条件限制,能获取广大地域的高分辨率像片。航空遥感能为航空遥感测绘提供影像等基础资料,不仅广泛用于测绘地形图,而且在地质、水文、矿藏、森林等自然资源勘测,农业产量预估,大型厂矿和城镇规划,路线勘测和环境监测等方面也得到应用。近几年无人机航空遥感(简称无人机遥感测绘)异军突起,颇受欢迎,已有取代传统航空遥感测绘的趋势,无人机遥感测绘是指利用无人驾驶平台(无人机)和机载遥感设备,快速获取地理空间信息,且完成遥感数据处理、描述和应用的技术。

航空摄影前,首先需要利用相应飞行管理软件进行飞行计划的制订,根据飞行地区的经纬度、飞行需要的重叠度、飞行速度等设计最佳飞行方案,绘制航线图。将摄影测量相机安装到飞机上,从空中一定高度对地面进行摄影。航空摄影应该选择在天空晴朗少云、能见度好、气流平稳的天气进行,摄影时间最好是中午前后的几个小时。飞机依据航线图起飞进入摄区航线,按预定的拍摄时间和计算的拍摄间隔连续对地面摄影,直至第一条航线拍完为止,接着飞机盘旋转弯180°进入第二条航线进行拍摄,直至一个摄区拍摄完毕,如图2-1所示。飞行中一般利用全球卫星导航系统(Global Navigation Satellite System,GNSS)和惯性测量装置(IMU)进行实时定位、定姿与导航,拍摄过程中,操作人员利用飞行操作软件对航空摄影结果进行实时监控与评估。最后将拍摄的影像成果进行处理,传统相机需要进行底片冲洗、晒印等工作,数字相机需要将数字影像导入电脑进行后期处理,按相应的技术质量标准检查,如果出现遮挡、漏拍、重叠度超限等问题,则应立即采取重拍等补救措施。

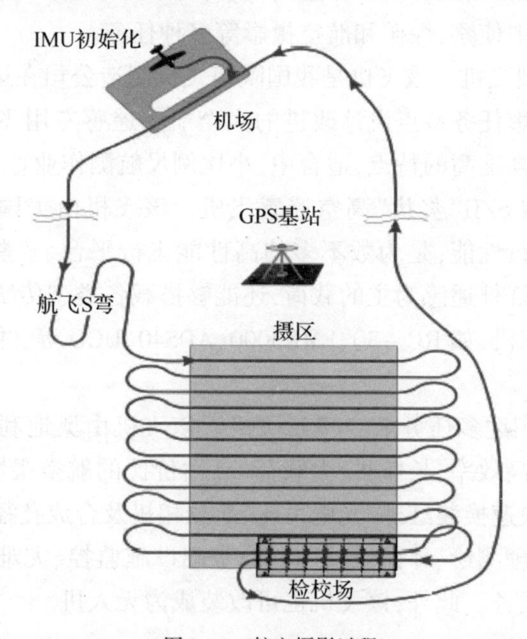

图2-1 航空摄影过程

2.1.2 航空遥感平台

航空遥感平台是指能搭载成像传感器用于在一定高度获取地面影像的航空飞行设备。常用的航空遥感平台主要有载人航空摄影飞机和各类无人机。目前我国航空摄影作业使用的载人航空摄影飞机主要是中小型固定翼飞机,国内有近20多家单位和公司可以提供航空摄影飞行服务,飞机数量大约有50~60架。载人航空摄影飞机具有飞行稳定、载重大、续航时间长、飞行作业效率高等优点,但存在空域协调难、飞行成本高、作业周期长、灵活性较差的不足。随着无人机技术的不断成熟与发展,利用小型民用无人机作为航空遥感测绘平台进行高分辨率航空摄影，已成为地形测绘、资源调查、环境监测、智慧城市等领域的一个重要支撑，尤其是近几年倾斜摄影三维建模技术的发展，极大地推动了无人机在航空摄影测量领域的广泛应用。无人机遥感具有航测反应速度快、时效性和性价比突出、空域限制小、安全系数高、地表数据快速获取和建模能力强、成像质量和精度高等优势。

1. 常用载人航空摄影飞机

（1）安－30 飞机。该飞机是苏联安东诺夫飞机制造公司生产的航空遥感专用飞机，整机采用密封舱设计，工作空间大，机身下部采用多个照相舱，搭载不同设备，可以实施空中侦察、探矿和航空摄影等多种任务。

（2）运－8H 型飞机。该飞机是我国陕西飞机制造公司在运－8 原型机的基础上，针对航空摄影任务特点设计改进的大型航空遥感专用飞机，具有航程远、续航时间长、巡航高度高的特点，适合中、小比例尺航测作业。

（3）CITATION S/II“奖状”高空遥感飞机。该飞机由美国 CESSNA 公司生产，具有全天候飞行性能，是为数不多的高性能飞行平台。“奖状”遥感飞机主要搭载以可见光、红外遥感为主的载荷，还能够搭载各类型传统模拟光学相机及新一代数字航空相机，如 RC－30、LMK3000、ADS40、UCD 等，并具有较强的业务化运行能力。

（4）DA42 多用途多任务航空摄影飞机。该飞机由奥地利钻石飞机工业公司生产，能够满足高效率、长航时、大载荷、高性价比的航空摄影飞行作业需求，可在机腹和机头快速换装红外/光电吊舱、航测相机及合成孔径雷达等不同类型载荷，广泛用于地理测绘、环保、智慧城市、基础设施监控、灾难监控以及应急救援等一系列特种任务。此外，该飞机也可改装成为无人机。

2. 无人机遥感平台

近年来国内外无人机平台发展迅速，无人机系统种类繁多、用途广泛、特点鲜明，在尺寸、质量、航程、航时、飞行高度、飞行速度、执行任务等方面存在较大差异。2010 年前，遥感测绘使用的无人机主要以汽油发动机为动力的固定翼飞机为主，这类飞机价格高，操作难度大。2011 年开始，国内以深圳市大疆创新科技有限公司为代表的多家公司推出了用于航空遥感测绘的以锂电池为动力的多旋翼无人机，主要用于无人机倾斜摄影测量。常用遥感测绘无人机类型如表 2－1 所列。

表2-1 常用遥感测绘无人机类型

无人机类型	优点	缺点	应用
多旋翼无人机	起飞场地限制小,可在空中悬停,可控性强	续航时间短,一般只有30 min;负载能力弱	工业、消费行业
固定翼无人机	续航时间长,巡航速度高,负载能力强	起降要求高,不能在空中悬停	工业、特殊行业
无人直升机	灵活性强,可垂直起降	续航时间短,维护成本高	工业、特殊行业
复合翼无人机	具备固定翼与多旋翼的优点	结构复杂,造价成本高	工业、特殊行业

2.1.3 航空遥感测量相机及常用无人机载荷

在2.1.2节描述的航空遥感平台上装载各类载荷(本书主要指可见光相机)就可以获取地面物体的影像,航空遥感测绘主要使用的是专用航空摄影量测相机,也称为航空摄影仪。航空摄影仪可分为光学胶片航空摄影仪和数字航空摄影仪两种,其中数字航空摄影仪根据成像方式可分为框幅式(面阵CCD)和推扫式(线阵CCD)两种。随着数字摄影测量技术的发展,无人机遥感测绘有时也使用普通数字相机,但存在影像畸变大、画幅小、数量多、基高比小等缺点。

1. 光学胶片航空摄影仪

光学胶片航空摄影仪是基于胶片的光学模拟摄影机,获取的影像画幅尺寸多为23cm×23cm,主要安装在载人航空摄影飞机上。与普通照相机一样,光学胶片航空摄影仪有物镜、光圈、快门、暗箱及检影器等主要部件,此外还有座架、压平装置、滤光片、像移补偿器等附属部件(框幅式光学航空摄影仪的结构如图2-2所示),主要用于减少像片的压平误差与摄影过程的像移误差,以确保后期影像的量测精度。航空摄影仪镜箱中,物镜是由若干不同曲率半径的透镜组合成的对称式物镜,以消除或减少像差;滤光片用于消除大气蒙雾的影响,提高景物反差,补偿焦面照度不均匀分布;物镜的焦平面还有框标(图2-3)记号,用于成像在影像上,便于后期建立框标坐标系。经典光学胶片航空摄影仪主要有瑞士徕卡公司的RC系列(例如RC30,见图2-4(a)),德国蔡司公司的RMK、LMK系列(例如RMK-TOP,见图2-4(b))以及我国的HS2323航空摄影仪。

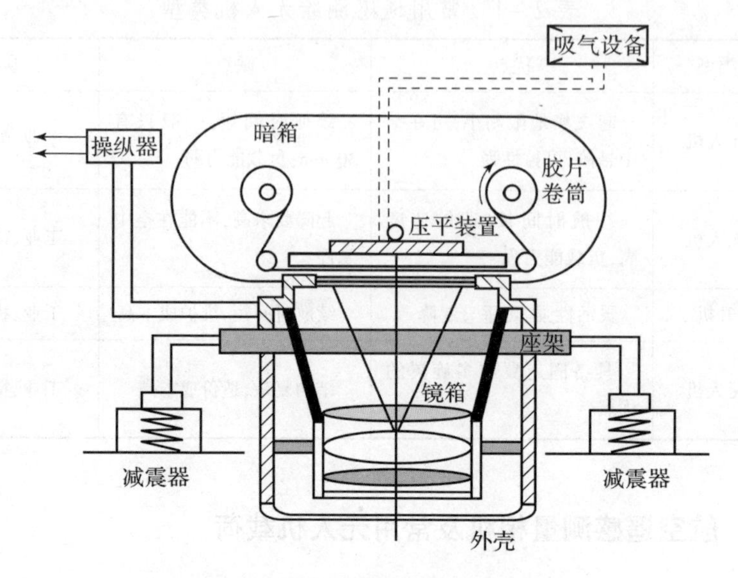

图 2-2　框幅式光学航空摄影仪结构图

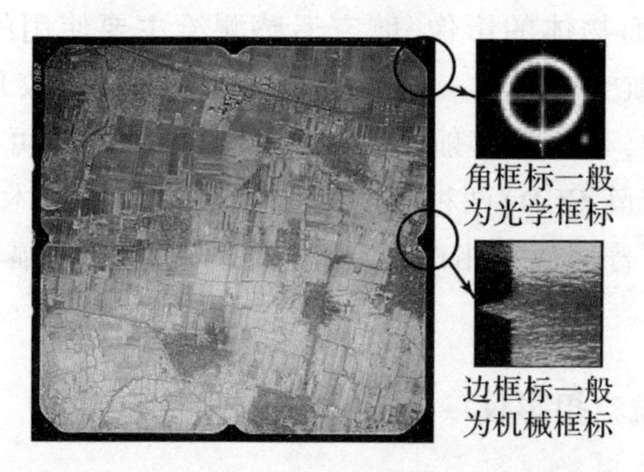

图 2-3　胶片影像框标

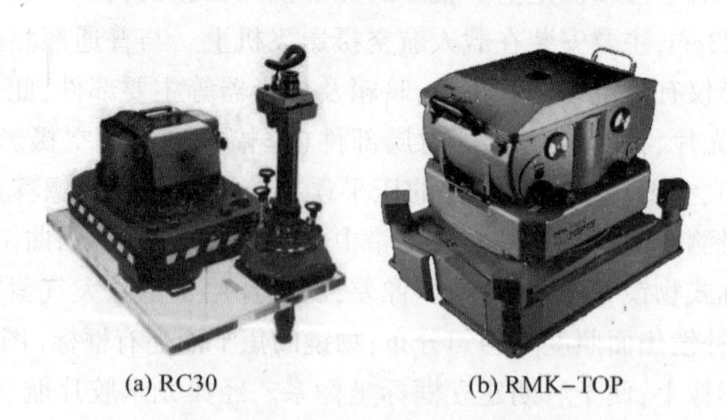

图 2-4　光学胶片航空摄影仪

2. 数字航空摄影仪

随着计算机和电荷耦合器件(Charge Coupled Device,CCD,如图 2 -5 所示)技术的发展,数字航空摄影仪已经逐步取代了传统胶片航空摄影仪,因其无需胶片、免冲洗、免扫描等优势而迅速成为摄影测量主要的信息获取手段。在数字航空摄影仪中,CCD 传感器(部分数字航空摄影仪采用的是 CMOS 传感器)相当于航空胶片,它能感受镜头捕捉的光线以形成数字图像。与传统胶片相比,CCD 更接近于人眼视觉,它获取的数字影像可以更真实反映出图像亮度信息,更准确还原出地物的原貌。图 2 -6(a)是以 12. 5μm 精度扫描的胶片影像,相当于影像地面分辨率为 15cm;图 2 -6(b)为直接通过数字航空摄影仪获取的数字影像,影像地面分辨率为 16cm。通过比较可见,数字航空摄影仪拍摄的数字影像质量好于胶片扫描的影像。常用的框幅式(面阵 CCD)数字航空摄影仪有 DMC(德国和美国合作,如图 2 -7 所示)、UCD(奥地利,如图 2 -8 所示)和 SWDC(中国,如图 2 -9 所示)等;推扫式(线阵 CCD)数字航空摄影仪有 ADS 系列航空摄影仪(德国,如图 2 -10 所示)等。

图 2 -5　CCD 传感器(ADS40 数字航空摄影仪)

(a) 胶片扫描影像扫描分辨率12.5μm ≈ 15cm GSD　(b) 数字航空摄影仪获取影像16cm GSD

图 2 -6　胶片扫描影像与数字航空摄影仪获取影像对比

(a) DMC二代航空摄影仪　(b) DMC三代航空摄影仪

图 2 -7　DMC 系列航空摄影仪

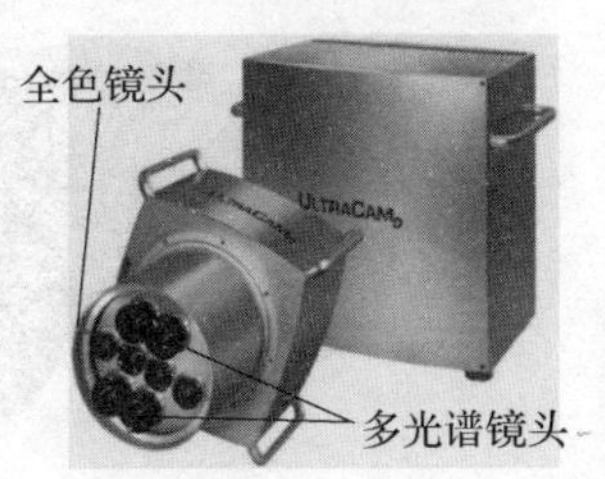

图 2 -8　UCD 航空摄影仪结构及成像过程

图 2－9　SWDC 数字航空摄影仪

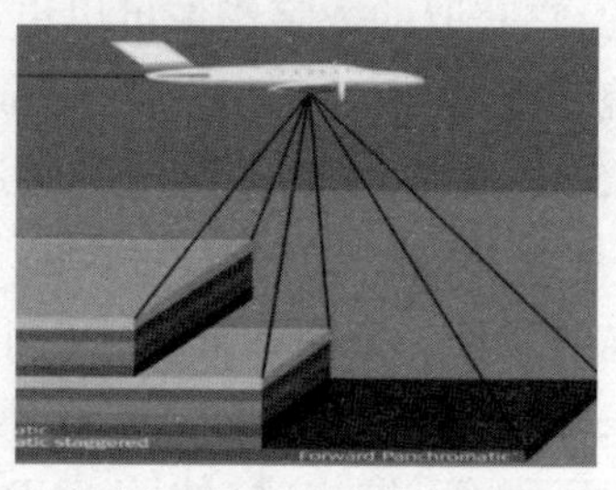

图 2－10　ADS100 数字航空摄影仪及成像过程

3. 无人机载荷

无人机的遥感载荷是测绘无人机执行任务的核心部件。随着传感器技术的发展，特别是传感器做得越来越轻小，为无人机测绘提供了各种多样化的、丰富的载荷选择。目前，无人机载传感器主要包括高分辨率可见光数码相机、倾斜摄影相机、高光谱相机、热红外相机、激光雷达与合成孔径雷达，这里侧重描述常见的高分辨率可见光数码相机。丹麦飞思公司（Phase One）生产的全新无人航拍专用相机 Phase One iXU 1000 在专业无人机载高分辨率可见光相机中首屈一指，尺寸为 97.4mm × 93mm × 110mm，质量为 930g，单张影像像幅 11608pixel × 8708pixel，堪称无人机载相机中的旗舰产品，如图 2－11 所示。在消费级相机中，日本索尼公司生产的 SONY A6000 和 A7RII，也是无人机搭载的常用相机，如图 2－12 所示。

图 2－11　Phase One iXU 1000 无人机可见光载荷

(a) SONY A6000

(b) A7RII

图 2－12　索尼公司生产的无人机可见光载荷

2.2　航空遥感测绘对航空摄影像片及飞行质量的要求

航空摄影获取的航空摄影像片是航空摄影测量成图的原始依据，其质量关系到后期作业的难易和量测的精度，因此对航空遥感的像片质量及航空遥感的飞行质量均有严格要求。

2.2.1　航空遥感的像片质量要求

航空遥感像片，又称航空摄影像片，其质量主要包括：①构像质量，体现在影像的分解力和清晰度方面；②表观质量，体现在色调和反差方面；③几何质量，体现在影像的量测性能方面。

航空摄影像片质量的要求概括为：对于构像质量和表观质量，要求影像清晰、层次丰富、色调正常、反差适中、色调柔和，主要用于摄影测量影像解译；对于几何质量，要求无影像变形，拼接影像应无明显模糊、重影和错位现象，主要用于摄影测量几何定位。

2.2.2　航空遥感的飞行质量要求

1. 航空摄影比例尺与航高

由于航空摄影时像片不能严格保持水平，再加上地形起伏，因此航空像片上的影像比例尺处处不相等，通常所说的航空摄影比例尺是指平均比例尺，当取摄区内的平均水平面作为基准面时，摄影机物镜中心 S 至该基准面的距离称为相对航高 H。像比例尺定义为水平像片上的线段 l 与地面上相应水平线段 L 之比。由图 2－13（说明：图中 H 和 f 为示意表示，在实际作业过程中，H 要远远大于 f）可知，像比例尺可以表示为

$$\frac{1}{m}=\frac{l}{L}=\frac{f}{H} \tag{2-1}$$

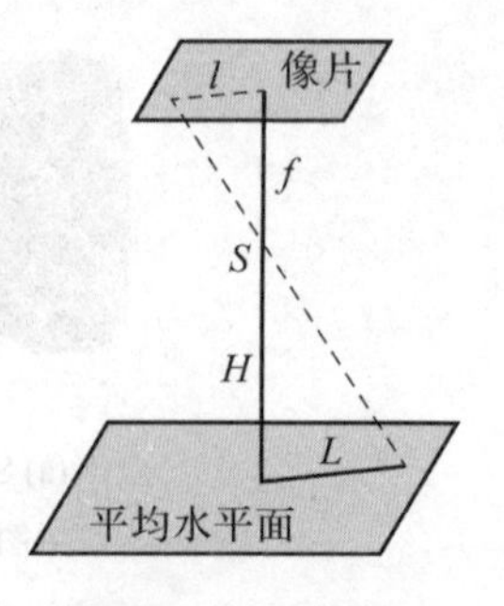

图 2-13　像比例尺

式中：f 为物镜中心 S 至像面的垂距，称为航空摄影机主距。

航空摄影比例尺越大，像片地面分辨率越高，越有利于影像的解译与提高成图精度，但航空摄影比例尺过大，将增加工作量及费用，因此航空摄影比例尺要根据测绘地形图的精度要求与获取地面信息的需要来确定。

在使用传统胶片相机进行航空摄影时，像比例尺主要取决于最终成图比例尺，二者关系有明确的规范，如表 2-2 所列。当测区成图比例尺确定后，即可确定航空摄影比例尺，进而根据式(2-1)确定飞机的相对航高 H。

表 2-2　胶片相机航空摄影比例尺与成图比例尺的关系

比例尺类型	航空摄影比例尺	成图比例尺
大比例尺	1：2000～1：3000	1：500
	1：4000～1：6000	1：1000
	1：8000～1：12000	1：2000
中比例尺	1：15000～1：20000(23cm×23cm)	1：5000
	1：10000～1：25000； 1：25000～1：35000(23cm×23cm)	1：10000
小比例尺	1：20000～1：30000	1：25000
	1：35000～1：55000	1：50000

对于数字相机来说，成图比例尺是与数字影像地面分辨率有关的，二者具体关系如表 2-3 所列。而影像地面分辨率又与相对航高、镜头焦距和像元尺寸有关，即

$$R=\frac{H}{f}\times\delta \tag{2-2}$$

式中：R 为影像地面分辨率，单位为 m；H 为相对航高，单位为 m；f 为镜头焦距，单位为 mm；δ 为像元尺寸，单位为 mm。

在做航空摄影计划时，确定了航空摄影机(f 确定)和成图比例尺以后，可利用表 2-2 和表 2-3 查询相应值，再根据式(2-1)或式(2-2)计算相对航高。

飞机通常应按预定航高飞行,其差异一般不得大于5%,同一航线内各摄站的航高差不得大于50m。

表2-3 数字相机成图比例尺与数字影像地面分辨率的关系

成图比例尺	数字影像地面分辨率(单位:m)
1:500	<0.08
1:1000	0.08~0.1
1:2000	0.15~0.2
1:5000	0.2~0.4
1:10000	0.3~0.5
1:25000	0.4~0.6
1:50000	0.6~1

2. 影像重叠度

用于地形测量的航空摄影像片,必须使影像覆盖整个测区,而且能够进行立体测图及航线间接边,相邻影像应有一定的重叠。同一条航线内相邻影像间的重叠影像称为航向重叠,相邻航线间的重叠称为旁向重叠。重叠大小用影像的重叠部分与影像边长比值的百分数表示,称为重叠度,如图2-14所示。航空遥感测绘航向重叠度一般规定为60%;旁向重叠度一般规定为30%。重叠度小于最小限定值时,称为航空摄影漏洞,必须补飞补摄;重叠度过大时,将影响作业效率,提高作业成本。当摄区地面起伏较大时,还要适当增大重叠度,保证影像立体量测和拼接。航向重叠和旁向重叠是遥感测绘立体测图的基础,在遥感测绘中具有重要的意义。

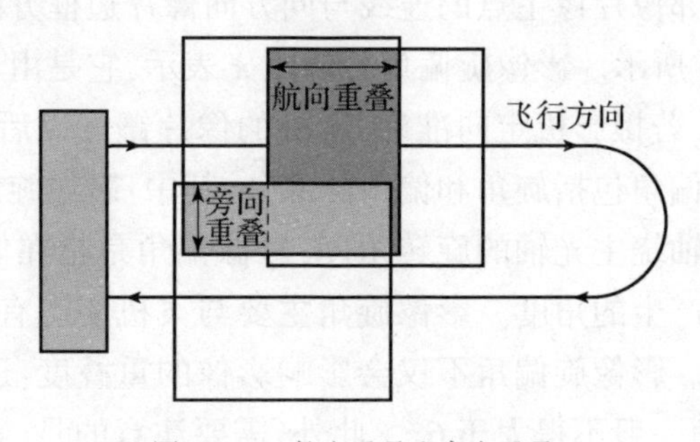

图2-14 航向重叠和旁向重叠

3. 影像倾斜角

以测绘为目的的航空遥感测绘通常采用垂直摄影方式，即在曝光的瞬间摄影机物镜主光轴（通过镜头透镜两个球面中心的直线）垂直于地面。实际上由于飞机的稳定性和摄影操作技能限制，航空摄影仪主光轴在曝光时总会有微小的倾斜。在摄影瞬间航空摄影仪主光轴与通过物镜中心的铅垂线的夹角称为影像倾斜角，该角度应小于3°，如图2-15所示。如果倾斜角过大，则不仅会影响像片的重叠度，还会导致地物产生较大变形，不利于后期影像匹配和立体测图。

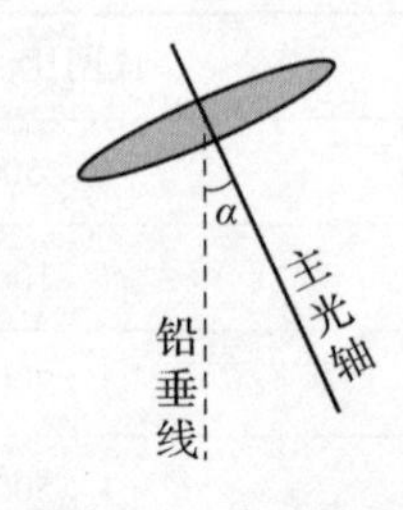

图2-15　影像倾斜角

4. 航线弯曲度

受外界各种因素的影响，航线上所有像片的像主点（参见3.2节定义）不一定都落在该直线上，航线呈自由弯曲状，这种现象称为航线弯曲。航线弯曲的程度用航线弯曲度衡量。用偏离航线最大的主点距离 δ 与航线长度 L 之百分比表示，称为航线弯曲度，如图2-16所示。航线弯曲度通常不得大于3%。如果航线弯曲度过大，那么将会造成漏摄或旁向重叠过小，从而影响内业成图。

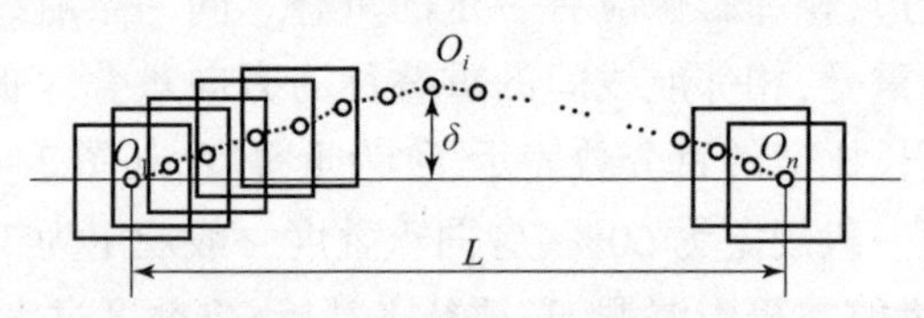

图2-16　航线弯曲度

5. 影像旋偏角

一条航线中相邻像片像主点的连线与同方向像片边框方向的夹角称为影像旋偏角，如图2-17所示。影像旋偏角一般用 κ 表示，它是由于空中摄影时摄影机定向不准产生的，若摄影机定向准确，所摄的像片镶嵌以后排列整齐，则不存在影像旋偏角。旋偏角包括旋角和偏角两部分，其中：影像旋角是指在像平面内所选定的像片坐标轴绕主光轴的旋转角度；影像偏角是指在像平面内航向相邻两张像片主点偏移产生的角度。影像旋角主要与飞机姿态有关；影像偏角与像幅等相机参数有关。影像旋偏角不仅会影响影像的重叠度，还会给航测内业增加困难，因此旋偏角一般不得大于6°。此外，需要注意的是，影像旋偏角和影像倾斜角不应同时达到最大值。

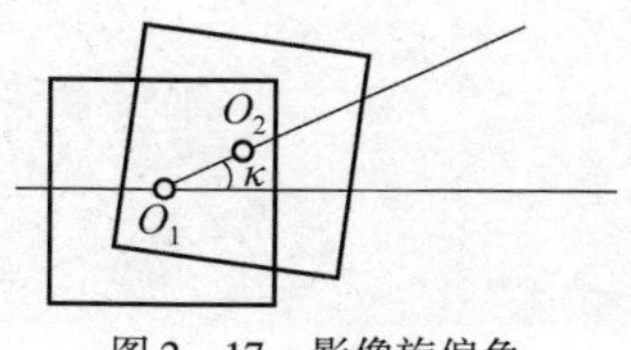

图2-17 影像旋偏角

1. 什么是航空遥感？什么是航空遥感测绘？
2. 数字航空摄影仪包括哪两种？请分别写出一个例子。
3. 航空遥感的飞行质量有哪些要求？每一项要求的限值如何规定的？

第3章

遥感测绘基础知识

通过第 2 章遥感影像获取的知识介绍后,遥感测绘中的“遥感过程”我们已知一二,后面章节将重点介绍遥感测绘中的“测绘”过程,即用数学分析的方法研究被摄景物在航空摄影像片上的成像规律。本章主要介绍“测绘”过程中的一些基础知识。

3.1 中心投影

航空摄影影像是所摄物体在像面上的一种投影,地图是被测物体在图面上的一种投影。这两种投影的投影方式是不同的,因此一般情况下投影结果也是不同的。研究这两种投影的特点及其相互转化,是遥感测绘技术的一项重要任务。

3.1.1 投影及分类

在遥感测绘范围内,空间点按一定方式在一个平面上的构像,称为这个空间点的投影,如图 3 – 1 所示。被投影的空间点 A 称为物点,物点对应的投影点 a 称为像点,物点与像点的连线称为投射线,承载像点的平面称为承影面或像面(一般用 P 表示)。

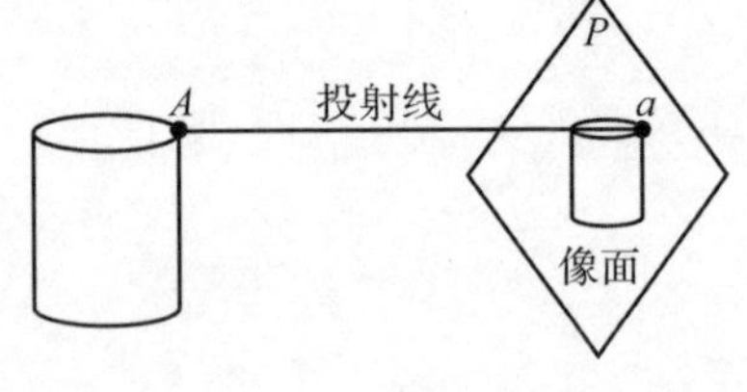

图 3 – 1 投影的定义

投射线互相平行的投影称为平行投影,例如阳光照射下物体在地面上的阴影。投射线与承影面斜交的平行投影称为倾斜投影,如图 3 – 2 所示。投射线与承影面正交的平行投影称为垂直投影(或正射投影),如图 3 – 3 所示。垂直投影是一种特殊的平行投影,在局部范围内,可以把地形图当作地面景物在当地水平面上的垂直投影。

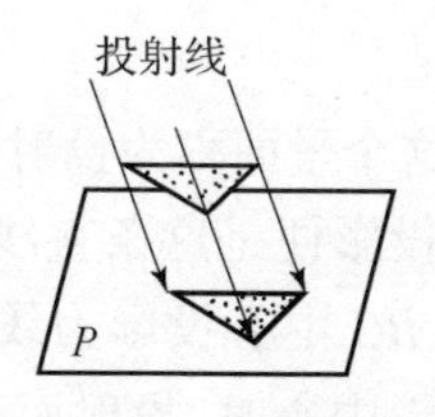

图 3-2　倾斜投影

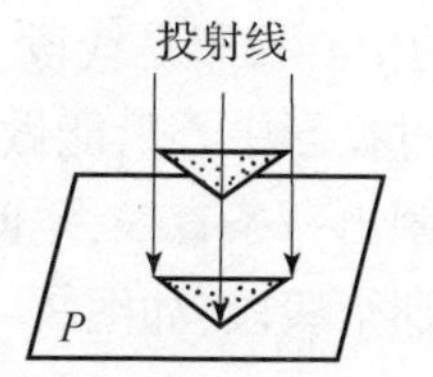

图 3-3　垂直投影

所有投射线或其延长线都通过一个固定点时的投影称为中心投影(如图 3-4 所示),这个固定点称为投影中心(一般用 S 表示)。中心投影时,所有的投射线构成了一个以投影中心为顶点的光束。在中心投影情况下,物点与投影中心的连线就是投射线。摄影时被摄的地面景物在曝光瞬间构像于像面上。从几何学的观点看,像点就是地面点发出的、经过物镜中心的光线(中心光线)与像面相交的交点,因此航空摄影影像是所摄地面的中心投影。图 3-5 所示为中心投影的三种情况,其中图 3-5(a)所示为航空摄影影像的中心投影。

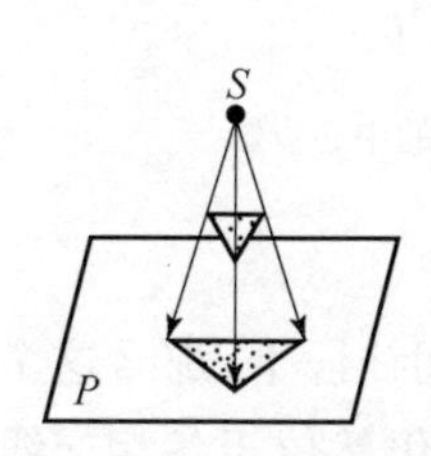

图 3-4　中心投影

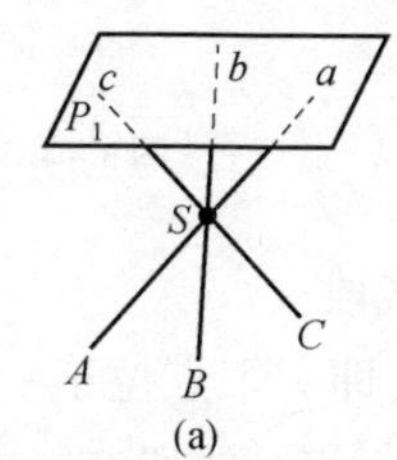

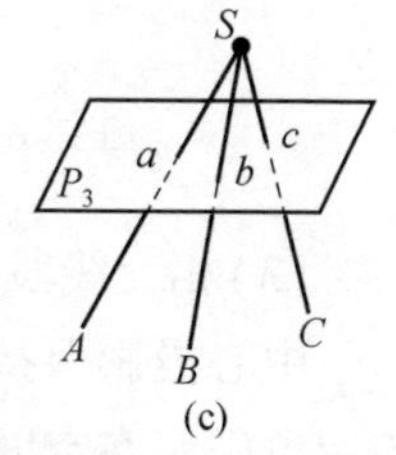

图 3-5　中心投影三种情况

在遥感测绘中还经常用到阴位和阳位的概念。当投影中心位于物和像之间时,则称影像处于阴位,如图 3-5(a)所示,P_1 是处于阴位的影像。反之,如果把阴位的影像绕主光轴旋转 180°,并沿主光轴把影像平移到投影中心与物之间,使之距投影中心 S 的距离与阴位相同,则称影像处于阳位,如图 3-5(c)所示,P_3 是处于阳位的影像。

3.1.2 中心投影透视规律

研究中心投影的透视规律,对于按影像形状进行目标识别解译、影像变形的分析改正以及中心投影和垂直投影之间的变换等方面都有重要意义。

(1)点的中心投影是点。

通过一个点只能做出一条投射线,而一条投射线与承影面也只能相交于一个点。下面是一个特例:如果投射线与承影面平行,则相交于无穷远,这时物空间的一个位置有限的点和像空间的无穷远点相对应。图 3-6 中,S 是投影中心,P 是像面,A 是一般的空间点,B 是特殊的空间点。

(2)线段的中心投影是线段。

一个线段过投影中心只能做出一个平面,这个平面称为投射面,而投射面只能被承影面截割出一条直线,空间线段的中心投影便是这条直线上由端点投射线截割出来的那个线段,如图 3-7 所示,线段 BC 中心投影为线段 bc。下面给出几种特例:①当空间线段或其延长线通过投影中心时,投射面退缩为投射线,线段的投影退缩为一个点,如图 3-7 所示,线段 AB 中心投影为 a 或 b 点;②当空间线段两端点之一的投射线与像面平行时,线段投影为半直线,如图 3-7 所示,线段 CD 中心投影为半直线 $cd(\infty)$;③当空间线段的投射面与像面平行时,则线段的投影位于无穷远处而不再是一个有限线段,例如图 3-7 中的线段 DE。

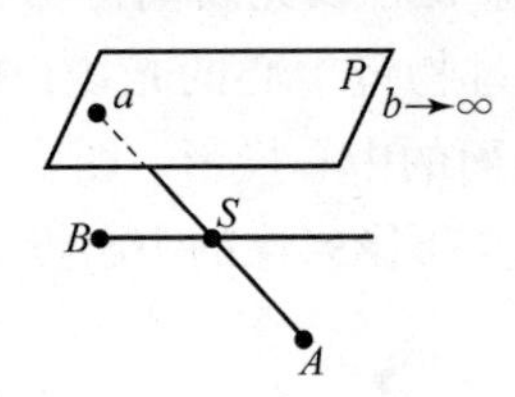

图 3-6　点的中心投影

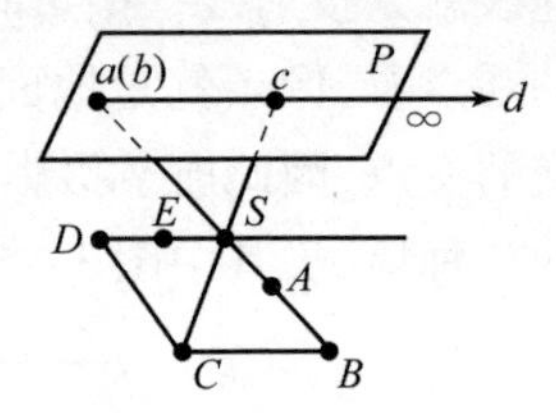

图 3-7　线段的中心投影

(3)相交线段的中心投影是相交线段。

中心投影保持点与直线的结合性,即一个点位于一空间线段上,那么这个点的像也必然在空间线段的投影线段上。相交线段交点的像仍然位于各相交线段的投影线段上,因此它必然是各投影线段的交点,即各投影线段仍然是相交线段,如图 3-8 所示。下面给出几种特例:①如果各相交线段只能决定一个投射面,即相交线段所在的平面包含投影中心,则相交线段的中心投影退缩为同一直线上的线段而不再相交;②如果相交线段的交点 K 的投射线与承影面平行,则相交线段的中心投影便是平行的半直线,并且它们仅仅是截止于交点 K 的那段线段的构像,如图 3-9 所示。

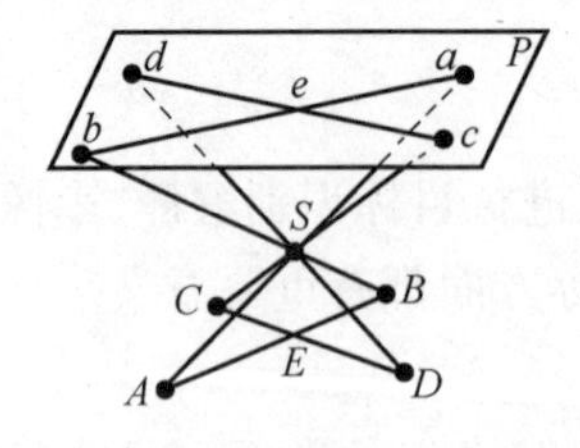

图 3-8　相交线段的中心投影

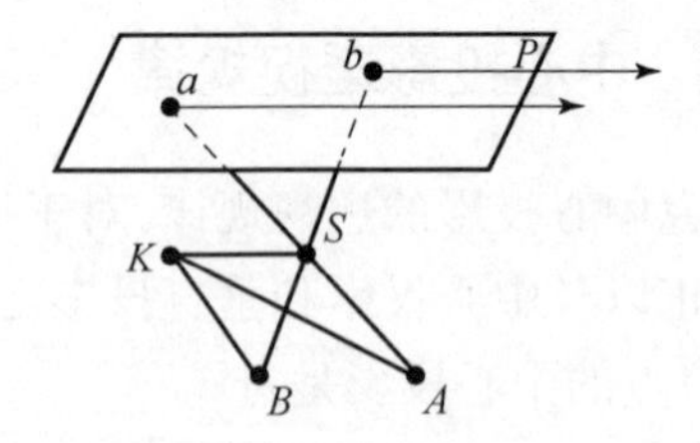

图 3-9　相交线段的中心投影特例

(4)空间一组不与承影面平行的平行直线,中心投影为平面线束。

当空间一组平行直线与承影面不平行时,其中心投影为一平面线束,线束的顶点是过投影中心并与空间平行线相平行的投射线与承影面的交点,这个点称为合点。如图 3-10 所示,L_1,L_2,L_3 为一组不与承影面平行的空间平行直线,A,B,C 是各直线上的点。当 A,B,C 点分别在 L_1,L_2,L_3 上移动时,它们的投射线也将随之改变方向;当这些点分别趋近无穷大时,它们的投射线则趋近于和 L_1,L_2,L_3 相平行,极限位置则是与它们相平行,i 点就是这个极限位置上的投射线与承影面的交点。因此,空间直线上或空间一组平行直线上无穷远点的中心投影,称为该直线或该组空间平行直线的合点。合点的求法:原则上是过投影中心做空间直线或空间一组平行直线的平行线,即投射线,再求其与像面的交点。下面给出一个特例:如果空间平行线是与像面平行的,则其合点位于像面上的无穷远处,即它们的中心投影是与它们相平行的一组平行线,而不再是有交点的平面线束,如图 3-11 所示。

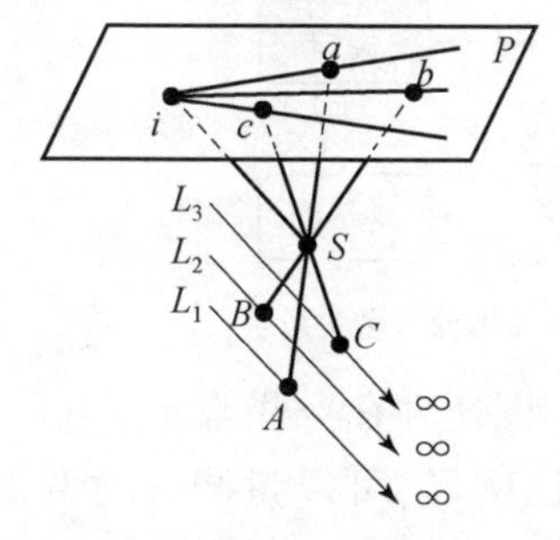

图 3-10 不与承影面平行的平行直线的中心投影

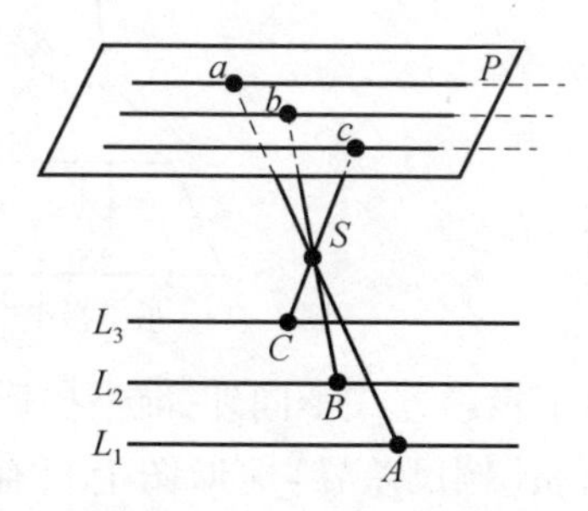

图 3-11 与承影面平行的平行直线的中心投影

(5)平面曲线的中心投影一般仍然是平面曲线。

曲线可以用折线逼近,封闭曲线可以用多边形逼近。折线或多边形的中心投影可以由线段投影推论得出,即它们一般仍然是折线或多边形。因此平面曲线的中心投影一般仍为曲线,如图 3-12 所示,除非曲线所在平面包含投影中心。

(6)空间曲线的中心投影是平面曲线,如图 3-13 所示。这可由平面曲线的中心投影推论得出。

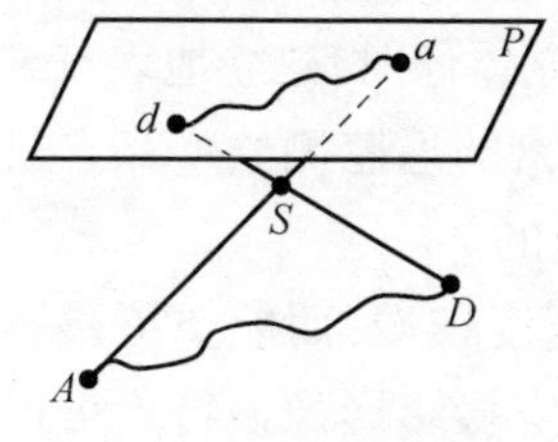

图 3-12 平面曲线的中心投影

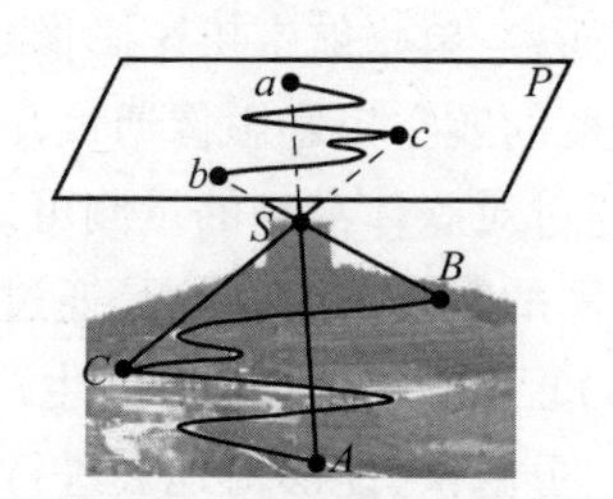

图 3-13 空间曲线的中心投影

3.1.3 航空摄影影像和地形图比较

由前述内容可知，在局部范围内，地形图是地面在当地水平面上的垂直（或正射）投影，而航空摄影影像是所摄地面的中心投影，将中心投影的航空摄影影像转化为垂直投影的地形图，是航空遥感测绘的主要任务之一，如图 3－14 所示。

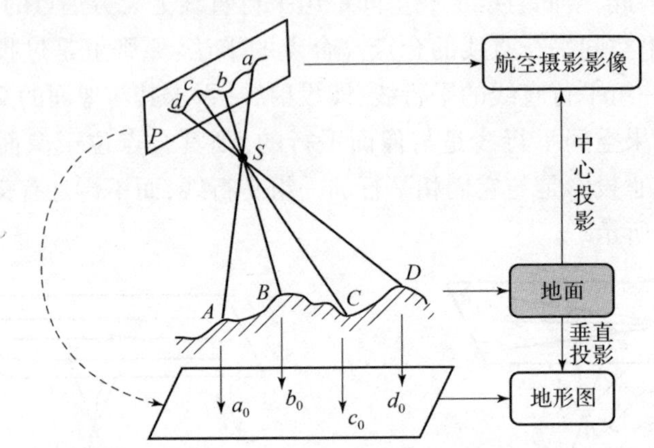

图 3－14　航空摄影影像、地形图和真实地面三者关系

除了投影方式不同外，航空摄影像片和地形图还存在一些差异。

(1)比例尺差异：地形图上只有一个固定比例尺，可以量测任意两点间距离，图上距离与实际地面距离之比就是地图比例尺；而航空摄影影像上比例尺不统一，即使是绝对垂直摄影获取的航空摄影影像，也会因为地形起伏等因素使得航空摄影影像上比例尺处不一致。

(2)表示方法和内容差异：地形图是按照一定标准和法则，统一比例运用线条、符号、颜色、注记等描绘地球表面自然地理、行政区划、社会状况等的图形，其内容严格按照图式规范进行科学概括、综合取舍，具有一定主观性。航空摄影影像则是在不接触目标的基础上，利用传感器收集地表信息获取的，内容丰富、所见即所得，是地面景物的真实客观反映。

(3)几何性差异：地图是将三维地理信息表达在二维平面上；而对于航空摄影影像而言，单张航空摄影影像是三维地理信息的二维平面表达，但多张具有一定重叠度的航空摄影影像通过几何反转，可以组成立体像对，建立地表三维立体模型，通过对立体模型的量测可以获得地形图等丰富的遥感测绘产品。目前大部分地图的制作与更新均是通过遥感测绘技术完成的。

(4)现势性差异：地形图生产周期较长，更新速度较慢；而航空摄影影像现势性强、更新快，能够对地表进行实时监测，利用航空摄影影像该特点可以修测地形图，如图 3－15 所示。

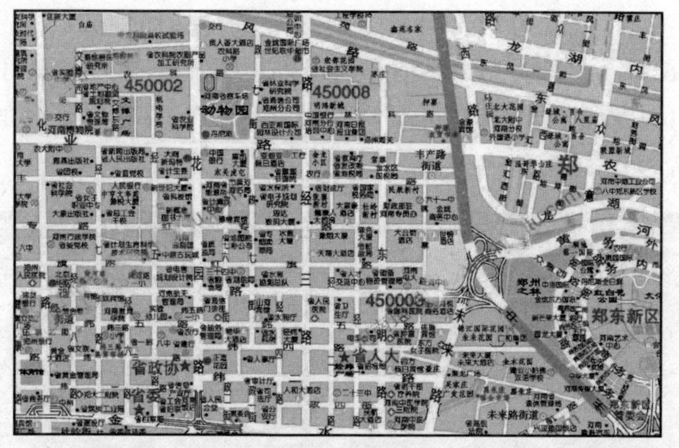

(a) 2000年郑东新区地形图

(b) 2020年郑东新区航空影像

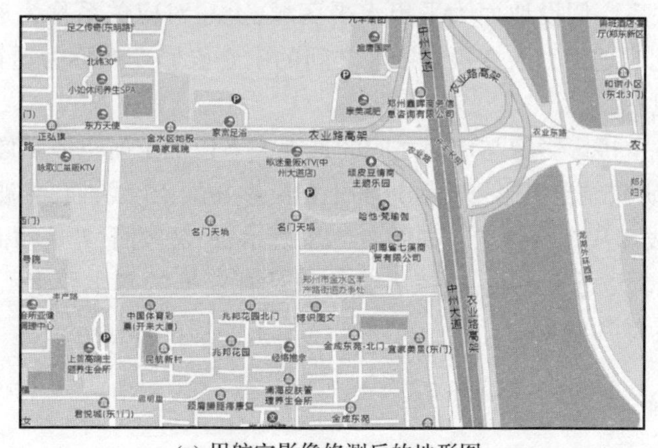

(c) 用航空影像修测后的地形图

图3－15　利用航空摄影影像对地形图修测(见彩图)

虽然航空摄影影像和地形图存在以上差异,但它们都是地理信息的载体,都是 GIS 的重要数据源,二者结合可以生成非常重要的地理数据产品——影像地图,如图 3 – 16 所示。该类型地图既包含了航空摄影影像的丰富内容,又保证了地形图的几何精度和整饰,具有可量测的属性,高德、百度等平台的影像地图即属于此类产品。

图 3 – 16　影像地图局部(集成了实时路况、交通事件、注记等信息)(见彩图)

3.2　航空摄影影像中的点、线、面

航空摄影影像是地面的中心投影,摄影瞬间影像上的像点与地面点之间存在一一对应关系。假设地面为平坦水平区域,上述对应关系称为透视对应(或投影对应),此时地面和航空摄影影像之间的中心投影变换称为透视变换,投影中心就是透视中心。

在研究航空摄影影像与地面之间的透视关系以确定航空摄影像片的空间位置时,首先要研究航空摄影影像和地面上的一些重要点、线、面,共涉及 3 个特殊面、7 条特殊线和 9 个特殊点。如图 3 – 17 所示,P 是像面,T 是物面(假定物面 T 是水平面),S 是透视中心,这三者是构成透视变换的基本要素。像面和物面的夹角 α 称为像片倾角。

1. 重要面

在透视变换中,常用到以下 3 个特别面。

(1)主垂面 W:过投影中心且垂直于物面 T 和像面 P 的平面。

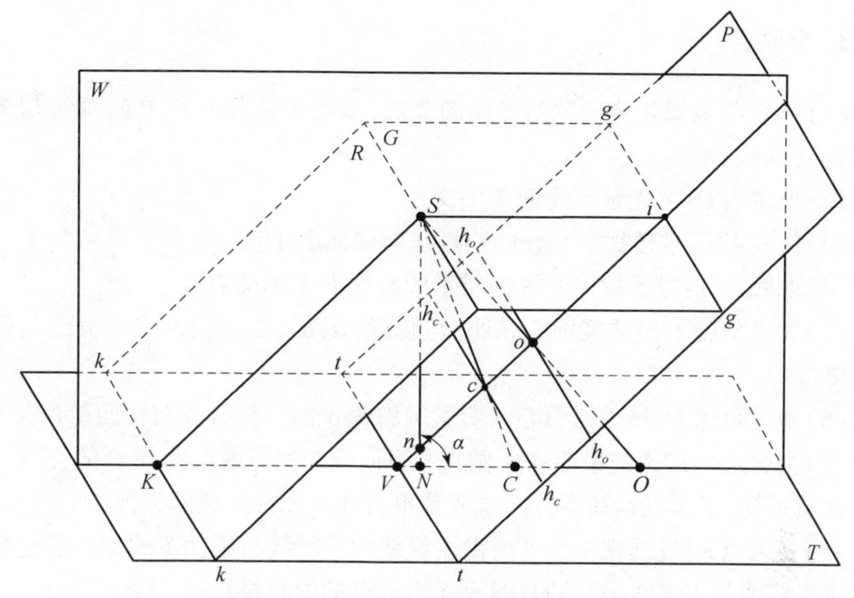

图 3-17　航空摄影影像上的重要点、线、面

(2)真水平面 G:过 S 所做平行于物面 T 的平面。物面上无穷远点的投射线都在真水平面上。

(3)循面 R:过 S 所做平行于像面 P 的平面。循面上的点均构像于像面上无穷远处。

2. 重要线

(1)基本方向线 KV:主垂面 W 与物面 T 的交线。

(2)主纵线 iV:主垂面 W 与像面 P 的交线。主纵线代表像片的最大倾斜方向,它与基本方向线的夹角 α 就是像片倾斜角。

(3)透视轴 tt:像面 P 与物平面 T 的交线。透视轴上的点既在物面上又在像面上,因此既是物点又是像点,称为二重点或迹点。

(4)真水平线 gg:真水平面 G 与像面 P 的交线。

(5)灭线 kk:循面 R 与物面 T 的交线。

(6)像水平线 hh:像面上与主纵线垂直的直线。下面给出两个特例:过像主点 o 的像水平线称为主横线 h_oh_o;过像等角点 c 的像水平线称为等比线 h_ch_c。

(7)摄影方向线 So:过透视中心 S 且垂直于像面 P 的方向线。摄影方向线在主垂面内,它与铅垂线的夹角等于像片的倾斜角 α。

3. 重要点

(1)像主点 o:摄影方向线与像面的交点(或过 S 作像平面 P 的垂线与像平面 P 的交点)。

(2)地主点 O:主光轴与物面 T 的交点。

(3)像底点 n:过透视中心 S 的铅垂线与像面 P 的交点。

(4)地底点 N:过透视中心 S 的铅垂线与物面 T 的交点。

(5)像等角点 c:过透视中心 S 所做倾斜角 $\alpha(\alpha=\angle nSo)$ 的二等分线与像面 P 的交点。

(6)地等角点 C:过透视中心 S 所做倾斜角 α 的二等分线与物面 T 的交点。

(7)主合点 i:过透视中心 S 所做基本方向线的平行线与像面 P 的交点。由合点性质可知,主合点是基本方向线或其平行线上无穷远点的透视。

(8)主灭点 K:过透视中心 S 所做主纵线的平行线与物面 T 的交点。它是像面上主纵线或与主纵线平行的直线上无穷远点的中心投影。

(9)主迹点 V:透视轴与基本方向线的交点。主迹点是透视轴与主纵线的交点。

在遥感测绘中最常用的点为像底点 n、像主点 o、像等角点 c,需要掌握它们的定义、性质和作用,后面章节会详细描述。

3.3 遥感测绘常用坐标系

遥感测绘的主要任务就是根据航空摄影影像上像点坐标来求解其对应的地面点三维坐标,因此必须选择适当的坐标系来定量描述像点和地面点,并通过一系列的坐标变换,建立二者之间的数学关系,从而由像点观测值求出对应地面点的测量坐标。遥感测绘中常用的坐标系分为两大类:一类是用于描述像点位置的像方空间坐标系;另一类是用于描述地面点位置的物方空间坐标系。下面从每个坐标系的原点、轴向和作用三个层面进行详细描述。

3.3.1 像方空间坐标系

1. 框标坐标系($o'-x'y'$)

一般胶片航空摄影像片都有角框标和边框标,以像片中心点为原点、边框标连线为坐标轴的坐标系称为框标坐标系，通常采用右手坐标系，像片中心点或者框标连线的交点 o' 作为原点，与航线方向一致的连线作为 x' 轴，y' 轴按右手法则确定，框标坐标系记作 $o'-x'y'$，如图 3-18 所示。框标坐标系主要用于量测像片上的像点坐标。

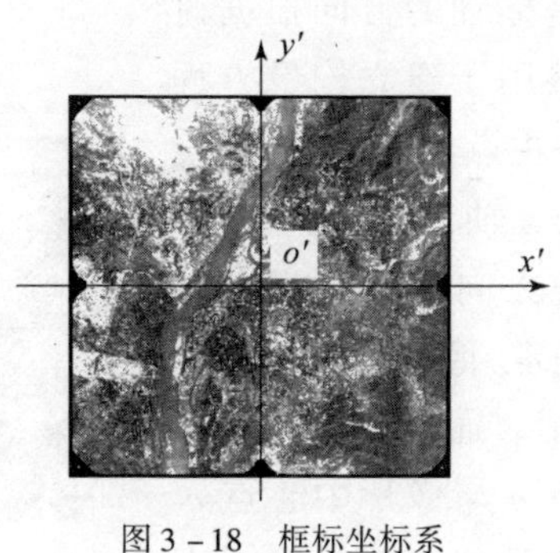

图 3-18 框标坐标系

2. 影像坐标系($o''-uv$)

进入数字摄影时代后，遥感测绘的原始数据是数字影像。数字影像都是由像素组成的，通常使用影像坐标系来描述像素在影像中的位置。如图 3-19 所示，影像坐标系 $o''-uv$ 是以像素为单位的直角坐标系，原点位于影像左上角，行方向为 u 轴，向右为正；列方向为 v 轴，向下为正。像素在影像坐标系的坐标为 (u,v)，横坐标 u 与纵坐标 v 分别是在其图像数组中所在的列数与所在行数。

框标坐标系与影像坐标系的转换公式为

$$\begin{cases} u=(x'+x'_0)/d_x \\ v=(y'_0-y')/d_y \end{cases} \tag{3-1}$$

式中：(x'_0,y'_0) 为框标坐标系原点（像片中心点）o' 在影像坐标系中的坐标；d_x，d_y 分别为像素在 x 和 y 方向的物理尺寸。

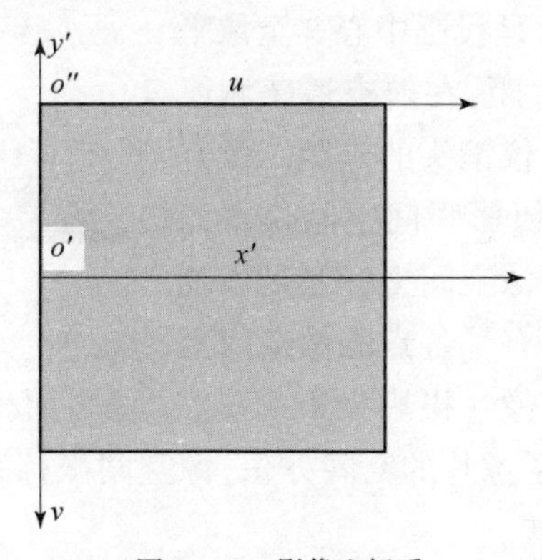

图 3-19 影像坐标系

3. 像平面坐标系($o-xy$)

在像面上用以表示像点位置的坐标系称为像平面坐标系,是右手坐标系。像平面坐标系的原点和坐标轴的方向根据讨论问题的需要而定。直接用于建立构像方程式的像平面坐标系是以像主点 o 为原点,以接近航线方向的框标连线作 x 轴,且取航空摄影飞行方向或其反方向为正方向,y 轴以及 y 轴的正方向则按右手法则确定,像平面坐标系记为 $o-xy$,如图 3-20 所示。通常经过严格检校的摄影仪应该使像主点 o 与像片中心点 o' 相重合,若二者不重合,则须将框标坐标系中的坐标平移至以像主点为原点的坐标系;若像主点在框标坐标系中的坐标为(x_0,y_0),则换算到以像主点为原点的像平面坐标系中的坐标为($x-x_0$,$y-y_0$)。像平面坐标系用于确定像点在像平面上的位置。

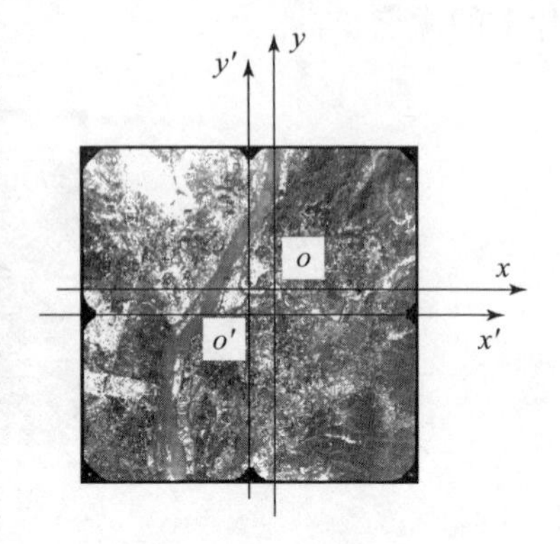

图 3-20 像平面坐标系

4. 像空间坐标系($S-xyz$)

像空间坐标系简称为像空系,主要用于表示像点位置的空间直角坐标系。之所以称为像空系,是因为该坐标系的建立直接与像平面坐标系相联系,并且主要用于表示像点的空间位置。像空系是以投影中心 S 为原点,x,y 坐标轴与以像主点为原点的像平面坐标系 $o-xy$ 相应轴平行,z 轴由右手法则确定的右手空间直角坐标系,记作 $S-xyz$,如图 3-21 所示。任一像点 a 在像空系中的坐标为(x,y,$-f$),其中(x,y)就是像点 a 的像平面坐标,所有像点的 z 坐标都等于 $-f$。f 是投影中心 S 至像平面的垂距,可称为像片主距,在航空遥感测绘中,它近似等于航空摄影仪镜头的焦距。像空间坐标系随每张像片的摄影瞬间空间位置而定,不同航空摄影像片的像空间坐标系是不统一的。需要明确的是:①有了各点的像空间坐标,也就相当于确定了该像片摄影光束的形状(像平面坐标+内方位);②像空间坐标系的方位就代表了像片的空间方位,像空间坐标系绕原点的旋转就代表了像片绕投影中心的旋转。

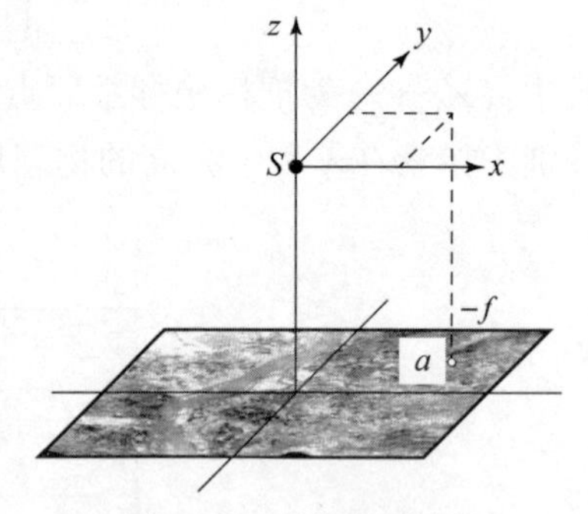

图 3-21 像空间坐标系

3.3.2 物方空间坐标系

1. 摄影测量坐标系($S-XYZ$)

摄影测量坐标系简称为摄测系,它是像空间与物空间之间的一种过渡性坐标系,主要用于表示模型空间各点的位置,也可用于表示像点的空间位置。摄测系是一个右手空间直角坐标系,它的原点通常选在某一摄站或某一地面控制点上。在航空遥感测绘中,摄测系的 X 轴大体上与航线方向或其反方向一致,Y、Z 轴则分别接近水平和铅垂,记作 $S-XYZ$ 或 $D-XYZ$,如图 3-22 所示。

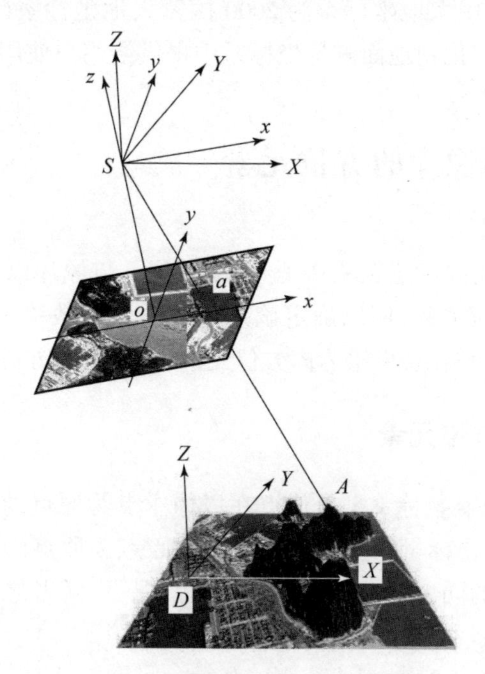

图 3-22 摄影测量坐标系(见彩图)

2. 地面辅助坐标系($O_T-X_TY_TZ_T$)

地面辅助坐标系简称为地辅系,它是最常用的一种物方坐标系,主要表示物点空间位置。地辅系是 Z 轴铅垂的物方空间坐标系,是右手空间直角坐标系。地辅系原点通常选在摄站或地面已知点上,其 Z 轴铅垂且 X 轴与航线方向一致,通常记作 $O_T-X_TY_TZ_T$。遥感测绘中间成果都在地面辅助坐标系中表示,最后坐标要再经过转换成地面测量坐标,才能被其他测绘工序使用,因此该坐标系是过渡性的地面坐标系统。

3. 地面测量坐标系($O-X_GY_GZ_G$)

地面测量坐标系是地图投影坐标系,是国家测图所用统一坐标系,是指高斯平面坐标系和高程系所组成的左手空间直角坐标系。平面坐标系为高斯-克吕格3度带或6度带投影,高程为1985国家高程系,以中央子午线的投影为纵坐标轴X_G轴,X_G轴向北为正;以赤道的投影为横坐标轴Y_G轴,Y_G轴向东为正;把高程方向加上去作为Z_G轴。这构成一个空间直角坐标系,记作$O-X_GY_GZ_G$。若地面点的位置表示在参考椭球面上则一般用大地坐标系来表示地面测量点坐标,则(X,Y,Z)表示空间直角大地坐标系,(经度L,纬度B,大地高H)表示球面大地坐标系,我国现用大地坐标系为2000国家大地坐标系(CGCS2000)。遥感测绘最终成果都要转化到地面测量坐标系中提供给用户使用。

3.4 航空摄影像片的方位元素

在遥感测绘中需要确定镜头中心(投影中心)与像片以及摄影瞬间像片与所摄地面的基本几何关系,用以确定该几何关系的参数称为像片的方位元素。像片的方位元素分为两组,一组为内方位元素,另一组为外方位元素。

3.4.1 像片内方位元素

在像空系中,像点坐标x、y是像点在以像主点为原点的像平面坐标系中的坐标,而实际上像点坐标量测多是在以像片中心点为原点的框标坐标系中进行的。在两种坐标系的同名坐标轴互相平行的情况下,两者之间的变换就在于原点的平移。而向像空系的变换则只是再加上像片主距f,使之成为空间坐标即可。将像点的框标坐标系坐标(x',y')变换为像点的像空系坐标$(x,y,-f)$只需要3个独立参数$x_o,y_o,-f$,如图3-23所示。(x_o,y_o)是像主点o在框标坐标系$o'-x'y'$中的坐标,x,y与x',y'之间的关系为

$$\begin{cases}x=x'-x_o\\y=y'-y_o\end{cases}\qquad(3-2)$$

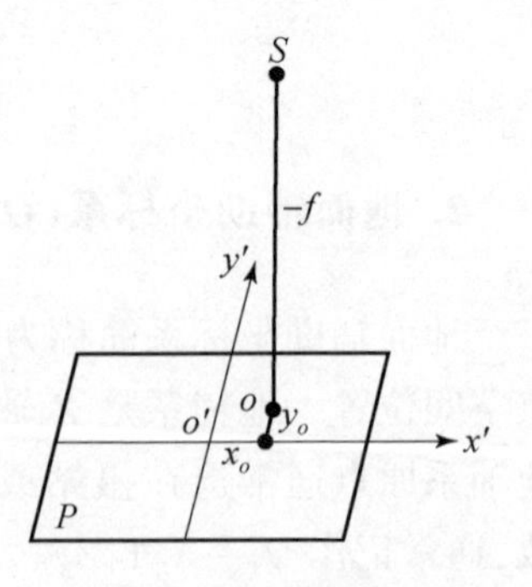

图3-23 航空摄影像片的内方位元素

投影中心对像片的相对位置称为像片的内方位,确定内方位的独立参数称为内方位元素,它们

是：像片的主距f，像主点在框标坐标系中的坐标x_o,y_o。通常情况下，像片的内方位元素是确定的，不需要计算，只要航空摄影过程中不更换相机，测区内所有像片的内方位元素是相同的，像片的内方位元素由摄影仪鉴定给出。在摄影仪的结构上，像主点与像片中心点重合，这时有$x_o=y_o=0$。一般不能严格达到这个要求，在较精密的遥感测绘作业中要顾及它们的影响。

像片的内方位元素主要用于像点的框标坐标系坐标向像空系坐标的改化，而在直观的几何形象上则用于确定摄影光束的形状。摄影光束由无数条摄影光线（投射线）组成，每条摄影光线在像空系中有一个确定的方向，这个方向可以用两个角度φ和ψ来表示，如图3-24所示。对于任一光线Sm，有

$$\begin{cases}\tan\varphi=\dfrac{x}{y}\\ \tan\psi=\dfrac{1}{f}\sqrt{x^2+y^2}\end{cases}\tag{3-3}$$

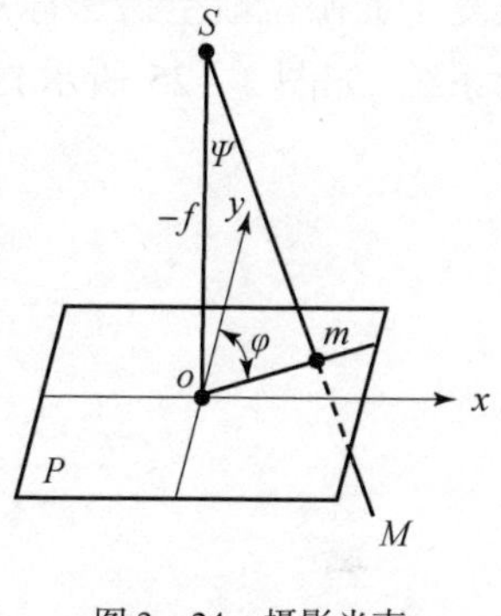

图3-24　摄影光束

式中：x,y为像点m在以像主点o为原点的像平面坐标系中的坐标。利用式(3-2)，有

$$\begin{cases}\tan\varphi=\dfrac{x'-x_o}{y'-y_o}\\ \tan\psi=\dfrac{1}{f}\sqrt{(x'-x_o)^2+(y'-y_o)^2}\end{cases}\tag{3-4}$$

在给出参数x_o,y_o,f后，便可由像点的框标坐标系坐标x',y'确定出该光线在像空系中的方向，综合起来则是确定了摄影光束的形状。在遥感测绘作业中，恢复摄影光束的形状是一项重要内容，这项工作就由恢复像片的内方位元素来实现。

3.4.2 像片外方位元素

在遥感测绘范围内，用以确定像片及其投影中心在物方空间坐标系中的位置和方向的元素称为像片的外方位元素。由于像片及其投影中心的方位可完全等价地由像空系的方位来代表，因此也可以说，确定像空系（或摄影光束）在物方空间坐标系中位置和方向的元素称为像片的外方位元素。在航空遥感测绘中，这个物方空间坐标系就是地辅坐标系。

像片的外方位元素共有6个，其中：3个外方位元素是线元素，即像空系的原点（摄站）S在物方空间坐标系中的坐标(X_S,Y_S,Z_S)；另外3个外方位元素是

角元素,用于描述每张像片摄影时刻的姿态或飞机飞行的姿态,包括俯仰、翻滚和偏航,用坐标系描述就是确定像空系三轴在物方空间坐标系中的方向。在航空遥感测绘中,外方位角元素有三种系统,这三种系统中所定义的角元素反映出由地辅系到像空系所遵循的不同旋转途径。为了方便书写,本节中用$D-XYZ$表示地辅系,$S-XYZ$是它的平行系,$S-xyz$是像空系,P是内外方位元素都得到恢复了的阳位航空摄影像片。下面以通常采用的以Y轴为主轴的α_x,ω,κ角元素系统(如图3-25所示)为例介绍地辅系到像空系的旋转途径。

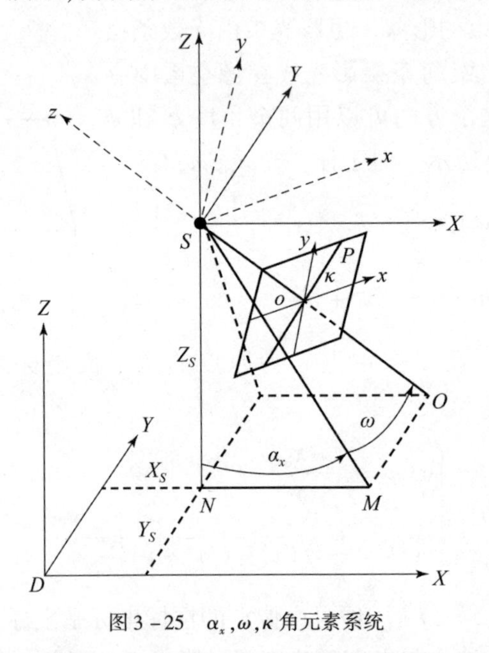

图3-25 α_x,ω,κ角元素系统

如图3-26所示,在这个系统中像空系的方位是由地辅系经过三次旋转得到的。第一次旋转是绕Y轴旋转α_x角,第二次旋转是绕第一次旋转后的X轴(或x'轴)旋转ω角,第三次旋转是绕第一、二次旋转后的Z轴(或z''轴)旋转κ角。类似这样的后一次旋转是在绕经过前一次旋转而改变了空间方向的坐标轴进行的旋转,称为绕连动轴旋转。而各次旋转所绕的坐标轴的顺序称为轴序。α_x,ω,κ系统的角元素就是按Y,X,Z轴序的连动轴系统定义的,具体定义为:α_x角是z轴在XZ坐标面内的投影(过z轴所做的XZ面的垂面与XZ面的交线,以下类同)与Z轴的夹角,称为飞机航向倾角或俯仰角;ω角是z轴与XZ坐标面之间的夹角,即z轴与它在XZ面上的投影之间的夹角,称为旁向倾角或翻滚角;κ角是Y轴在xy坐标面上的投影与y轴的夹角,称为像片旋角或偏航角。

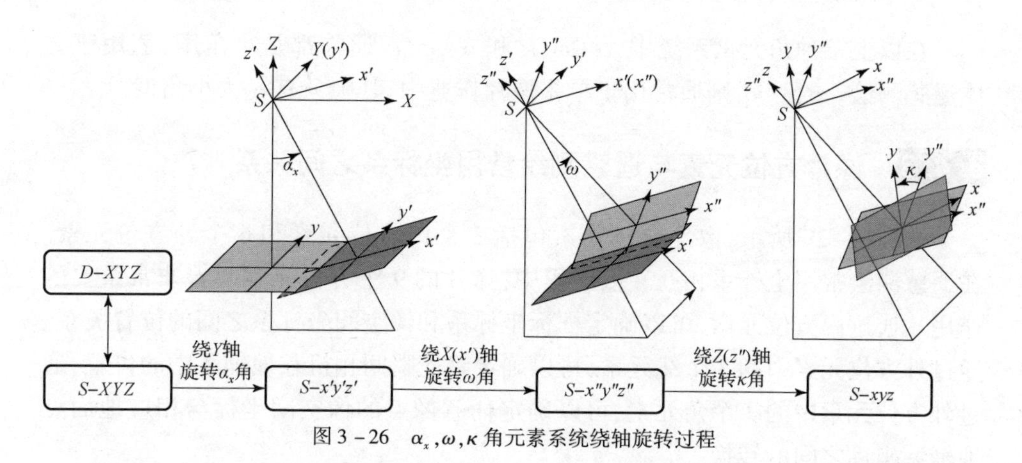

图3－26 α_x,ω,κ 角元素系统绕轴旋转过程

由图3－25和图3－26可以看出这3个角度的作用，α_x 和 ω 共同确定了 z 轴的方向，即确定了主光轴在地辅系中的方位；κ 角则确定了 x、y 轴在自身平面内的旋转方位。由于这个旋转方位是以 Y 轴在 xy 面内的投影为基准的，因此这个方位就是 x、y 轴在地辅系中的方位。

上述是以 Y 轴为旋转主轴的角元素系统。若以 X 轴为旋转主轴，这时三个角元素为 α_y,φ,κ'，此时像空系由地辅系首先绕 X 轴旋转 α_y 角（倾角），然后绕经第一次旋转之后的 Y 轴旋转 φ 角（偏角），最后绕经两次旋转后的 Z 轴旋转 κ' 角（旋角）而得出（如图3－27所示）；若以 Z 轴为旋转主轴，这时三个角元素为 τ,α,κ_v，此时像空系由地辅系首先绕 Z 轴旋转 τ 角（主垂面方向角），然后绕经第一次旋转之后的 X 轴旋转 α 角（像片倾斜角），最后绕经过两次旋转后的 Z 轴旋转 κ_v 角（旋角）而得出（如图3－28所示）。这两种角元素系统具体定义不再详细描述。

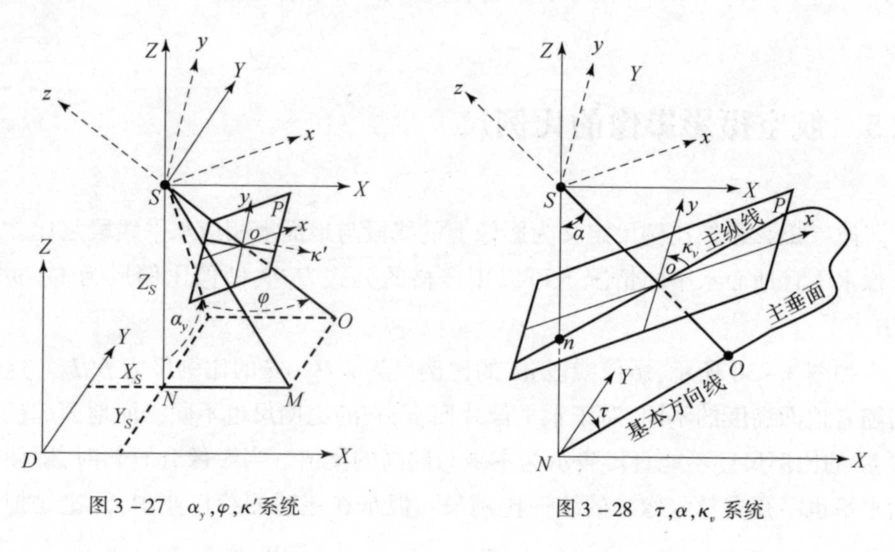

图3－27 α_y,φ,κ' 系统　　图3－28 τ,α,κ_v 系统

在以上三种角元素系统中，α_x, ω, κ 和 $\alpha_y, \varphi, \kappa'$ 通常都是小角度，适用于立体遥感测绘。τ, α, κ_v 则通常用于单张像片作业中，其中只有 α 为小角度。

3.4.3 像片方位元素与遥感测绘常用坐标系之间关系

如图 3－29 所示，像片方位元素包括 3 个内方位元素和 6 个外方位元素。在遥感测绘常用坐标系相互转换过程中，像片的 9 个方位元素起着非常重要的作用。通过内方位元素，可以确定框标坐标系和像空间坐标系之间的位置关系。通过外方位元素中的 3 个线元素，可以确定曝光瞬间相机在地辅系中的位置；通过外方位元素中的 3 个角元素，可以确定任意像点的像空间坐标与相应地面点地辅系坐标之间的转换。

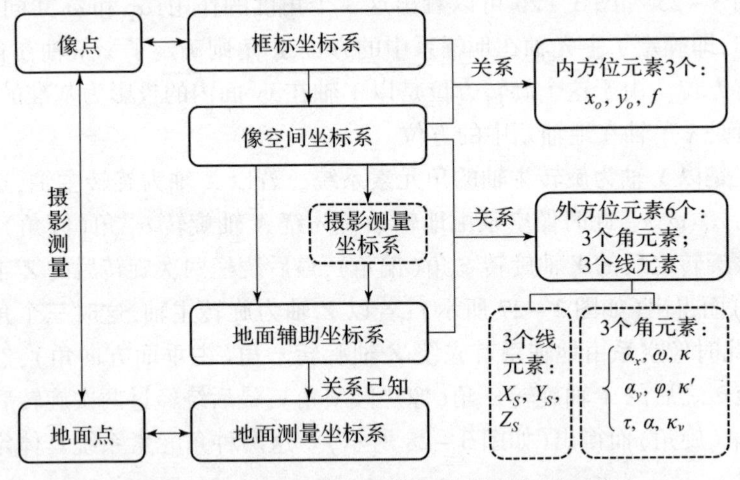

图 3－29　像片方位元素与遥感测绘常用坐标系之间关系

3.5　航空摄影影像的比例尺

航空摄影影像比例尺定义为影像上的线段与地面上相应水平线段之比。在影像水平且地面水平的情况下可以用严格的公式表达，即像比例尺为 $1:m = f/H$。

如图 3－30 所示，影像线段 ab 的比例尺为 f/H_A，cd 的比例尺为 f/H_D。这说明随着地面高度的不同，对于水平像片而言，它的比例尺也不同。而地面起伏线段 bc 的比例尺还不能直接表示为主距与航高的比值。当影像有倾斜时，即使地面水平也不存在整张像片的统一比例尺。但是在遥感测绘作业中，无论是拟订航空摄影计划还是估计像片的测图潜力，都要用到概略的像比例尺。为此，一般在近似垂直摄影情况下，常以 $f/H_{平均}$ 来估算像比例尺。比例尺是航空摄影影像重要的几何特征之一，在精密的遥感测绘处理中还需要认识影像的微观比例尺特征和重要点、线的比例尺特征。影响像比例尺变化的因素，基本上是地形起伏和像片倾斜。地形起伏的影响由相对航高的变化来体现。本节假定地面水平，只讨论影像倾斜对像比例尺的影响。

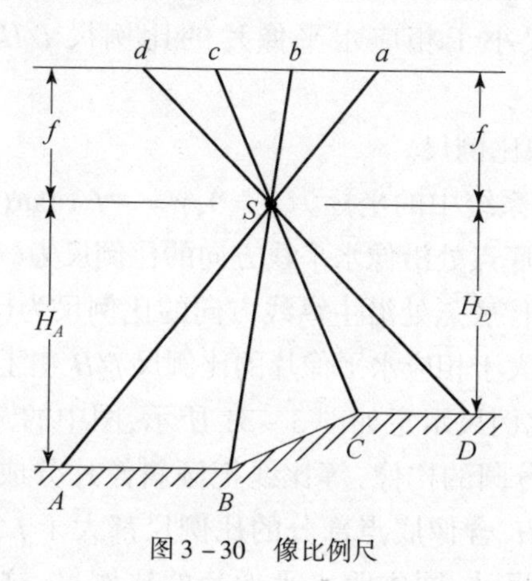

图3－30　像比例尺

3.5.1　点比例尺的一般公式

鉴于像比例尺的复杂性，引入点比例尺的概念。点比例尺定义为像片上某点在某一方向上的无穷小线段与地面上相应线段长度比的极限，即 $1:m = \mathrm{d}s/\mathrm{d}S$，式中：$\mathrm{d}s$ 和 $\mathrm{d}S$ 为像片上和地面上某点在某个方向上的微分线段。利用等角点坐标 (c,C) 系统可以推导出点比例尺的一般公式为

$$\frac{1}{m}=\frac{(f-y\sin\alpha)^2}{H\sqrt{[(f-y\sin\alpha)\cos\varphi+x\sin\alpha\sin\varphi]^2+f^2\sin^2\varphi}} \tag{3-5}$$

式中：α 为像片倾斜角；φ 为 x,y 像点处方向角；x,y 为 (c,C) 系统下的像点坐标。

分析式(3－5)可知：由于 x,y 不同，则点比例尺处处不同，说明倾斜像片上像比例尺是随点位不同而不同；在 x,y 不变的情况下，改变方向角 φ，则比例尺发生变化，说明像点的比例尺是有方向性的；在地面有起伏时，像点对应的 H 发生变化，像比例尺也随之发生变化。

3.5.2　航空摄影影像重要点、线的比例尺

(1)等角点 c 的像比例尺。

等角点 c 在 (c,C) 系统中的坐标为 $x=y=0$，代入式(3－5)，可知等角点的

像比例尺为 f/H。这说明等角点的像比例尺无方向性，并且它等于同主距水平像片的比例尺。

(2)像主点 o 的像比例尺。

像主点 o 在 (c,C) 系统中的坐标为 $x=0, y=f\cdot\tan(\alpha/2)$，将 $\varphi=0$ 代入式(3-5)，可得到像主点处沿主横线方向的比例尺为 $(f\cdot\cos\alpha)/H$；将 $\varphi=90°$ 代入式(3-5)，可得到像主点处沿主纵线方向的比例尺为 $(f\cdot\cos^2\alpha)/H$。由此可见，像主点的像比例尺小于相应水平像片的比例尺 f/H，并且沿主纵线方向更小。

(3)像底点 n 的像比例尺。

像底点 n 在 (c,C) 系统中的坐标为 $x=0, y=-f\cdot\tan(\alpha/2)\sec\alpha$，将 $\varphi=0$ 代入式(3-5)，可得到像底点处沿像水平线方向的比例尺为 $(f\cdot\sec\alpha)/H$；将 $\varphi=90°$ 代入式(3-5)，可得到像底点处沿主纵线方向的比例尺为 $(f\cdot\sec^2\alpha)/H$。由此可见，像底点的像比例尺大于相应水平像片的比例尺 f/H，并且沿主纵线方向更大。

c、o、n 三点上的比例尺示意如图 3-31 所示，图中的圆和椭圆表示物面上 3 个对应点处相等的微分圆的构像，等比线把倾斜像片分成两部分。含像主点部分的比例尺都小于 f/H，含像底点部分的比例尺都大于 f/H，而等比线本身的比例尺为 f/H，即等于同摄站、同主距水平像片的比例尺，这也是等比线名称的由来。在几何学上，等比线可以视为倾斜像片与同摄站、同主距水平像片的交线。

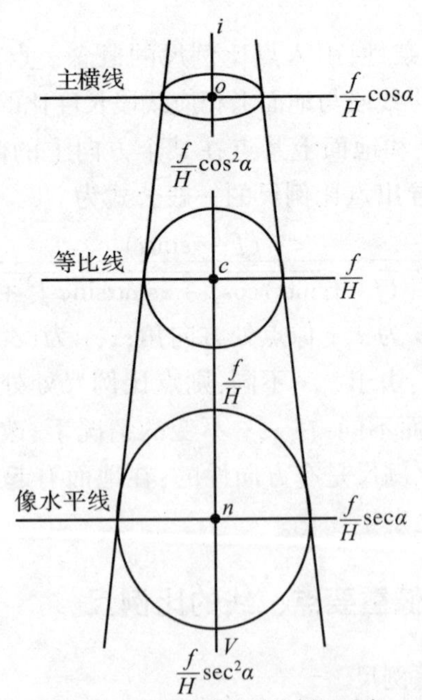

图 3-31　重要点线的比例尺示意

1. 什么是中心投影？中心投影有哪些透视规律？
2. 航空摄影像片和地形图的投影方式一样吗？二者还有哪些不同点？
3. 遥感测绘常用坐标系有哪些？每个坐标系是如何定义的？作用是什么？
4. 航空摄影像片的内、外方位元素的定义是什么？分别包括哪些元素？
5. 用框图表示像片方位元素与遥感测绘常用坐标系之间的关系？
6. 航空摄影像比例尺有哪些特点？重要点、线的比例尺规律如何？

第4章

像片控制测量

像片控制测量是采用控制测量的方法，在像片的规定范围内联测出像片上明显地物点（像片控制点）的大地坐标，并在实地将点位准确判刺到像片上的整个作业过程。

4.1 像片控制测量基础理论

4.1.1 像片控制测量的基本知识

航空遥感测绘的目的是对目标区域进行测量，获取目标区域的地理信息，通常情况下需要地面控制点（又称为外业控制点、野外控制点等）对拍摄的影像进行位置和姿态标定，而地面控制点的位置在航空摄影影像上对应的点，称为像片控制点，以下简称为像控点。

像控点有两个重要用途：一是作为定向点使用，用于求解像片成像时的位置和姿态；二是作为检查点使用，用于检查生产成果的精度，检查方式是在成果数据中找到检查点的影像位置，测量其坐标后与控制点进行对比。

像控点信息获取的过程即为像片控制测量，是指在实地测定图像控制点平面位置和高程的测量工作。一般有以一条航线段为单位布设图像控制点的航线网布点、以几条航线段或几幅图为一个区域布设图像控制点的区域网布点、以单张像片或一个立体像对为单位布设像控点的全野外布点等。

野外像控点是航测内业加密控制点和测图的依据，可分为平面高程控制点（简称为平高点）、平面控制点（简称为平面点）和高程控制点（简称为高程点）三类。平高点须测定点位平面坐标和高程，平面点只测定点位平面坐标，高程点只测定点位高程。随着GNSS技术的进步，平面和高程双向测量精度都有了极大提高，测量结果已经完全满足像控点平面和高程的精度要求，因此目前像片控制测量的点位均为平高点。本书中插图以⊙表示平高点，以○表示平面点，以●表示高程点。

4.1.2 像片控制点成果样式

像控点成果信息数据主要为像控点信息表，如表4－1所列，归纳起来包括控制点空间位置坐标、控制点刺点信息、控制点辅助信息等。

表4－1　像控点信息表示例

测区名称	XXXXXX	像控点编号	GCP－018
传感器型号	XXXXXX	影像像片号	20210317DSC00307
坐标系	CGCS2000坐标系	高程基准	1985国家高程基准
平面精度/m	0.6	高程精度/m	0.5
观测单位	XXXXXX单位	观测时间	2021－3－19
像控点位置略图		像控点位置详图	

大地坐标			高斯坐标		
	纬度	34°02′09.291″		纵坐标/m	3767691.916
	经度	120°19′19.371″		横坐标/m	529739.812
	大地高/m	8.358		正常高/m	2.074

像控点实地照片	像控点点位描述
	GCP－018点刺于灰色屋顶南侧灰色地面东南角，高程量算至地面

1. 控制点空间位置坐标

地球表面上空间位置的描述通常用在一定参考系的坐标来表示，通用的地面测量坐标系主要包括大地坐标系(B,L,H)、高斯直角坐标系(X,Y,h)、空间直角坐标系(X,Y,Z)等。目前常用的坐标参考系有WGS84国际标准坐标系、CGCS2000坐标系，投影参数涉及3°带和6°带，涵盖国家基本比例尺系列图的精度等级。

2. 控制点刺点信息

控制点刺点信息主要包括控制点局部影像、位置略图、实景照片和刺点位置描述等信息。

控制点影像数据是以栅格形式存储的、以灰度或彩色模式显示的控制点局部图像。控制点影像的数据格式有jpg、gif、bmp、tiff等多种类型，主要用于标示控制点选择位置等信息；位置略图是将局部影像进行矢量化，精确标示像控点刺点位置；实景照片是像控点作业过程中的实地拍摄照片，主要用于内业刺点、转点辅助判断；刺点位置描述需要清楚表达刺点的详细位置，不得引起歧义。

3. 控制点辅助信息

控制点辅助信息，包括采用的坐标系、投影方式、精度、成图比例尺、获取时间等。另外还有控制点影像的相关信息，主要包括分辨率、航空摄影区域名称、航空摄影仪型号、影像比例尺、航空摄影仪焦距等。关于像控点的辅助信息，如果部分信息在像控点信息表中无法表达的，可以在技术设计书中予以说明。

4. 其他资料

像控点信息其他资料主要包括控制点分布略图、观测手簿、计算手簿、验收意见表、仪器检校证明以及作业中使用的资料成果等。

4.1.3 像片控制测量方法

常见的像片控制测量方法有交会测量法、导线测量法、三角高程测量法、GNSS测量法，目前我们主要使用GNSS测量法。

1. 交会测量法

交会测量法是根据多个已知点的平面坐标(或高程),通过测定已知点到某待测定点的方向或(和)距离(或测定其竖直角),以推算待测定点平面坐标(或高程)的测量方法。按照所求得待测定点的坐标值类型,可划分为平面交会测量、高程交会测量和空间交会测量,分别以待测定点平面坐标、高程坐标和三维坐标为目的。按照观测站架设位置,可划分为前方交会测量、后方交会测量和侧方交会测量,其中:仅在已知点设站进行观测称为前方交会;仅在待测定点设站进行观测称为后方交会;既在待测定点设站又在个别已知点设站进行观测称为侧方交会。

2. 导线测量法

导线测量法是选择相邻点相互通视的一系列控制点构成导线,直接测定导线的各边长及相邻导线边的夹角,通过利用已知一个点的坐标和一条边的方位角,推算出所有其他待测定点坐标的测量方法。

3. 三角高程测量

利用两点间的联测距离和观测的垂直角,以求取高差和高程的方法,称为三角高程测量,亦称为间接高程测量。三角高程测量不受地形起伏限制,测量速度快,若用电磁波测距的边长进行高差计算,则其精度能达到四等乃至三等水准测量精度。

4. GNSS 测量法

GNSS 泛指所有全球卫星导航系统以及区域增强系统,主要包括美国的GPS、俄罗斯的 GLONASS、欧洲的 GALLIEO、中国的北斗卫星导航系统,以及其他可以通过捕获跟踪卫星信号实现定位的系统,如欧洲的 EGNOS(欧洲静地导航重叠系统)和日本的 MSAS(多功能运输卫星增强系统)等,均可纳入 GNSS 系统的范围。

GNSS 测量法是指通过观测 GNSS 卫星获得坐标系内待测定点绝对定位坐标的测量技术。GNSS 测量法使用简单、方便、快捷,使其逐渐取代其他几种测量方式,成为目前使用最广泛的测量方法。GNSS 测量法按照测量方式可以划分为静态观测和动态观测两种,以下详细介绍这两种测量方法。

1)静态观测方法

(1)基于区域卫星定位连续运行基准站的GNSS静态观测方法:测量时架设GNSS接收机在选定的图像控制点上,观测一个时段,观测时间一般不少于45min(基线较长时应适当延长观测时间)。结合测区所在区域卫星连续运行数据(一般由当地测绘主管部门提供),利用相应软件和参数解算出图像控制点的大地坐标(B,L)、大地高(H)和高斯坐标(X,Y)、正常高(h)。

(2)基于双基准站的GNSS静态观测方法:一是在测区选择两个符合起始点精度要求的GPS点(或自行建设基站)架设GNSS接收机作为基站进行长时间观测(观测时间根据当天第一个流动站开机时间和最后一个流动站关机时间进行确定);二是在选定的图像控制点上架设GNSS接收机(也称为流动站)进行同步观测,观测一个时段,观测时间不少于45min。利用相应软件和参数解算出图像控制点的大地坐标(B,L)、大地高(H)和高斯坐标(X,Y),正常高(h)需通过高程异常改正求得。

(3)基于国家基准网连续运行基准站的GNSS静态观测方法:一是在测区内适当位置选取两个临时参考站架设GNSS接收机进行长时间连续观测(每天8点15分至第二天7点45分为一个基准时段);二是架设GNSS接收机在选定的图像控制点上进行同步观测,观测一个时段,观测时间不少于45min。将观测原始数据和转换后的Rinex数据交相关单位计算出图像控制点的大地坐标(B,L)、大地高(H)和高斯坐标(X,Y)、正常高(h)。

2)实时动态(Real-Time Kinematic,RTK)观测方法

(1)基于单基准站的RTK观测方法:在测区选择一个或几个符合起始点精度要求的控制点,架设RTK仪器作为基站(也可利用常规GNSS接收机置入相应模块升级到RTK测量模式作为基站),在图像控制点上架设RTK设备(流动站)快速直接测定其大地坐标(B,L)、大地高(H),亦可根据需求测定高斯坐标(X,Y)、大地高(H),随后解算得出正常高(h)。作业过程中可在图像控制点较集中区域的适当位置任选一点作为临时基站进行长时间观测,用RTK设备测量图像控制点过程中测定一至两个符合起始点精度要求的控制点,根据观测数据结合控制点的已知成果解算临时基站的坐标和高程,再利用临时基站的成果解算出各流动站的坐标和高程。

(2)基于区域CORS网络的RTK观测方法:在已建立CORS网络的区域进行图像控制测量时,可依据其相应参数和连续运行观测数据,在图像控制点上架设RTK设备,直接测定其坐标和高程。RTK仪器测量精度指标和其他技术要求参照GB/T 18314—2009《全球定位系统(GPS)测量规范》执行(原国家测绘局颁布)。

4.2 像片控制测量准备工作

4.2.1 测区勘察及资料收集

根据任务下达情况,通过测区踏勘或其他途径,了解测区社会、自然、地理、人文等情况;收集测区大地资料及各种参考资料(如地形图、交通图、地方控制测量成果等);了解测区内 CORS 网络覆盖情况,开展协商 CORS 账号和后续数据解算相关事宜。

1. 资料分析

(1)航空摄影资料分析。查看测区影像覆盖情况。对于像片有航空摄影漏洞、像主点落水等情况,应结合控制测量的要求提出处理意见。

(2)控制资料分析。查清测区内控制成果的施测单位、时间、精度、坐标和高程系统、点的数量、分布密度情况。

(3)参考资料分析。分析与确定利用的价值,提出使用的方法和注意问题。

2. 技术设计书编写

根据测区特点、资料和仪器设备情况,确定最佳控制测量方案,编写技术设计书,并报上级业务主管部门审查批准。

3. 拟定业务实施计划

业务实施计划主要内容包括:

(1)测区概况——测区的位置、范围、自然地理概况以及经济、交通情况等;

(2)作业依据、作业方案;

(3)任务数量、任务工天、作业实力及任务分配方案;

(4)车辆保障、油料分配及各项经费指标;

(5)出测、收测时间及各级检查验收时间;

(6)安全及质量保证措施等。

实施计划须报上级审批后执行。

4. 作业分队准备工作

1)资料领取和分析

对于所领取的各项作业资料,检查是否齐全,是否能满足作业需要。根据规范和技术设计书中对资料、成果利用的有关要求,进行逐项检查分析。对基本作业资料——航空摄影像片,应重点检查以下内容:

(1)检查航空摄影像片是否满幅。航线在自由图边一端的像片,其像主点应在图廓线外;平行于自由图边的航线,超出图廓线的宽度,不得小于像幅的15%。如果像片不足,应报请上级加印。

(2)检查有无航空摄影相对漏洞、绝对漏洞以及云影、像主点落水等情况。如有上述情况,应按照规范要求采用特殊情况布点,或采用其他方法进行补测。

(3)检查像片重叠是否正常(以最高山头为准)。如果航向或旁向重叠过大,则考虑抽片或抽航线,但抽片或抽航线后,航向各片重叠不应小于56%。旁向重叠不应小于15%。已抽的航线或像片一般不得再作为资料使用。

2)填写图历簿

将图幅的图廓元素、大地点成果以及航空摄影鉴定表中有关数据填入图历簿,并须严格校对。其他内容待作业后填写。

3)拟定技术计划

(1)像片编号。一般以图幅为单位。若东西飞行,则航线由北到南、像片由西到东的顺序编号;若南北飞行,则航线由西到东、像片由北到南的顺序编号。如果有多套像片,相同像片的编号必须一致。同一测区内,像片编号必须唯一。

(2)在像片上选控制点。根据成图方法和控制点布设的要求,在像片上选出所需的控制点,并统一编号。同一区域内,不得有相同的编号。利用邻幅控制点,应在控制点编号后面加邻幅图号。依据“全球影像控制点数据库”的要求,控制点可加测区、年代代码。

(3)拟定控制测量计划。将待测像控点标注在已有地形图上,形成各个区域的控制布点略图,根据测区地形和交通情况在图上设计出合理的测量方案。

4)仪器装备准备

(1)领取作业所需各种仪器装备,如GNSS接收机及其配套设备、对中杆、手簿、各种用表等,并检查附件是否齐全。在特殊地区(如雪山、沙漠、森林、海岛等)作业,应领取相应特殊装备。

(2)按有关要求对未及时鉴定的测量仪器进行检查校正。

5)CORS账号申领

对于使用网络RTK动态测量法作业的任务,应提前申请作业区域的CORS

账号,并办理相关的业务。

4.2.2 像片控制点的布设

1. 像控点布设原则

像控点布设方案的拟定,一般应根据成图比例尺、像比例尺、像片类别(卫片或航片)、地形特点、空三加密和后期数据处理的要求确定。像控点布设主要有以下原则。

(1)选刺目标应明显。

野外选刺实测的像控点,不论是平面点、高程点或平高点,都应该选刺在影像清晰、目标明显的点位上。明显目标点,就是航空像片或卫星影像上的点位目标可以在实地进行准确辨认定位。对于无明显目标点的区域,像控点应尽可能在摄影前布设地面标志,以提高刺点精度,增强外业控制点的可取性。

(2)按区域网布设。

像控点在一般情况下应按区域网法进行布设。当按区域网法布点有困难时,可按不规则图幅布点,但每条航线相邻两点之间的距离不得超过规范的规定。当平面与高程发生矛盾时,应以高程为准。

(3)按成图要求布设。

位于不同成图方法的图幅之间的公用像控点,或位于不同航线、不同航区分界处的公用像控点,应分别满足不同成图方法的图幅或不同航线和航区各自测图的要求,否则应分别布点。

(4)自由图边布设于图廓线外。

位于自由图边处的像控点,除满足内业成图方法的要求外,还应注意布设在标绘像片上的图廓线外,以保证自由图边的精度和图幅满幅。

2. 像控点在图像上的位置要求

像控点在图像上的位置,除应满足相应技术布点方案的规定外,还应满足下列要求。

(1)距像片边缘的距离。

像控点距像片边缘不得小于1cm。对于平地测图的像控点,离开像片的航向边缘不得小于上述规定的二分之一。这是由于航空摄影仪镜头的各种光学构像误差在像场的边缘都较大,使影像的清晰度较中心部分降低,投影差使影像变形较中心部分增大,感光材料的伸缩变形也较大。

(2)距方位线的距离。

像控点布设时距离方位线应大于4.5cm。所谓方位线,就是同航线相邻两张像片主点之间的连线。

(3)像控点应尽量公用。

相邻像对和相邻航线的像控点应尽量公用,以减少野外测定像控点的工作量,又可以增加同一公共点的内业量测次数,提高加密精度。因此在一般情况下,像控点应选在航向三片重叠范围和旁向重叠中线附近,偏离中线一般不大于像片上1cm。困难时,个别点也可布设在航向两片重叠范围内,不受旁向重叠中线的限制,但应避免由于点位偏离造成的点位分布不均匀或超控现象。

(4)像控点不能公用时的布点。

相邻航线或相邻像对的像控点不能公用时,应分别布点。需要注意的是,应尽量减小控制裂缝,即两像控点分别离旁向重叠中线的距离之和不得大于2cm。这是考虑到航线重叠度小、受地形条件限制或影像不清晰的影响,使像控点按常规布点方案布设时野外施测有困难,以及内业加密测图超控作业等因素而规定的。

3. 像控点区域网布点方案

1)区域的划分

像控点一般按区域网布点。布点区域应尽量按图廓线整齐划分,也可根据航空摄影资料、已有可利用控制点的分布以及地形条件等情况灵活划分。

区域形状应尽量划分成正方形或长方形。根据可利用控制点分布,按航线划分区域时,其形状为不规则多边形,区域之间可以有部分重叠。区域的大小以不超过数字空三加密程序设定的像对数为准。

2)矩形区域网布点

(1)布点形式。

根据航空摄影资料、地形类别等情况,通常以4幅(如图4-1(a)所示)、8幅(如图4-1(b)、图4-1(c)所示)或16幅(如图4-1(d)所示)图为一个区域布点,也可以根据测区情况采用大区域布点(16幅图以上)。

(2)不规则区域的控制点布设。

不规则区域网布点,一般应在凸转折处布设平高点,凹转折处一条基线时布高程点,两条以上基线时布平高点,如图4-2所示。

3)特殊情况下区域网的划分及布点

(1)航线正飞和斜飞混合时的布点。

航线正飞和斜飞混合时,按航空摄影分区或航线段划分区域分别布设平高点和高程点,混合部位的控制点应尽量公用,如图4-3所示。

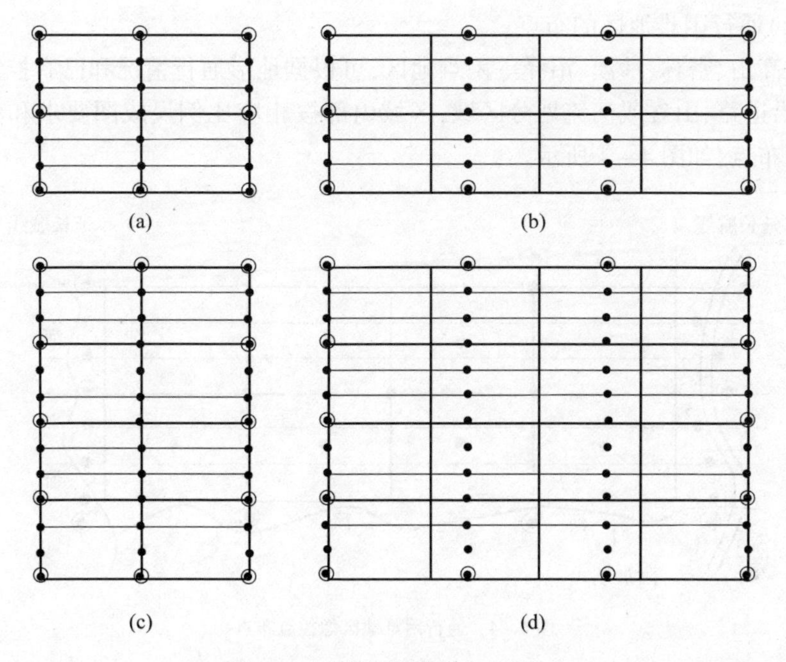

图4-1 矩形区域网像控点布点形式

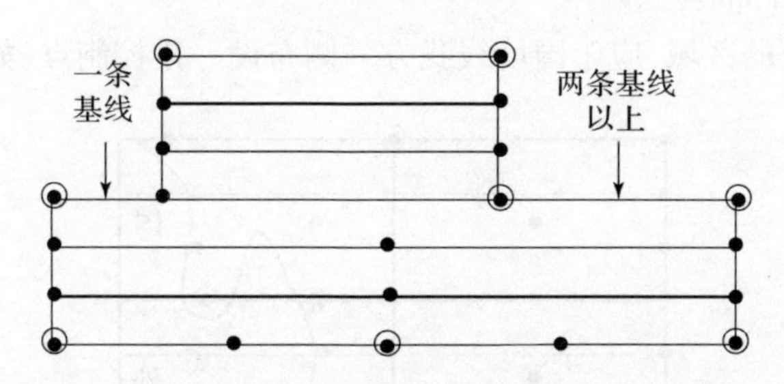

图4-2 不规则区域网像控点布点形式

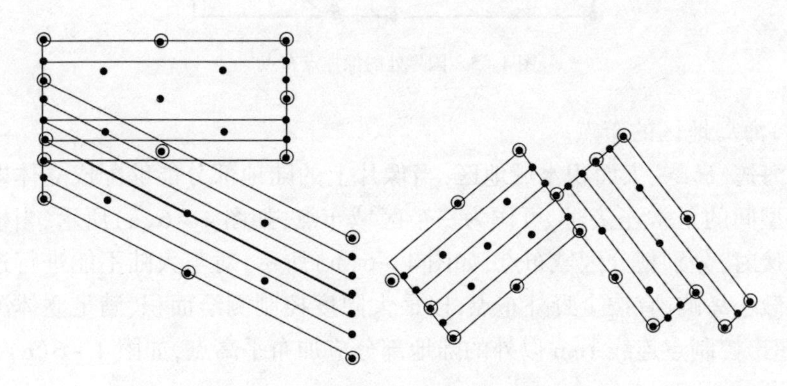

图4-3 航线正飞和斜飞混合时的像控点布点

(2)通行困难地区的布点。

在高山、密林、沙漠、沼泽等困难地区,可根据地形通行情况和已有控制点的分布,沿道路、山谷或河流划分区域,区域内部按相应比例尺成图要求和布点形式进行布点,如图 4－4 所示。

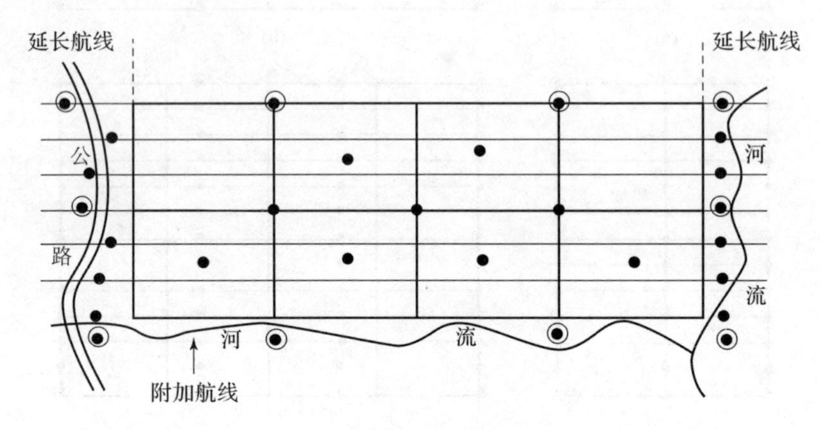

图 4－4　通行困难地区像控点布点

(3)国界处的布点。

位于国界处的区域,应于国境线我方一侧布设一排控制点,如图 4－5 所示。

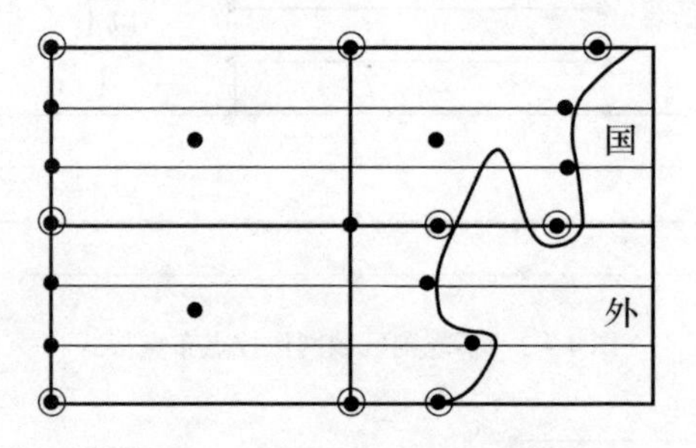

图 4－5　国界处的像控点布点

(4)海岛地区的布点。

在海湾、岛屿、大面积水域地区,当像片上的陆地部分能够配成立体即能够实现模型间的正常连接时,可作为一个区域布点,如图 4－6(a)所示;当模型间不能连接时,分别划分区域布点,如图 4－6(b)所示;对与大陆不能进行连接构网的零散小岛屿,宜按全野外布点,以最大限度控制测绘面积、满足立体测图为原则,超出控制点连线 1cm 以外的陆地部分应加布平高点,如图 4－6(c)、(d)、(e)所示。

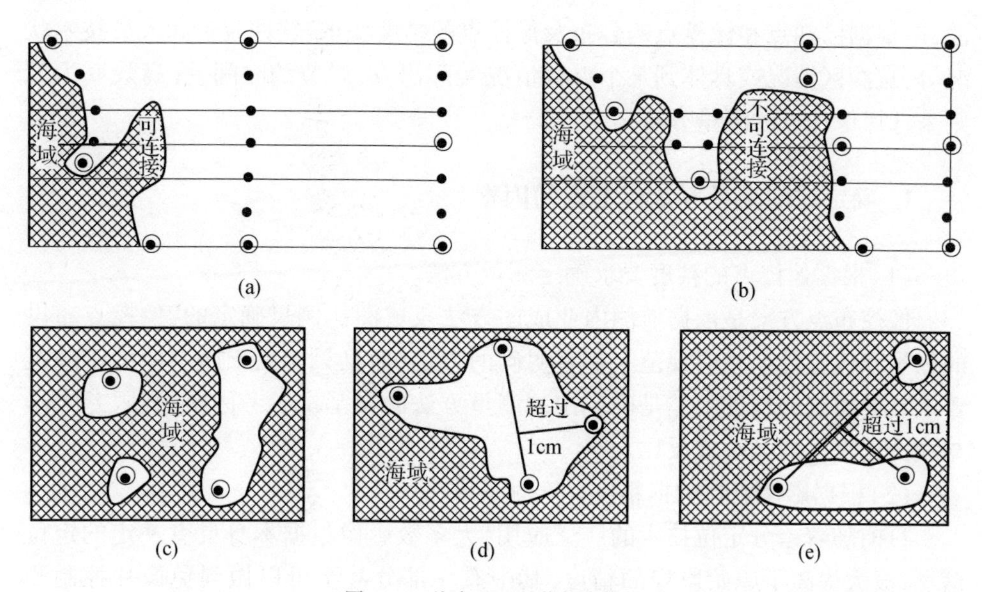

图4-6 海岛地区的像控点布点

(5)自由图边和已成图边的布点。

自由图边和已成图边的平高点均应布于图廓线外。对于点位在像片上的位置,丘陵地和平地应在像片方位线外侧3cm以上,山地应在像片方位线外侧3mm以上。航线两端的高程点允许左右偏离角隅点连线各一条基线,且大致相间分布于图廓线内外侧,如图4-7所示。若自由图边多飞出一条航线时,则该航线首、中、末处须布平高点,位于像片方位线外即可;原位于自由图边处的航线只布设高程点即可。

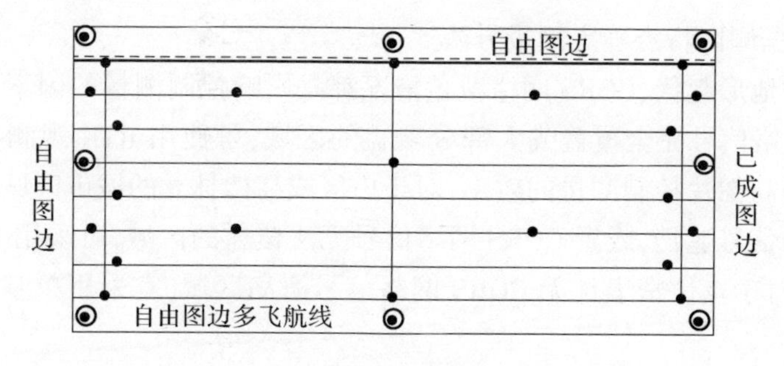

图4-7 自由图边和已成图边的像控点布点

4.2.3 像控点测量方法的确定

像控点可以采用不同的方法测量。由于卫星定位和导航技术日益成熟,目前在像片控制测量作业中几乎全部采用GNSS测量,究竟采用哪种GNSS测量方法,应根据已知点和像控点的分布及像控点的精度要求、软件装备和人员技术状况等,从测区情况或具体到某个点位情况实际出发,以节约时间、提高效率为原则来选择像控点的测量方法。

1. 确定控制测量方法应考虑的因素

(1)根据像控点的精度要求确定测量方法。

像控布点方案是依据航测内业成图方法及成图比例尺确定的,像控点布设的数量和位置等在相应规范上都有明确的规定,而且只能高于而不能低于规范要求。像控点的精度限差是确定控制测量方法的最基本参考因素,其限差大小与成图比例尺的大小成反比。

(2)根据影像资料数据精度确定测量方法。

目前随着差分定位技术的广泛应用,大多数影像数据本身具有一定的定位信息,极大提高了原始影像的精度,其中有一部分甚至可以做到免像片控制测量。因此,在进行像片控制测量方案设计时,应根据影像资料的情况进行区别对待。

(3)根据软硬件装备确定测量方法。

在确定像片控制测量方法时,应考虑控制测量仪器装备的性能情况。不同的仪器适应不同的测量方法,也就是说不同的控制测量仪器在其所能适应的控制测量作业中更能发挥它的特性和优势。一般来说,电子全站仪能够适用于各种交会法测量和导线测量,GNSS 接收机基本能适应各种条件下像控点的野外实测。

(4)根据测区特点确定测量方法。

测区的地形起伏、CORS 网络覆盖情况都是影响控制测量的因素。例如:对于 CORS 网络信号完全覆盖或大部分覆盖的区域,可使用 RTK 观测方法,这样能够极大提高像片控制测量的效率;对于山区或高楼林立的城市区域,许多点位存在严重的信号遮挡,或者 CORS 网络信号无法覆盖的区域,可采用 GNSS 静态测量方法;对于点位密集且无 CORS 网络信号海岛区域,宜采用单基站 RTK 观测方法。

2. 常用 GNSS 测量方法的比较

表 4 -2 列举了几种 GNSS 测量方法的比较。

表 4 –2 常用 GNSS 测量方法的比较

测量方法	优点	缺点
基于 CORS 网络 RTK 观测方法	①作业条件低;②作业效率高;③定位精度高,没有误差积累;④作业自动化和集成度高	①受卫星状况限制;②受电离层影响大;③受网络信号和 CORS 系统限制
基于单基站 RTK 观测方法	①作业效率高;②不受网络信号和 CORS 系统限制;③任何时段信号都稳定	①功率小,传输距离有限,易受干扰;②携带不便;③存在传导误差
基于区域卫星连续运行基准站的 GNSS 静态观测方法	①作业范围广,不受限制;②成果精度高;③不受已知点限制	①作业效率相对较低;②成果数据需由第三方解算
基于国家卫星连续运行基准站的 GNSS 静态观测方法	①作用范围广,不受网络信号限制;②成果精度高;③不受已知点限制;④可以单机作业	①作业效率相对较低;②成果数据需由第三方解算
基于双基准站的 GNSS 静态观测方法	①不受网络信号限制;②成果数据可实现自作解算	①受已知点限制;②作业效率低;③存在传导误差;④需要多台仪器同步观测

4.3 像片控制点测量作业

4.3.1 像控点作业

1. 刺点目标的要求

(1)刺点目标应着重选在线状地物的交点和地物拐角上(如道路交叉、固定的田角等),交角必须良好(30° ~150°)。在地物稀少地区,可选在线状地物的端头和影像小于 0.5mm 的点状地物中心。在海岛地区,可选刺在能精确判读的岩石顶尖处。在无明显目标点的平坦区域,像控点尽可能在摄影前布设地面标志,提高刺点精度,增强外业控制点的可取性。对于部分无法精确刺点的弧形和阴影等情形，都不能选作刺点目标。

(2)刺点目标尽量选择在地势平坦、没有比高的位置，以保证高程精度。一般以线状地物的交点和地物拐点为宜。狭沟、尖的山顶和高程变化急剧的斜坡等，均不宜选作刺点目标。当点位选刺在高于地面的地物顶部时，应量注顶部至地面的比高（对于有双重比高的建筑物，例如烟囱底部有房子，在像片立体又看不见地面时，应同时量注烟囱和房子比高），量至0.1m，并在像片反面说明。

(3)不得在微波通信的过道中设点。控制点应远离大功率无线电辐射源（如电视台、微波站等），其距离不得小于100m，并应远离高压输电线、变电站，其距离不得小于50m。

(4)不宜在钢标下设点。控制点应尽量避开大型金属物体、大面积水域和其他易反射电磁波信号的物体。

(5)在区域内适当布设平高控制点作为检查点，用于空中三角测量成果的精度检查。

(6)实地拍摄像控点点位近景照片、远景照片各一张，并尽量保证由南向北拍摄，然后从其他角度拍摄远景照片一张。近景照片要求可以清楚地看到观测时点位的实际位置；远景照片要求可以看到观测点位周围明显参考物，以反映相关地物特征。

2. 像片整饰的要求

(1)对于有纸质像片的像片控制测量任务，尽量采用数字刺点和像片实刺双刺点方法。像片实刺一般是野外条件下在纸质像片上实刺点位，数字刺点是利用野外数字刺点软件进行刺点。

(2)纸质像片的刺点应选择点位影像清晰的像片，刺孔直径不得大于0.1mm，并要求刺透且不能有双孔，刺点误差不得大于像片上0.1mm。

(3)纸质像片刺点必须在实地完成，并由第二人现场检查确认，确保刺点位置无误后方可离开。

(4)纸质像片背面的整饰用符号“○”表示，符号直径为5mm，可用铅笔圈出，并于实地在像片背面绘好略图，写好说明，略图与点位说明必须一致。

(5)像片正面的整饰需用红色笔完成，在刺点处用“○”表示，符号直径为5mm。点名和高程以分式形式表示，分子为点名或点号，分母为点位高程。

(6)纸质像片受纸张大小限制，仅供选点概略参考，实际选点以相应电子片原始分辨率（或更大比例）显示为准。

刺点整饰示例如图4-8所示。

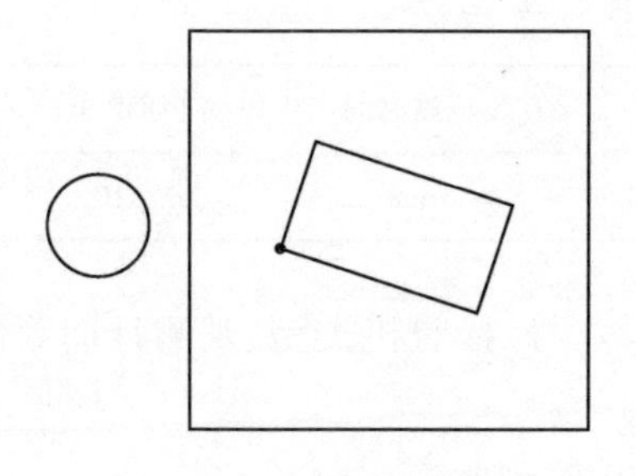

P01-01点（外业临时编号）刺在房屋西南角房顶，房高2.1m，高程量算至房顶。

刺点者：××× 2022.07.20

检查者：××× 2022.07.20

图 4 – 8　刺点整饰示例(见彩图)

4.3.2 像控点测量要求

1. RTK 测量方式

(1) RTK 测量主要技术要求应符合表 4 – 3 规定。

表 4 – 3　RTK 动态测量技术指标

锁定卫星个数	点位中误差/cm	观测次数	PDOP 值
≥5	平面≤ ±5、高程≤ ±3	≥3	≤6
说明:RTK 设备锁定的卫星截止高度角不得小于 15°			

(2) 经、纬度记录精确至 0.00001s,平面和高程记录精确至 0.001m,天线高量取精确至 0.01m。

(3) 观测开始前应对仪器进行初始化,并得到固定解,当长时间不能获得固定解时,宜断开通信链路,再次进行初始化操作。

(4) RTK 测量采用平滑测量方式获取点位坐标,平滑次数 10 次,在每个测量点位需测量坐标 3 次,取平均值作为最终坐标成果。

2. 静态测量方式

(1) 静态测量主要技术要求应符合表 4 – 4 规定。

表 4－4　GNSS 静态测量技术指标

卫星截止高度角	采样间隔	同时观测有效卫星	有效观测时间	PDOP 值
15°	5″	≥4	≥45min	≤10

(2)静态测量需填写 GNSS 观测手簿,记录点号、接收机类型、观测日期等信息,GNSS 观测手簿示例如表 4－5 所列。

表 4－5　GNSS 观测手簿示例

<table>
<tr><td>点号</td><td>P001</td><td>图幅编号</td><td>10－48－XXX－D</td><td>天气</td><td>晴</td></tr>
<tr><td>观测日期</td><td>20XX. XX. XX</td><td>年积日</td><td>XXX</td><td>数据文件名</td><td>P05123321. sth</td></tr>
<tr><td>接收机类型</td><td>XXXX</td><td>接收机编号</td><td>XXXXXX</td><td>开始记录时间</td><td>XX:XX</td></tr>
<tr><td>天线类型</td><td>XXXX</td><td>天线编号</td><td>XXXX</td><td>结束记录时间</td><td>XX:XX</td></tr>
<tr><td>概略经度</td><td>105°XX′XX″</td><td>概略纬度</td><td>36°XX′XX″</td><td>概略高程</td><td>XXX m</td></tr>
<tr><td rowspan="7">天线高测定</td><td>方法</td><td>读数(m)</td><td>中数(m)</td><td>平均值(m)</td><td>备注</td></tr>
<tr><td rowspan="3">测前</td><td>1. 202</td><td rowspan="3">1. 202</td><td rowspan="6">1. 202</td><td rowspan="6">类型:斜高 ☑
垂高 □
比高:1. 20m</td></tr>
<tr><td>1. 202</td></tr>
<tr><td>1. 201</td></tr>
<tr><td rowspan="3">测后</td><td>1. 202</td><td rowspan="3">1. 202</td></tr>
<tr><td>1. 202</td></tr>
<tr><td>1. 201</td></tr>
</table>

(3)采用 TEQC 数据质量检查软件,检查采集数据有效率,数据有效率应大于 90%。

(4)静态测量时,连续观测时间不少于 45min。对于周围有遮挡、地平仰角 10°以上有障碍物的点位,连续观测时间不少于 60min。

3. 高程异常解算

像控点的高程异常改正主要通过测绘部门或者通过中国局部区域似大地水准面模型拟合解算求得。

4. 质量控制

(1)外业出测前,需对所有外业使用仪器进行计量检定。

(2)进入测区后,在有条件的情况下实地测量C级GPS已知点坐标,与实际坐标进行比对,作为精度检核的补充数据,并做好对比记录。

(3)每日作业前后,要在同一固定点,对仪器进行坐标测量比对,两次坐标较差符合规范要求,并填写固定点较差检核表。

(4)外业控制测量过程中,每晚对当日测量成果进行检查,重点检查点位选取、信息表填写等内容。

(5)外业测量任务完成后,需对所有数据成果进行检查,确保测量点位无遗漏,测量精度符合作业要求。

4.3.3 检查验收及成果整理上交

1. 检查验收内容

检查验收主要内容包括:

(1)数学基础是否正确,精度是否满足要求,成果数据是否完整。

(2)像控点刺点选点位置是否满足规范要求,是否精确刺点,描述是否准确。

(3)像控点拍摄的点位照片能否清晰反映刺点位置。

(4)像控点信息表填写是否规范。

(5)各种参考资料使用是否符合资料使用原则。

(6)文件命名格式及名称的正确性,以及数据格式、数据组织是否符合要求。

(7)上交的各级检查记录是否齐全,填写内容是否准确完整、符合规范要求。

2. 检查验收要求

(1)作业小组每日对作业成果进行检查互查。二级检查分阶段对控制测量成果进行室内100%检查,室外检查不低于30%;三级检查对最终成果进行不低于10%的抽检验收。

(2)检查验收必须如实填写质量记录表,检查情况均应由检查验收人员签名和填写日期,随成果上交。

(3)各类作业成果经大队验收合格后方可提供上交,保证成果合格率100%。

3. 成果整理和上交

1)像片控制测量成果

像片控制测量成果主要包括控制点原始观测数据和坐标成果、像控点点位信息表、刺点像片、质量检查记录表等。

2)其他文档资料

(1)技术设计书和实施方案。

(2)技术总结。

(3)仪器计量检定报告。

(4)GNSS 观测手簿。

(5)固定点较差检核表。

(6)其他资料。

1. 像片控制测量的方法有哪些?最常用的方法有哪些?

2. 利用 GNSS 进行像控点测量时,点位的选取有何要求?

3. 利用 GNSS 进行像控点测量时,静态测量方法有哪些?

4. GNSS 测量可以详细分为哪几类?各有什么优点?

5. 在海岛区域进行控制测量(部分区域有 CORS 网络信号)时,应采用哪种方案进行像片控制测量作业?

6. 像控点布设的一般原则是什么?

7. 像控点选取应满足什么要求?

8. 像控点成果主要包含哪些?

第5章
遥感图像判绘

遥感图像是地面目标的客观反映，具有覆盖范围广、信息量大等特点，而且直观、形象、观察方便，不同的目标具有不同的电磁波辐射特性及空间分布规律，在图像上具有不同的影像特征。遥感图像判绘是理论性、知识性和实践性要求很强的技术，涉及许多学科知识，既有遥感物理基础、遥感平台和传感器等知识，又包括地理、人文、制图等理论知识。在全数字遥感测绘中，尽管地形要素的计算机自动判读、人机交互判读技术取得了长足进步，但与实际应用要求还有较大差距，实用化的遥感图像地形要素的自动识别提取系统的建立还需要相当长的时间，目前地形要素判绘仍以目视判读为主要方法。

5.1 遥感图像判绘概念

遥感图像判绘是根据影像特征，将地图上需要表示的地形要素、地物目标或其他专题要素判读出来，经综合取舍后用规定的符号、颜色和文字绘制在图像、图纸或计算机屏幕上的技术。遥感图像判绘基本任务是获取地理空间环境属性信息和其他专题信息，为遥感图像地形图测制和更新、地理信息系统建设以及各种专题图的制作提供技术支撑，其在遥感测绘成图中位置如图5-1所示。遥感图像判绘技术已广泛应用于地图测绘、资源调查、环境监测、灾害监测与评估、农作物病虫害和作物产量调查、城市及区域调查和规划、林业调查、海洋调查以及军事侦查等领域。

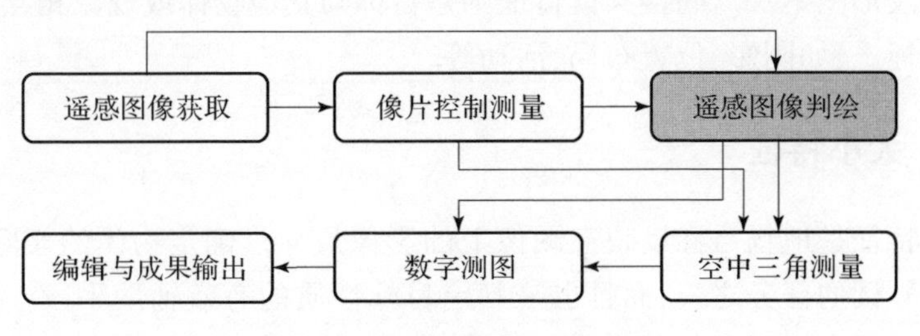

图5-1 遥感测绘成图主要工序

根据判绘成果的应用领域、判绘的目的和任务,遥感图像判绘可以分为两大类,即地学信息判绘和专业应用判绘。地学信息判绘主要是为了获取地球圈层范围内的综合属性信息,常见的是地形要素判绘和地理景观判绘。地形要素是指测制地形图时需要表示的地物地貌,如居民地、工农业和社会文化设施、交通运输设施、水系及其附属建筑、植被、地貌与土质等。地理景观是指在一定范围内多个地学要素有规律的地域综合,一般用于区域性或分类性的地表区域规划,对地球表面研究有重要意义。

专业应用判绘可以分为很多类,其目的是获取各专业应用领域某些研究对象的属性信息。专业应用测绘主要有地质、土壤、林业、土地利用、水文、气象、农业、特殊目标判绘等。

利用遥感图像测绘地形图时,判绘成果的质量应满足相应的测绘规范和图式的要求,对其质量的总体要求可以概括为准确性、完整性、科学性三个方面。

5.2 遥感图像判读特征

图像是地面物体电磁波辐射信息的记录,因此地面目标的各种特征必然在图像上有所反映,在进行目视判读时可以用这些特征来识别目标。

所谓判读特征,是指遥感图像的光谱、辐射、空间和时间特征综合表现出来的不同地物影像的差异,也称为判读标志或解译标志。广义地说,地面物体在图像上反映出的所有影像特征或影像标志,都能够帮助人们识别目标性质。

经过长期的判读实践,人们发现图像与相应地物目标在色调(或色彩)、形状、大小、纹形图案、阴影、位置布局和目标活动等 7 个特征有着密切的联系,并且可以用这 7 个特征概括地物所有的影像判读特征。通常将这 7 个特征分为直接判读特征和间接判读特征。直接判读特征是物体电磁波辐射特性在图像上直接反映出的影像标志,是地物本身和遥感图像所固有的,如色调(或色彩)、形状、大小、纹形图案等。间接判读特征则是目标与其他物体或现象相互联系所形成的影像标志,如阴影、位置布局、活动等。

5.2.1 大小特征

大小特征是地物目标反映在图像上的影像尺寸。确定物体的实际大小,不仅是目视判读的任务之一,而且也是判定目标性质的有效辅助手段。影响图像大小特征的最主要因素是图像比例尺或空间分辨率。对于平坦地区,在遥感平台接近水平时获取的图像上各种地物影像比例尺基本一致,实地大的地物反映在图像上的影像尺寸大,反之则小。但由于传感器类型、地形起伏、地物目标性质以及与周围背景的反差,影像大小也会发生变化。

(1)对于实地相同的地物,在不同类型传感器获取的图像上,影像大小有所差别。侧视雷达图像上的水面舰船、铁塔、高压线、桥梁等硬目标的影像比应用的尺寸大得多。图像倾斜也会对地物影像大小产生影响,但对影像大小特征影响较小,判读时可不予考虑。

(2)对于在地形起伏不平的丘陵地和山地环境中,位于高处的地物,相对平台距离近,影像比例尺大;反之,影像比例尺小。因此,同样大小的地物目标反映在图像上,位于高处的影像尺寸比低处的大。对于起伏明显的丘陵和山地,在光学图像上,背着传感器的坡面比向着传感器坡面的影像尺寸大,同一坡面在不同位置传感器获取的影像大小也会发生变化。

(3)地物和背景的反差会影响大小特征。当地物很亮而背景较暗时,由于光晕现象,影像尺寸往往大于实际应有的尺寸。例如林间小路、湖面高压线等,因上述原因,其影像宽度往往大于理论宽度,如图5-2所示。

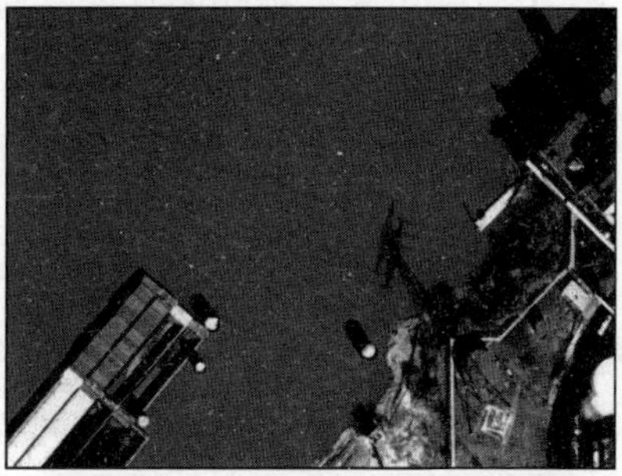

图5-2 高压线及其阴影的宽度

5.2.2 色调/色彩特征

1. 色调特征

色调特征是指地物电磁波辐射能量在黑白图像上表现出来的由黑到白的各种不同的灰度。色调特征是黑白图像最基本的判读特征,如果图像色调没有差异,那么就无法分辨地物的形状和大小。

不同的地物在图像上的色调有所不同。在全色图像上,影像色调主要取决于地物的表面亮度,而地物的表面亮度与地物的表面照度、地物的亮度系数有关。

(1)色调与地物表面照度的关系。地物表面照度取决于太阳的照射强度及地物表面与照射方向的夹角。地物受太阳光直接照射和天空光照射,地面接收的照度大小和光谱成份随太阳高度角而变化。随着太阳高度角的增大,地面照度增大,天空光的比例减少,遥感图像上的色调更能反映地物本身的电磁波辐射特性。太阳高度角相同时,同类地物亮度系数相同,照度大的部分亮度大,图像色调浅,反之则色调深。地物表面的方向也影响着地物表面的照度,如图5-3

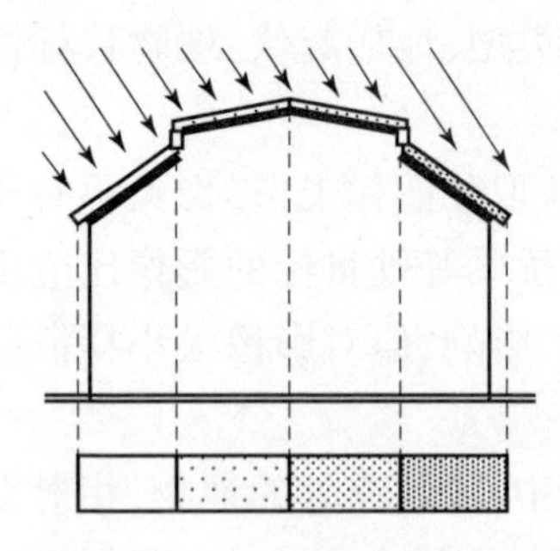

图 5－3　方向对照度的影响

所示，对于多坡面房顶的房屋，由于各坡面的法线方向和太阳光入射方向的夹角不同，各坡面的照度是不同的，因此脊顶房屋的两个坡面在图像上反映的影像色调是有差别的。

（2）色调与亮度系数的关系。在照度相同的情况下，地物的表面亮度取决于地物的亮度系数。亮度系数是对全色波段来讲的，它是指在照度相同的情况下，地物表面的亮度与绝对白体表面的亮度之比值。显然，亮度系数越大的物体在图像上的色调越浅，反之则越深。不同性质的地物亮度系数有所不同；即使是同一种地物，由于表面形状不同，含杂质和含水量不同，亮度系数也有较大的区别。表 5－1 显示了不同地物的亮度系数。

表 5－1　不同地物的亮度系数

地物名称	亮度系数	地物名称	亮度系数	地物名称	亮度系数
针叶树林	0.04	干燥沙土	0.13	干燥土路面	0.21
夏季阔叶树林	0.05	潮湿沙土	0.06	干黑土路面	0.08
秋季阔叶树林	0.15	干燥沾土	0.15	干砾石路面	0.20
冬季阔叶树林	0.07	潮湿沾土	0.06	湿砾石路面	0.09
绿色草地	0.06～0.07	干燥黑土	0.03	干公路路面	0.32
绿色农作物	0.05	潮湿黑土	0.02	湿公路路面	0.11
成熟农作物	0.15～0.34	干沙土路面	0.09	新降雪	1.00
红黄色屋顶	0.13	河川的冰	0.35	正溶解的积雪	0.88

从表 5－1 以及地物反射电磁波特性，可以得出以下结论：地物不同，亮度系数不同；即使是同类地物，表面状态不同，亮度系数也不相同；对于粗糙表面，各方向亮度系数大致相同，反映在图像上，色调均匀，如图 5－4（a）所示；对于光滑表面，能够发生镜面反射，一般情况下图像色调深；当反射光线正好进入传感器时，图像色调呈浅白色，如图 5－4（b）所示；对于同类地物，若含水量大，则亮度系数小，图像色调深，反之则浅。水体的亮度系数与水深、水中杂质含量有关。其中：水体越浅，亮度系数越大，图像上的影像色调越浅，如图 5－4（c）所示；水体杂质含量越多，散射能量越强，亮度系数越大，图像上影像色调越浅，如图 5－4（d）所示。

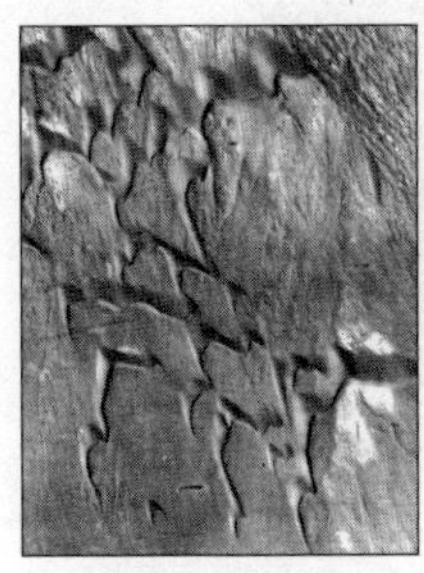
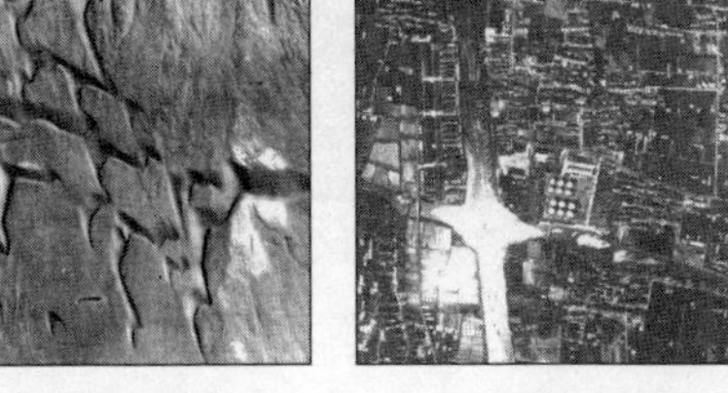
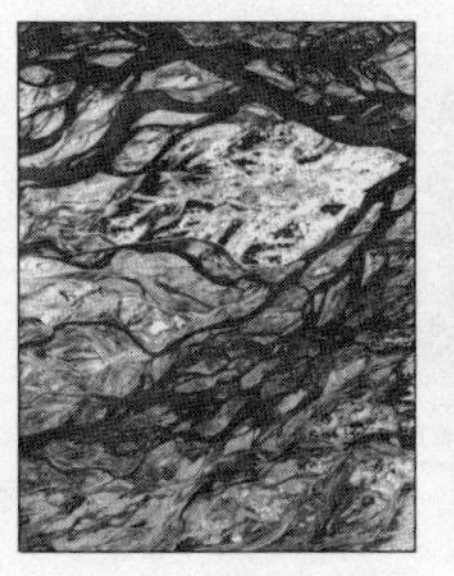

(a) 粗糙表面色调　(b) 光滑表面色调　(c) 水体深度与色调　(d) 水体含沙量与色调

图 5－4　不同地物的亮度与色调

热红外图像上的影像色调取决于地物辐射温度。温度越高,色调越浅;温度越低,色调越深。判读热红外图像时,必须注意获取图像的时间。例如,水体热惯量比土壤大,土壤降温快,水体温度比土壤高。因此,在白天获取的热红外图像上,水体的影像色调比土壤深,而在晚上获取的热红外图像上则恰恰相反,如图 5－5 所示。

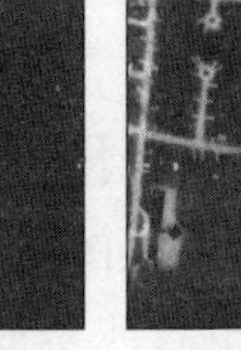

(a) 白天色调　(b) 夜晚色调

图 5－5　热红外图像色调

2. 色彩特征

地物在彩色图像上反映出的不同颜色称为色彩特征。地物在彩色图像上的颜色主要决定于地物的光谱反射特性。图像颜色根据色别、明度、饱和度(彩色三要素)有所区别。色别是颜色之间的光谱差别,如红、橙、黄、绿、青、蓝、紫等,是颜色在质的方面的特征,取决于地物反射电磁波的波长。明度是颜色的明暗程度,如深红、浅红等,是颜色在亮度方面的特征,主要取决于地物的电磁波反射率。饱和度是颜色接近纯光谱色的程度,是颜色鲜艳程度的差别,主要取决于颜色中纯光谱色和灰色的比例。

影响色彩特征的主要因素包括地物本身的颜色、大气传输的影响以及颜色的组合方式。在真彩色图像上,影像颜色与地物相同,容易判读;在假彩色图像上,影像颜色与波段的组合方式有关。色彩特征变化示例如图 5－6 所示。水体受污染程度不同、含沙量不同,在彩色图像上的颜色也有所不同,如图 5－7 所示。

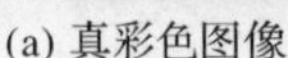

(a) 真彩色图像　　　　(b) 假彩色图像

图 5-6　色彩特征变化示例一

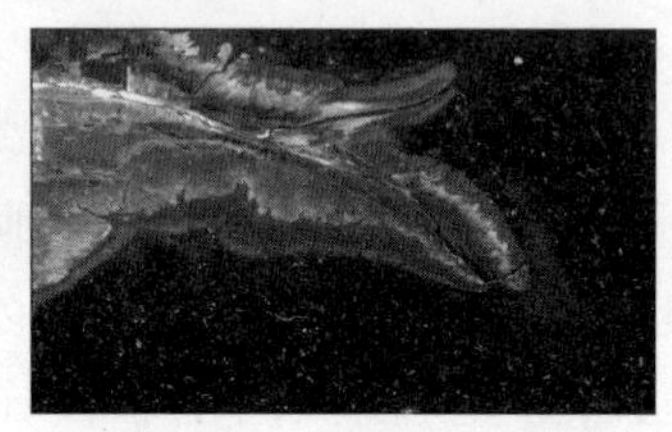

(a) 不同水深和受污染程度影像特征　(b) 不同的含沙量影像色彩特征

图 5-7　色彩特征变化示例二

5.2.3　形状特征

形状特征是指地物的外部轮廓在图像上所反映的影像形状。它是目视判读和计算机识别的主要特征之一。在遥感图像上观察的是地物的顶部形状。地物的外部轮廓不同,对应的影像形状也有所不同。一般来说,地物顶部形状与相应图像上的影像形状保持同素性,即当地物分别为点状、线状和面状形态时,其影像形状也为相应的点状、线状和面状形状。但是,由于遥感对象和遥感条件的多样性,影像形状和地物形状可能出现较大的差别,使形状发生变形。不同类型传感器具有不同的影像变形规律。

(1)遥感平台姿态对形状特征的影响。

由于受到多种因素的影响,遥感平台的姿态发生变化是不可避免的,如平台的侧滚和俯仰等。当平台姿态变化较大时,地物目标的形状有明显的变化,破坏了地物形状与影像形状的相似性。一般情况下,遥感图像是在近似垂直姿态条件下获取的,尤其是对于姿态相对稳定的航天遥感图像,图像倾斜引起的形状变形较小,对判读地面目标属性的影响也较小,因此,倾斜误差对地物目标判读的影响可以不予考虑。

(2)地形起伏或地物高差对形状特征的影响。

地形起伏或地物高差会引起影像移位(投影误差在 6.2.2 节有详细描述),移位的大小和方向与地物高度有关,同时还与成像方式和地物在图像上的位置有关。该因素对地物属性判读的影响主要表现在三个方面:①同一类地物在图像上的位置不同,影像形状也不相同;②山坡在图像上的影像会被压缩或拉长,侧视雷达图像上向着天线一面的山坡影像被压缩,背着天线一面的山坡影像被拉长,而摄影图像和扫描图像与雷达图像的变形规律正好相反;③对于斜坡上的地物,由于底部和顶部的地物目标距离遥感平台的距离不同,相当于相对航高不同,致使获取的图像的比例尺也不相同,影像形状将产生变形,且斜面坡度越大,影像的变形也越大。该因素引起的影像变形对图像判读影响较大,无论是目视判读、计算机识别或自动分类,都必须考虑这种误差。

(3)投影方式对形状特征的影响。

对于不同类型的传感器,成像机理、投影性质和影像变形规律存在明显的差异性,根据地物形状特征判读地物目标性质时应考虑传感器特性的影响。

5.2.4 纹形图案特征

纹形图案特征是指细小地物在图像上有规律地重复出现所形成的花纹图案,亦称为纹理特征。纹形图案特征是细小地物的形状、大小、阴影、空间分布的综合表现,反映了色调变化的频率。纹形图案的形式很多,有点状、斑状、格状、垄状、栅状、球状、绒状、鳞状、曲线状等,在此基础上根据其粗细、疏密、宽窄、长短、直斜和隐显等条件还可再细分为更多的类型。

纹理的细密程度可用粗糙、较粗糙、细腻、平滑等词语来描述。细小地物的纹形图案特征在目视判读或计算机自动分类中被普遍采用,特别是对区分大面积的集团目标是非常有价值的,因此纹形图案是重要的判读特征之一。纹形图案特征受图像比例尺影响较大。例如,居民地在大比例尺的图像上表现为房屋、空地、街道以及树木等地物相应的影像,而在小比例尺的图像上表现为栅格状的纹形图案,如图5-8所示。

(a) 大比例图像

(b) 小比例尺图像

图5-8 纹形特征

5.2.5 阴影特征

图像上的阴影是由于高出地面的物体遮挡电磁波直接照射的地段，或被高出地面物体所阻挡而使电磁波发射不能到达传感器的地段，在图像上形成的深色调影像。阴影特征是识别高出地面细小目标重要的间接特征。图像上的阴影为深色调，但有些深色调的影像不是阴影，而是地物的本影。如图 5－9 所示为高出地面的房屋在图像上的影像，图中 *A* 处和 *B* 处都是房屋的本影，*A* 处照度大则色调浅，*B* 处照度小则色调较深；*C* 处是房屋影子，色调深，是房屋的阴影。地面起伏影响阴影的形状和大小，如图 5－10 所示，对于同样高度的地物，在太阳的高度角相同的情况下，不同的倾斜地段上阴影的大小是不同的，有的地物目标的阴影被拉长，有的被压缩，因此，在高低起伏的地段，利用阴影长短判断地物高度时，必须考虑地物所在位置以及倾斜坡度的影响。

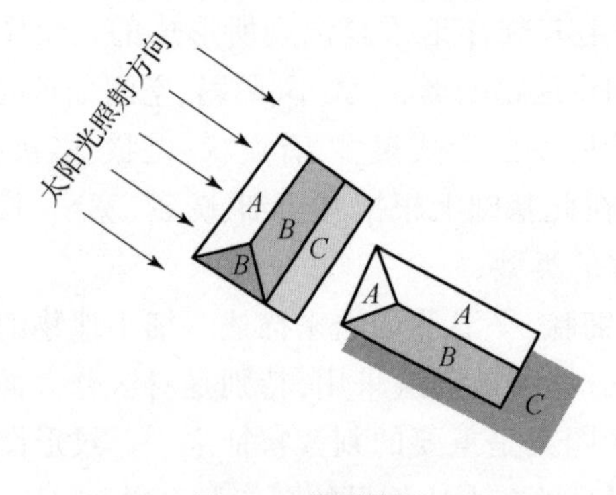

图 5－9　阴影特征

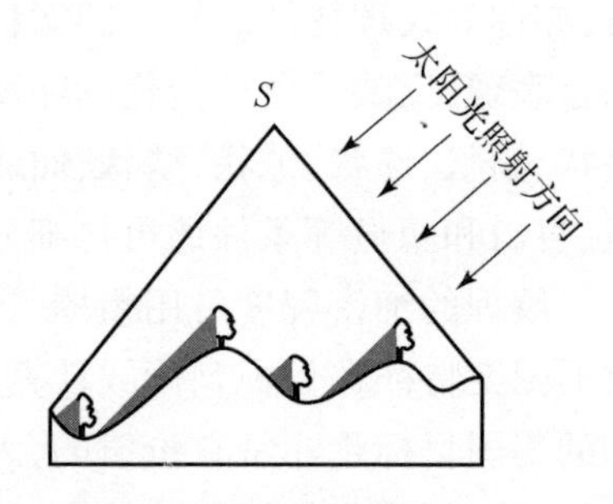

图 5－10　阴影变形

阴影特征在增强立体感、显示侧面形状、推算地物高度、判定地物的准确位置、确定图像的方位等方面是有益的，但也存在高大地物和山体的阴影遮盖其他重要地物的影像、大面积的阴影影响立体观察效果的弊端。

5.2.6 位置布局特征

位置布局特征是指地物之间的空间配置以及与周围环境关系在图像上的反映，亦称为相关位置特征，是重要的间接判读特征。

遥感图像判读中，往往需要根据地学规律，通过比较和“延伸”判读地物目标的属性，这说明地面上的各种地物都有它存在的环境位置，并且与其周围的其他地物之间存在着一定的联系。例如，造船厂要求设置在江、河、湖、海边，而不会设置在没有水域联通的地方，如图 5－11 所示；公路与沟渠相交一般都有桥梁或涵洞相连。特别是组合目标，它们的每一个组成单元都是按一定的位置关系配置的。例如火力发电厂由铁路专用线、燃料场、主厂房、变电所和供水设备等组成，这些地物按照电力生产的流程顺序配置，如图5-12所示。

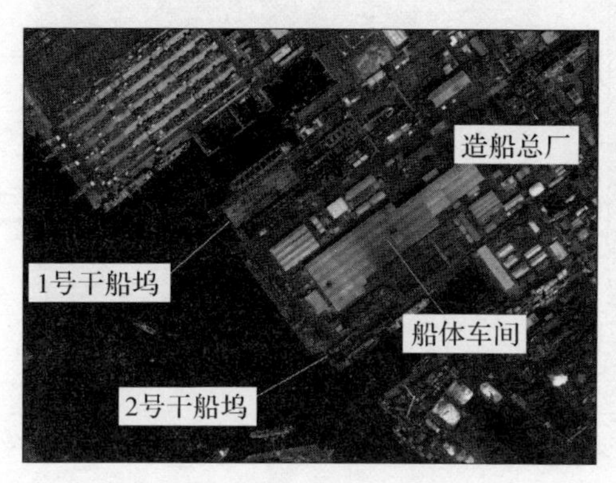

图5-11 造船厂位置布局特征

图5-12 火力发电厂位置布局特征

位置布局特征有利于对一些没有影像的目标进行判读。例如，草原上水井影像很小或没有影像，可以根据多条小路相交于一处进行识别；又如，河流的流向可以根据河流中沙洲滴水状尖端的方向、支流汇入主流相交处的锐角指向等相关位置特征进行判断。

位置布局特征有利于对一些没有影像的目标进行判读。例如，草原上水井影像很小或没有影像，不能直接判读，但可以根据多条小路相交于一处进行识别；又如，河流的流向可以根据河流中沙洲滴水状尖端的方向、支流汇入主流相交处的锐角指向、停泊船只尾部方向、河曲迂回扇收敛端等相关位置特征进行判断。

5.2.7 活动特征

活动特征是指地物目标的活动所形成的征候在图像上的反映。地面上的任何目标只要有活动，就会产生活动的征候，而这些征候都与目标的性质存在着一定的联系。只要这些目标的活动征候能够在遥感图像上反映出来，就可以根据这些征候判读出一些目标的属性。利用活动特征判读地物目标的性质，即根据地物目标的各种活动征候来判读。例如，飞机起飞后，由于飞机的余热，在热红外图像上会留下飞机的影像；坦克在地面运动后的履带痕迹、船舶行驶时激起的浪花（如图5-13所示）、工厂生产时的烟囱排烟（如图5-14所示）等都会在图像上有所反映。这些活动的征候是确定目标的性质、状态和发展趋势的重要依据。

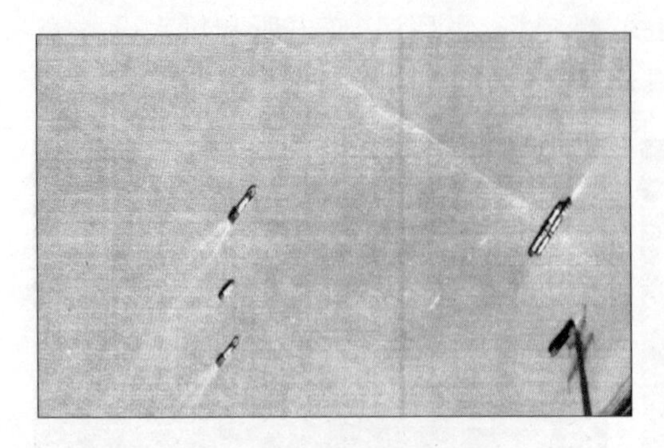

图 5 - 13　船舶行驶活动特征

图 5 - 14　烟囱排烟活动特征

5.3　地形要素判绘

地形要素是指构成地球表面固定物体和起伏形态的基本内容，包括测量控制点、居民地、工农业和社会文化设施、交通运输设施、水系及其附属建筑、植被、地貌与土质、境界等。

5.3.1　居民地判绘

我国的居民地按照建筑形式可以分为三大类：房屋式居民地、窑洞式居民地和其他类型的居民地。按照分布状况，房屋式居民地又可分为街区式居民地、散列式居民地，其中街区式居民地还可以细分为稀疏街区式居民地和密集街区式居民地两类；窑洞式居民地可以分为散列的、单层成排的、多层成排的，另外窑洞还有一个特殊形式——地下窑洞。因此，测制国家基本比例尺地形图的现行规范和图式中，按居民地的建筑形式和分布状况，将其区分为街区式居民地、散列式居民地、窑洞式居民地和其他类型居民地 4 类。

1. 居民地判绘基本要求

据调查，在大多数地区，居民地判绘作业的工作量都在所有判绘内容的 60% 以上，因此，居民地的表示对成图质量具有重要的影响。居民地判绘的基本要求如下：

(1) 正确区分居民地的类型。

(2) 充分反映居民地街道类型和通行情况。

(3) 准确表示居民地内外具有明显方位作用的建筑物及独立地物。

(4)形象表示居民地的外轮廓,恰当运用居民地各类符号。

(5)正确确定和注记居民地名称。

(6)恰当处理居民地和其他地物地貌的关系。

图像判绘中,只有满足以上要求,才能全面正确地反映居民地的各种特征。

2. 街区式居民地判读与表示

街区式居民地是指城市、集镇和农村中房屋毗连成片,按一定街道形式排列的居住区。其特点是房屋成片或间隔很小,有明显的主次街道和外部轮廓。

1)街区式居民地判读

在大比例尺图像上,街区式居民地街道和组成街区的房屋轮廓均能清晰显示,可根据街道和房屋毗连分布、相距很近、街区轮廓明显的影像特征进行识别;在较小比例尺图像上,主要根据街道和房屋所组成的粗糙纹理特征以及与道路相连接的相关位置特征进行识别。

街道在图像上为线状影像。在大比例尺图像上,街道影像的色调取决于路面性质、图像波段和获取时间。在全色图像上,路面为混凝土或黄土时,街道为浅白色色调;路面为沥青时,街道为灰色色调;路面被树木的投影或阴影压盖时,街道为深色调。在小比例尺的图像上,直接根据影像宽度判读主次街道很困难,可以根据所连接的道路等级或者参考上一代地形图和其他资料判读。

单幢房屋根据其顶部、一个或两个侧面影像以及阴影影像进行判读。房屋的色调与其结构、建筑材料、太阳照射方向(或雷达波束发射方向)以及在图像上的位置有关。突出房屋应在立体观察条件下依据建筑高度明显突出于周围建筑或建筑形式特殊的特点进行判读确定,在单张图像上可根据突出房屋的投影和阴影影像均很明显的特征识别。高层房屋是指地面楼层在20层以上的房屋,高层建筑区是指由高层房屋所组成的街区。高层房屋在立体模型下高大,其投影和阴影影像明显。单幢高层房屋与周围其他房屋相比较仍突出明显的,则判读为突出房屋。

2)街区式居民地表示

街区式居民地的表示主要是街道、街区、突出房屋、独立房屋、高层房屋的表示以及与其他地物关系的处理。

(1)街道的表示。

街道根据其是否能通行载重汽车,可分为主要街道和次要街道。主要街道一般都要表示,次要街道可以根据需要进行取舍。

正确区分和表示主次要街道。在1:5万、1:10万比例尺地形图上,当主要街道分布过密时,可将不能并行两辆载重汽车的非主要街道,以次要街道符号表示。对于农村居民地,街道密集时,可舍去死胡同和拐弯过多、短小、无重要通行方向的次要街道。对于范围较大的企事业单位的内部通道,应根据通行情况用主要或次要街道符号表示。

农村居民地中,主要街道与次要街道仅以街道能否通行载重汽车作为区分的标准,主要街道不应以街道是否通行过载重汽车或所连接的道路能否通行载重汽车进行判定,与小路相连接的、能通行载重汽车的街道也以主要街道符号表示。当一条街道绝大部分地段能通行载重汽车,仅有很短的地段不能通行载重汽车时,不能用主要街道符号表示。

凡与道路相连的主、次要街道均不能舍去。不能因街道取舍而造成街区不适当的大面积合并表示。凡十字交叉的街道,都不能舍去一条而以丁字交叉表示。

街道及其交叉口的表示要准确、形象。对于实地能依比例尺表示出的曲折街道,不能绘成直通街道;对于实地不为十字交叉的街道,不能因错开较小而绘成十字交叉;对于实地不相交的交叉口,不能因距离较近而表示为相交。街道交叉口的表示如图 5-15 所示。

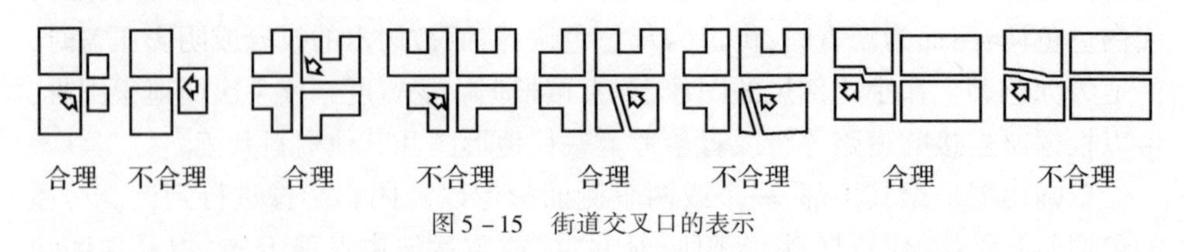

图 5-15　街道交叉口的表示

为了全面反映街道的贯通情况和准确表示道路进出居民地的位置,要正确使用街道线。当用单线或双线符号表示的道路与街道口相接时,若两边街区不等长,则应在短街区一边绘街道线补齐。当单线道路沿街区边缘通过时,若街道明显,则应用街道表示;若没有形成明显街道时,道路符号直接通过,不绘街道线。用双线道路沿街区或独立房屋一侧通过时,不绘街道线,街区或独立房屋紧靠道路边缘绘出。用单线符号表示的道路沿独立房屋边缘通过时,不绘街道线,独立房屋准确表示,单线道路移位表示。当两条街道相通且相距较近、用道路符号连接不能显示其特点时,用街道线连接表示。

分割居民地的冲沟、干河床、河流、沟渠、堤、陡崖等应注意表示,一般不应舍去。河流、沟渠通过居民地,若两岸无通行地段,则单线河流、沟渠的符号可压盖街区表示,双线河流、沟渠与街区共边线表示。

(2)街区的表示。

街区外围轮廓对判定方位、通行和障碍等有影响,必须准确、形象地表示。

街区外围轮廓实地无重大变化时,可按影像位置描绘。对于外围的拐角,图上大于0.4m时,一般应表示;当拐角过多时,在保持总的轮廓形状的前提下,可舍去小的拐角,以突出主要轮廓特征。

居民地外围的土城墙、围墙、垒石围、篱笆等,凡高于1.5m的一般都应表示;当不足1.5m,但确有方位意义时,也应表示。如果围墙与房屋有一定间隔,或者其间有通道,那么应分别用相应符号绘出,但当围墙长度绘不下两个外突出线符号时,仅用0.1mm的实线表示;围墙、篱笆等与房屋边缘或街道线重合时,则不表示。

街区范围内的表示应根据房屋分布的情况,用房屋密集式街区符号或房屋稀疏式街区(独立房屋)符号表示。对于街区外围散列的单幢房屋,若与其街区的距离小于图上0.4mm的,则可以合并在街区内表示;若离街区大于图上0.4mm,并确有方位作用的用独立房屋表示,则一般可不表示。

(3)突出房屋、独立房屋、高层房屋的表示。

突出房屋、独立房屋和高层房屋对于判定方位和指示目标都有重要的意义,判绘时要注意准确表示。

突出房屋的表示分为依比例尺和不依比例尺,符号的外框线为房屋的实地轮廓。房屋密集式街区内的突出房屋用独立房屋符号表示,不绘外框线。应注意突出房屋与高层房屋之间的区分。在大城市中,很多高层房屋不一定用突出房屋符号表示;在高层房屋较少的中小城市中,用突出房屋符号表示的房屋不一定达到20层。

独立房屋的表示分为不依比例尺、半依比例尺和依比例尺三种类型。不依比例尺和半依比例尺独立房屋的描绘,应注意定位点和定位线与实地一致。不依比例尺独立房屋的长边方向一般与屋脊方向一致,正方形和圆形的独立房屋符号长边方向与大门的左右方向一致。对于成排分布的独立房屋,若间距小于图上0.2mm,宽度小于0.3mm,则位于两端的准确表示,中间的择要表示。

高层房屋的表示分为依比例尺、半依比例尺和不依比例尺。高层房屋之间的距离小于图上0.4mm时,可以综合成高层房屋建筑区表示。

3. 散列式居民地判读与表示

散列式居民地是指未形成街区的居民地。其特点是房屋沿山坡、河流、沟渠、道路、堤岸等依地势散列构筑,房屋间距一般较大,大多零散不规则分布,也有的经规划整齐排列;没有形成明显的街区、街道和外轮廓;一个居民地与另一居民地之间没有明显分界线。

1)散列式居民地的判读

散列式居民地周围一般有树丛或竹林,房前有空地,有道路相通。植被、空地与房屋反差明显，贯穿居民地的道路的影像，有助于房屋的发现和判读。

在较大比例尺图像上，房屋的形状、色调和阴影特征明显，易于识别；在小比例尺的图像上，除房屋整齐排列的可以识别外，零星分布的房屋不容易识别。

2）散列式居民地的表示

散列式居民地在地形图上的表示应遵循以下要求。

（1）正确反映居民地与道路、水系及其他地物、地貌的相互关系。位于道路交叉口、渡口、桥梁附近的独立房屋要注意表示，并做到相关位置正确。穿越散列式居民地的道路、河渠、堤、电力线等符号应不间断绘出。

（2）真实反映房屋的疏密程度。在保持居民地外围特征的前提下，对其内部房屋可以进行取舍。其取舍表示的比例随成图比例尺缩小而缩小，在相同比例尺地形图上，不能因取舍表示而改变不同地段的疏密对比关系。通常，应保留位于道路交叉处、道路旁、河渠边、山顶、鞍部等有方位意义的房屋或坚固稳定的房屋。

（3）局部范围内房屋相对集中时，应按要求综合成街区表示。若房屋整齐排列，间隔大于图上0.4mm但不能逐个或逐排准确表示，则可采用“两头准确、中间内插”或“前后准确、中间选择”的方法表示。

（4）在居民地内外，特征明显、易于判定方位的建筑物及其他独立地物应准确表示。

4. 窑洞式居民地判读与表示

窑洞是在黄土高原土崖壁上开挖的拱形洞窑式住房。窑洞的类型很多，有靠山崖或冲沟陡崖开挖的黄土窑洞、土坯土块砌筑的窑洞、就地采石砌筑的窑洞、平地挖下去一个方坑再从四壁开洞的地下窑洞以及覆土式半地下窑洞。

在地形图上，根据窑洞的建筑特点将其分为地上窑洞和地下窑洞两种类型。

1）窑洞的判读

地上窑洞是直接在黄土陡崖坡壁上挖掘筑成，建筑的主体在地下，在近似垂直获取的图像上一般不能直接判读出窑洞口的位置，但可以根据相关地物识别。地面上窑洞洞口大多分布在陡崖的向阳坡壁上，洞前一般有空地或院落，有的顶部为打谷场。

地下窑洞是在黄土塬上先向下挖一方形大坑，形成四面坑壁，再由坑壁水平掏成窑洞。窑洞顶部一般不为耕地，多为荒草地或打谷场，与坑底有明显反差。地下窑洞有道路通至洞坑，可根据低于地面的方坑和坑壁阴影的影像识别。

2）窑洞式居民地的表示

地上窑洞的表示应反映窑洞的分布特点。

(1)依冲沟谷地的自然形态散列分布的窑洞表示。

需要注意位置准确,确保符号方向与实际方向一致,同时还要反映窑洞的分布范围和疏密程度。注意选取进出村口、路叉附近、高处、离水源较近处和能反映村庄范围的窑洞表示,舍去零散的无方位作用的窑洞。废弃的窑洞一般不表示。

注意表示并列分布、成排分布和多层分布的地上窑洞。对于成排分布的窑洞,在不能逐个表示时,在保持两端位置准确的前提下,用两个或两个以上窑洞符号并联表示;对于多层成排的窑洞,当不能逐层准确表示时,应按层状分布特点,上下两层准确表示,中间择要表示。如果窑洞只有两层并且不能都按真实位置表示,则选择其中有方位意义的一层准确表示,另一层移位表示。

(2)地下窑洞分依比例尺和不依比例尺表示。

地面下窑洞的方坑能依比例尺表示时,用0.1mm 细实线绘出方坑范围,在其范围内绘一个地面下窑洞符号,符号方向垂直于南图廓线。

如果地面下窑洞的方坑较小,不能依比例尺绘出其范围,则用一个地下窑洞符号表示。符号的定位点和方向的选择以不影响其目标表示为原则,定位点通常选在靠近街道一边或出口一边的坡壁中心,符号压盖方坑影像绘出。

(3)窑洞与房屋兼有的居民地的表示。

房屋与窑洞各自按相应的符号表示。当需要取舍时,在窑洞占多数的地区,要注意表示房屋;以房屋为主的居民地,则应注意表示窑洞,即在一般中表示特殊的。

外形与普通房屋基本相同,正面和内部结构为窑洞的窑洞式房屋用房屋符号表示。前半部暴露在外似房屋,后半部建筑在地内似窑洞的建筑,应视具体情况区分用窑洞或房屋符号表示。若暴露在外的房屋明显(约2以上),且周围多为典型窑洞,则用房屋符号表示;若周围多为房屋,或暴露在外的房屋不明显,则用窑洞符号表示;若与房屋街区的间距较小,则综合为街区。

(4)正确处理窑洞符号与其他符号的关系。

窑洞与冲沟、陡崖关系密切,描绘时应注意符号间的相互衔接。对于贯通窑洞式居民地的道路,应交待清楚是从窑洞前还是从窑洞顶上通过,不得断在村口。如果双线道路通过,或形成街道,则用相应符号表示。

5.3.2 工农业和社会文化设施判绘

1. 工厂判绘

工厂判绘应根据位置特征和生产设施的建筑特征进行正确判读,注意主要车间(或建筑)、高大方位物、内外通道、外轮廓的表示和名称注记,以正确反映工厂生产建筑的特点。工厂生产区的厂房不同于居住区,一般不应综合成街区,而用独立房屋符号表示。在水厂、发电厂、生物制剂厂的核心车间或设备的影像位置应用相应符号表示其性质。

1)火力发电厂的判读与表示

火力发电厂是以煤、石油或天然气等为燃料发电的工厂。火力发电厂主要由燃料场(或燃料库)、主厂房、供水设备、变电所(站)等部分组成。火力发电厂的判读主要根据其建筑特点、位置布局以及活动特征进行识别。主厂房、烟囱以及冷却塔高大明显,在立体观察条件下容易识别。以煤为燃料的燃料场在摄影图像上呈深色调,与铁路相连接或位于码头一边。正在生产的发电厂烟雾弥漫,活动特征明显。火力发电厂判绘示例如图5-16所示。

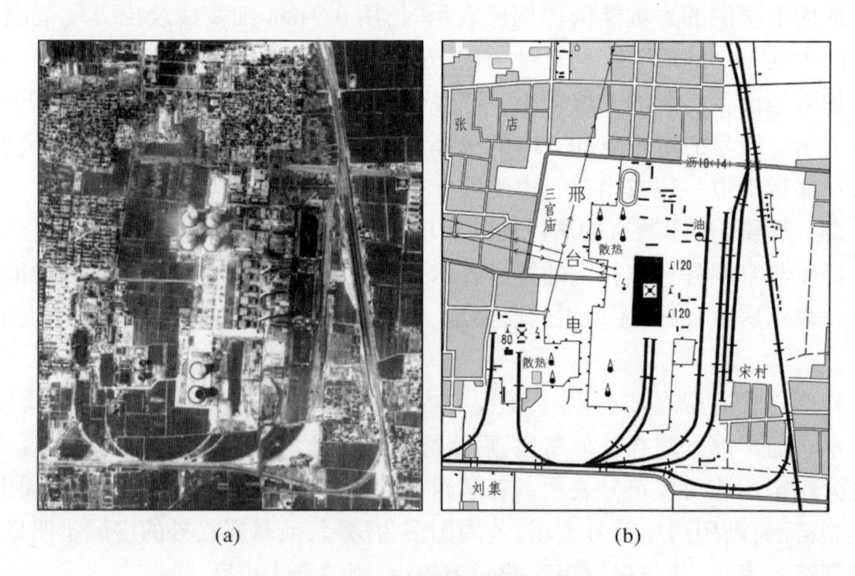

图5-16 火力发电厂判绘示例

主厂房一般位于火力发电厂的中心,由锅炉间(有的锅炉为露天配置)和汽机间组成,锅炉间高于汽机间,锅炉间的一侧有高大的烟囱。发电厂符号绘在主厂房中心位置,并加注名称,符号未压盖的其他地物用相应的符号表示。

变电所是集中电力、变换电压、分配电力、控制电力流向的场所,通常位于主厂房一侧。变电所的主要设备为变压器和各种控制设备,大都露天配置,四周有围墙或铁丝网。变电所的范围若能依比例尺表示,用黑色实线绘出范围,变电所符号绘在中间位置;若不能依比例尺表示,则只在其范围的中心位置绘出变电所的符号。

供水设备根据水源情况的不同,采用不同的供水形式。当发电厂位于江、河、湖、海边时,常采用直流式供水系统,即从水源直接吸取冷却水,使用后排至取水口下游;当发电厂地区的水源不能满足直流供水要求时,一般采用循环供水系统,将使用后的热水在冷却设备中冷却后再次使用。冷却设备有冷却塔、喷水池和冷却池。冷却塔有自然通风冷却塔和机力通风冷却塔。

喷水池和冷却池都为人工冷却水池,用贮水池符号表示。若冷却池为坑塘、水库,则用相应符号表示。

燃料场是储存燃料的地方。用煤作燃料的发电厂,一般都有专用铁路线进入厂内,或厂房靠近码头。贮煤场可视其规模在相应范围内注记"煤场"或不表示。对于以石油、天然气为燃料的发电厂,燃料库用贮油罐符号表示,并加注"油"或"气"。

2)水厂的判读与表示

自来水厂是生产净水的工厂。净水的生产一般是将天然水经过沉淀、过滤、消毒等步骤完成。生产过程是在各种不同形式的水池中进行的。水厂主要由水源、加矾室(一般为房屋)、沉淀池、过滤池、洗沙水塔、加氯室(一般为房屋)、清水池和化验室等组成。沉淀池多为长方形或方形,池中有隔墙,以利于水在池中迂回流动,提高沉淀效果。过滤池一般有顶盖。水厂主要根据位于城市、靠近水源的位置特征和多个互相连接的水池的形状、色调特征进行识别。自来水厂用水厂符号表示,水厂符号绘在供水泵房的中心位置上并加注水厂名称,水池用贮水池符号表示。水厂判绘示例如图5-17所示。

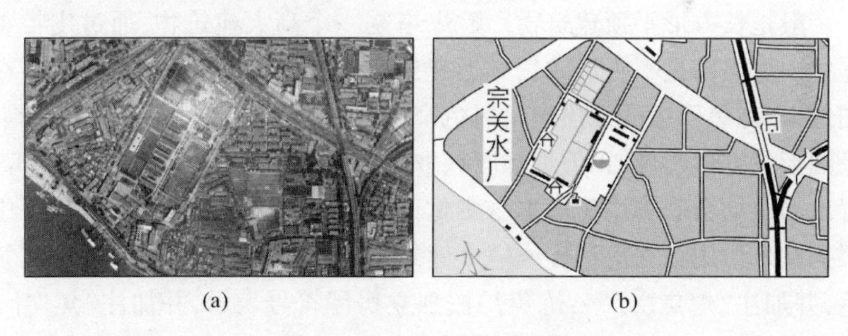

(a) (b)

图5-17 自来水厂判绘示例

污水处理厂是将工业、生活污水经过沉淀、过滤和消毒等处理使其达到排放水标准的工厂,一般位于城镇外围,与管道、沟渠或河流连接,各种水池多为露天。沉淀池、过滤池为长方形或方形,消毒池一般为圆形,一侧有消毒剂加料房或塔。厂区内有化验、检测和办公用房。污水处理厂内的各种水池均用储水池符号表示,水厂符号绘在成品水泵站的中心位置并加注厂名,其他地物用相应的符号表示。

3)钢铁联合工厂的判读与表示

钢铁联合工厂是从原料到成品生产全过程的工厂。钢铁生产的主要过程是:铁矿石经过选矿、烧结后,与焦炭、石灰石配合送入高炉炼铁;将生铁送入炼钢炉精炼成钢;钢锭经加工、轧制成各种钢材。一个钢铁联合工厂主要由炼焦厂、烧结厂、炼铁厂、炼钢厂和轧钢厂组成。钢铁联合工厂判绘示例如图 5 – 18 所示。

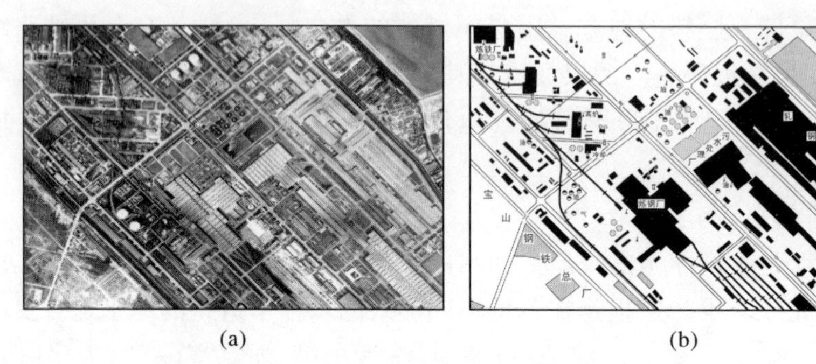

(a)　　(b)

图 5 – 18　钢铁联合工厂判绘示例

钢铁联合工厂主要根据多位于城市边缘、占地面积大、建筑物特殊且种类多、由于大气烟尘的影响在全色遥感图像上影像反差小等特点进行判读。不同工厂的建筑物特点有所不同,判读特征也有所不同。

炼焦厂一般位于炼铁厂附近。主要设备有炼焦炉、贮煤塔、熄焦塔、烟囱等。炼焦炉一般是长方形平顶建筑物。贮煤塔是一个高大建筑物,通过皮带走廊与煤场连接。熄焦塔是喇叭形或长方形建筑物,通过铁路与炼焦炉连接。在全色遥感图像上,炼焦厂中的炼焦炉呈黑色窄条状影像,阴影非常明显,容易判读;熄焦塔呈圆形或方形影像,正值熄焦时获取的遥感图像上,附近的贮煤塔和高大的烟囱冒出的白烟会影响熄焦塔本身影像的判读。在判绘图像上,炼焦厂中的贮煤塔根据其外形用独立房符号或塔形建筑物符号表示;熄焦塔用塔形建筑物符号表示,并加注“熄焦”二字;炼焦炉按独立房屋符号表示,并加注“焦”字;其他地物视情况用相应的符号表示。

烧结厂由主厂房、贮料库、破碎间、配料间、皮带走廊、卸料仓及烟囱等组成。烧结厂在炼铁高炉的附近,主厂房高大明显,厂房顶部有排气孔,主厂房的一侧有一个高大的烟囱。卸料仓下有铁路相通,卸料仓、贮料库、主厂房之间有皮带走廊相连。判绘烧结厂时,主厂房、贮料库、卸料仓均用房屋符号表示。主厂房附近的烟囱用烟囱符号表示,当与其他房屋发生矛盾时,以表示烟囱为主,烟囱可压盖房屋或将房屋舍去。

炼铁厂的主要设备是高炉和热风炉,此外还有煤气除尘器和原料场等。高炉高大明显,具有很好的方位作用。因此,炼铁厂主要根据上小下大、呈圆筒状的高炉和高炉旁的多个并排的热风炉及其两侧的铁路专用线和管道等特征进行判读。炼铁厂中的高炉是炼铁的主要设备,在判绘时应准确表示。高炉用塔形建筑物符号表示,并加注"高炉"二字。

炼钢厂的主要设备是炼钢炉。炼钢炉有平炉、转炉和电炉三种。炼钢炉在多跨度的主厂房内。主厂房一侧有成排烟囱。主厂房用独立房符号表示,烟囱用相应符号表示。当一排烟囱不能逐个表示时,首末两端的按真实位置绘出,中间的可以取舍。

轧钢厂一般位于炼钢厂附近,并有铁路与外界相连。轧钢的全过程都在厂房内完成,厂房内部按照加热车间、初轧车间、库房、型钢车间、板材车间的顺序一线分布,并相互连接,是钢铁联合工厂中最大、最长的厂房。轧钢厂在遥感图像上最好识别。主厂房用房屋符号表示。当成排烟囱不能逐个准确表示时,首末两个准确表示,中间的可以取舍。

钢铁联合工厂中的铁路、管道以及其他地物应根据实际情况用相应的符号表示,并注记工厂名称。

2. 矿山判绘

矿物的开采有两种:一种是地下开采,用于开采深埋地下的矿物资源;另一种是露天开采,用于开采地表或地表附近的矿物资源。

(1)采矿场的判读与表示。

采矿场是开采地下矿物的场所。矿井是地下开采矿物质的总称。不同矿物开采矿井的组成和地面建筑形式各不相同,其中煤矿井的建筑设备最为完备,具有一定的代表性。下面以煤矿为例进行介绍。

煤矿的主要设施有矿井、装车煤仓、选煤场等。在遥感图像上,煤矿的判读识别标志是:高大的井架;大型的煤堆、煤渣堆;皮带走廊;发达的交通运输线等。大型煤矿的矿井设有主井和副井,主井用于提运煤炭,副井用于人员进出和通风等。装车煤仓是高架在铁路上和其他道路上的贮煤建筑物,一侧有皮带走廊与井架相连,周围有煤堆。装车煤仓外形为房屋时,用房屋符号压盖铁路符号表示,外形为圆柱形时,用塔形建筑物符号压盖铁路符号表示。选煤场是洗煤的场所,选煤场的主要标志是若干个煤泥沉淀池,在遥感图像上呈圆形或长方形深色调影像,一般用池塘符号表示。矿渣堆根据面积大小用依比例尺或不依比例尺的土堆符号表示,并加注"渣"字。

(2)露天矿的判读与表示。

露天矿由矿坑和矿渣堆组成。矿渣堆是在矿坑附近高于地面的土石或矿渣堆。在遥感图像上,矿坑和矿渣堆影像标志非常明显,易于判读识别。矿坑是一个大的坑穴,上大下小,坑壁为阶梯状,内有阶梯、道路、排水沟或索道等。矿坑用露天矿符号表示,符号以最上层坑壁棱线为准绘出,并注记开采矿物的性质;矿坑内的各阶梯状开采层,根据成图比例尺的大小择要准确表示或舍去不绘;矿坑外围的排水沟用干沟符号表示。矿渣堆为新覆盖的土石,影像色调浅,与其背景有较大的反差。矿渣堆用土堆符号表示,并加注"渣"字。描绘时应准确反映矿渣堆的范围。露天铁矿判绘示例如图 5 – 19 所示。

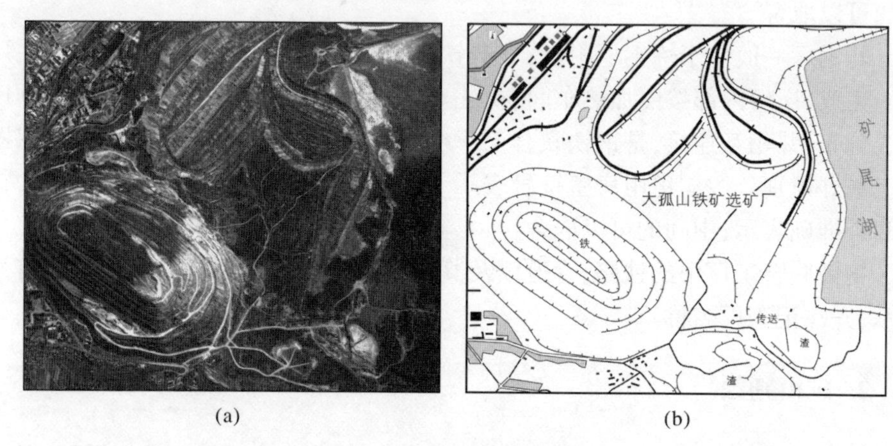

图 5 – 19　露天铁矿判绘示例

在铁、铜等大型采矿场附近一般有选矿厂,将矿石洗选提出精矿。选矿厂中,圆形储水池状的浓缩池和沉积矿渣的矿尾湖是选矿厂与矿山的重要判读特征。厂房用房屋符号表示,浓缩池用储水池符号表示,矿尾湖用湖泊符号表示,并加注"矿尾湖"三字。

3. 农业设施判绘

农业生产方面,常见的大型设施主要有粮库、温室大棚、饲养场等设施。

粮库一般采用圆柱型粮仓建筑,形体高大,采用多个筒状建筑成排分布,在地形图上用粮仓符号表示。房屋结构的粮仓,不用粮仓符号,而用房屋符号表示,并加注"粮"字。

温室大棚为长方形简易建筑,用透光性能好的塑料薄膜作为建筑材料。对于建筑坚固且位置固定的暖房、塑料大棚,在 1 : 1 万地形图上用相应符号表示,在 1 : 10 万至 1 : 2.5 万地形图上用棚房符号表示。当大棚毗连成片密集分布时,可综合表示,并正确反映其内外通道的情况。单个无方位作用的不表示。

饲养场一般由成排规则的平房建筑构成,有围墙或栅栏与外界隔离,并相对远离居住区。当不能依比例尺表示其范围时,除具有明显方位作用的外,一般不表示。

4. 文化体育设施判绘

(1)公共设施的判读与表示。

政府驻地、机关单位、电信机构、医院、各种观测台站、广播站和电视台等都是集团目标,在表示时,用相应的专用符号表示其位置,符号绘在主建筑或主观测设备处,并简注名称或性质,其余未被压盖的地物用相应符号表示。

天文台、气象台、水文站、地震观测站等用科学观测台(站)符号表示,并简注其性质。电视发射塔(台)是用于发射电视或广播节目的高大建筑,具有很好的方位作用。表示时用电视发射塔符号,并注记比高。抛物面天线的接收天线和非保密的雷达,用雷达符号表示,符号绘在雷达天线的中心位置。架设在房屋顶部或其他建筑物顶上的不表示。地面高架的微波天线塔、广播发射天线以及移动通信信号发射塔等均用无线电杆(塔)同一符号表示。

游览娱乐场所,包括公园、游乐场、高尔夫球场等。游乐场符号一般绘在摩天轮或其他重要游乐设施位置上。游乐场内的其他地物用相应符号表示,大型游乐场还应注记名称。高尔夫球场除用相应符号表示植被、池塘和沙地外,还应注记名称。

体育场(馆),一般有露天的体育场、半露天的体育场和全封闭体育场(馆)。对于建有正规跑道的体育场,当图上长度大于3mm时依比例尺表示,否则符号绘在椭圆形场地的中心位置,在1:1万比例尺地形图上还应加注“球”字。赛马场用体育场符号表示,并加注“赛马场”三字。

(2)文化遗迹的判读与表示。

碑石、柱、牌坊、塔、城楼、烽火台等建筑,一般具有独特的形状。有的高大突出,在空间分辨率较高的遥感图像,可以通过形状特征和阴影特征判读识别。有方位作用的,均用相应符号表示。在地形图上,需表示的垣栅主要有长城、城墙、围墙、土围、累石围、铁丝网、篱笆以及其他栅栏等。

(3)宗教场所的判读与表示。

庙宇、教堂、清真寺以及一些有特殊意义的碑(柱、墩)和坟地等属于宗教场所,应分别表示。通常,符号绘在大殿或主要标志性建筑的中心位置。同一座寺庙中殿堂较多时,只取其中一个高大明显的用庙宇符号表示,其他的用房屋符号表示。居民地以外的小土庙不表示。少数民族地区有明显方位作用的敖包、经堆一般都应表示。

5.3.3 交通运输设施判绘

1. 道路及附属设施

1)铁路的判读与表示

铁路主要设施有线路、信号、通信、站场、机车、车辆、供水和供电设备等。

(1)铁路线路。

铁路可分为高速铁路、普通铁路、轻轨铁路、地下铁路、窄轨铁路、轻便铁路和绞车道等。高速铁路、普通铁路、轻轨铁路、地下铁路都为标准轨铁路,轨距为1435mm;窄轨铁路是指轨距小于标准轨距的铁路,其轨距有600mm、762mm、1000mm、1062mm等;轻便铁路是在矿区、林区,供机动牵引车、手压机车或手推车行驶的铁路;绞车道多见于矿区,铁轨铺设在斜面上,利用绞盘带动小车在钢轨上滑动升降,运送矿石等物质。

铁路按用途区分,有正线、站线、段管线、岔线和特别用途线等。正线是指连接车站并贯穿或直股进入车站的线路。站线是车站内停靠列车,调动车辆或有指定用途的线路。段管线是指机务、车辆、工务、电务等使用的段内线路。岔线是离开正线,通向各个企业单位的线路。特别用途线为安全线和避难线。

铁路按一条路基上正线数目分为单线铁路和复线铁路。在一条路基上只有一条正线的铁路为单线铁路;一条路基上有两条以上正线的铁路称为复线铁路。

铁路线路具有平、直的特点,并有修筑完好的桥梁、涵洞、隧道、路堤、车站等附属设施,与其他道路容易区分。在遥感图像上,铁路是中间色调较深(铁轨与枕木的影像),两侧边缘色调较浅(路基的影像)的带状影像。气化铁路基边有间隔基本相等、规则排列的电线杆,在较高空间分辨率的遥感图像中可以直接判读或通过阴影特征进行判读。

标准轨铁路中的正线、特别用途线,要区分单线铁路和双线铁路表示,并注记名称,例如电气化铁路、高速铁路应分别在符号上加注“电”“高速”。如果标准轨复线铁路的某段中途分为两条单线铁路,其间隔能依据比例尺用单线铁路符号绘出,那么应分别用单线铁路符号表示;如果不能同时准确表示,那么应选择其中一条用双线铁路符号表示。对于轨距小于标准轨距的,用窄轨铁路符号表示;对于固定的轻便铁路、缆索铁路(绞车道、缆车道)、城市中的有轨电车和高架轻轨铁路,也用窄轨铁路符号表示,并在符号上加注“轻便”“缆”“电车”“高架”;图上长度小于2cm的一般不表示。

(2)铁路车站。

铁路车站按照技术作用的不同,分为会让站和越行站、中间站、区段站、铁路枢纽;按照其业务性质不同,分为客运站、货运站、客货运站和编组站。

会让站是单线铁路办理列车会让的车站。越行站是供快车越过慢车的车站。它们通常位于农村居民地附近,站内设备少,除正线外,一般只有1~2条站线,在线路的一侧有小型站台建筑。用会让站符号表示。

中间站一般位于县级或地级城镇,一般有2~4条站线、1~2个站台,站房建筑较大,站前有空地。区段站是规模很大的车站,都位于市级以上的城市或附近,站内线路较多,站房建筑较大,有天桥和地道,站前有广场,同时还有各类仓库、货物堆放场、车辆修理车间等设施。中间站、区段站和客运站都具有客运业务,用车站表示,并注记车站名称。

货运站不具备客运业务,不用车站符号表示,用相应的房屋、正线、站线等符号表示,并注记名称。铁路枢纽,也称为编组站。位于几条主干铁路交叉处,有许多站线构成,最主要的设备是调车设备,它由车场、驼峰及牵出线等组成。编组站的线路用正线和站线符号表示,其他地物用相应符号表示,并注名称。

编组站是铁路网上集中办理货物列车到达、解体、编组出发和其他列车作业,并设有完善的调车作业的车站。主要组成是调车场、到达场和出发场,这三个车场有纵向排列、横向排列和混合排列三种。同时,编组站还有驼峰调车设备、机车整备和车辆检修设施等。编组站是各类车站中占地面积最大、线路最多的车站,它们由很多线路群组成。编组站的线路用正线和站线符号表示,其他地物用相应符号表示,并注名称,例如“郑州编组站”。图5-20所示为编组站判绘示例。

(a)

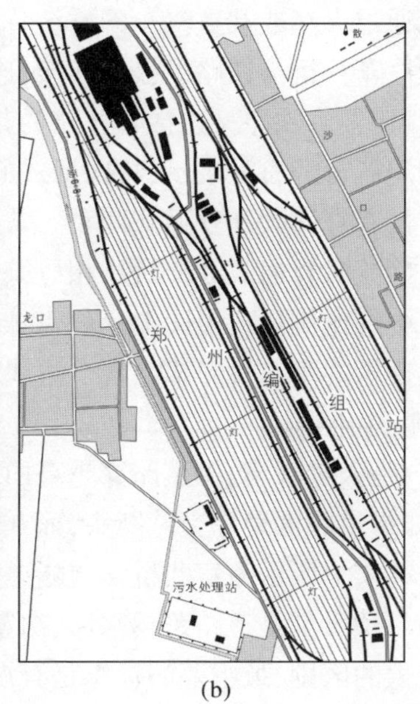

(b)

图5-20 编组站判绘示例

地下铁路是大城市内的重要公共交通设施,地面上的地铁站入口都在城市的主要街道旁边,并设有明显的标志。在地形图上,地下铁路的线路由于在地下,不予表示,但地面上的地铁出入口处则要用地铁出入口符号准确表示,符号尖端指向入口方向。成对出现的地铁入口,若全部表示有困难,则可进行取舍。

2)公路的判读与表示

高速公路是全立体交叉、全封闭的公路,与其他道路的交叉处都建有立交桥。高速公路两边有封闭的栅栏,中间有隔离带,用高速公路符号表示,不注记路面性质。

普通公路是路基坚固,铺有沥青或水泥铺面材料,常年都能通行载重汽车的道路,一般分为国道和地方(省、县)公路,在地形图上一般用普通公路表示。

简易公路是指经简易修筑或经汽车长期辗压形成,除雨季外能够通行载重汽车的道路,路面宽度一般应大于3m,用双实线表示。

大车路是在农村能通行拖拉机、农用车、小汽车等小型车辆,但不能通行载重汽车,路面较窄(宽度在3m及以下)的道路,村村通路属于该类。在比例尺大于1:5万的地形图上,大车路一般均应表示出来。

3)道路附属设施的判读与表示

(1)桥梁。

桥梁建筑形式复杂,类型很多,且通行情况各不相同,主要有车行桥、立交桥和高架桥。

凡能通过火车或载重汽车的桥统称为车行桥,包括铁路桥、公路桥、铁路公路双层桥。车行桥与铁路或公路连接,连接着铁路的是铁路桥,连接着公路的是公路桥,既连接着铁路又连接着公路的是铁路公路双层桥。各种车行桥在地形图上分别用各自的符号表示,特殊形式的桥梁则加注记说明加以区分。

立交桥有直通式和互通式两种。普通立交桥都是直通式,两条道路不能相互转向。判绘时直通式立交桥用相应符号依比例尺或不依比例尺表示。互通式立交桥在中等比例尺地形图上一般可依比例尺表示。在依比例尺表示时,要严格按照立交桥的垂直投影描绘各个边线,交代清楚各行车路线和转向方式。

(2)隧道、涵洞。

隧道,是人工开凿,供道路穿越高山、水域、地面建筑物的地下建筑。在遥感图像上,如果道路的影像突然断头,而在另一侧又突然出现,则说明道路穿越了隧道。图5-21所示为弯曲桥梁与隧道判绘示例。

涵洞与桥梁都是道路跨越水流、沟壑或其他道路的建筑物,但它们在建筑规模上有较大的区别,最主要的标志是有没有主梁,有主梁的为桥,无主梁的为涵。测绘部门规定:圆管形和箱形单孔跨径5m以下、多孔跨径8m以下和填土厚度

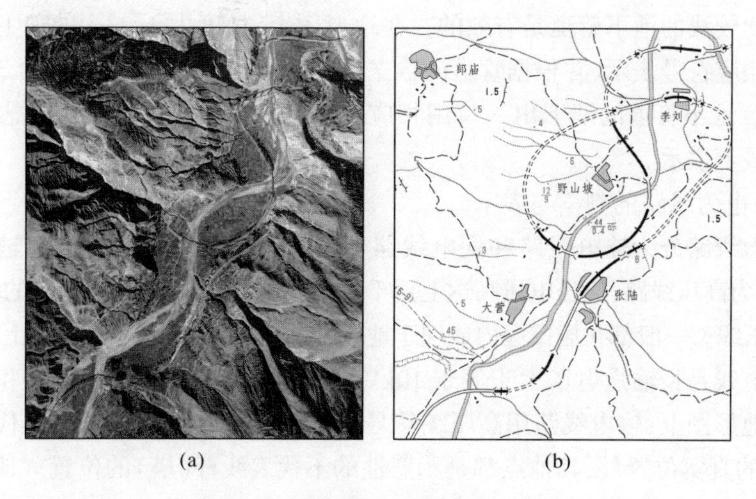

(a) (b)

图 5-21 弯曲桥梁与隧道判绘示例

1m 以上的泄水建筑为涵洞。不论什么形式的涵洞,在地形图上都用涵洞符号表示。

(3)加油站、收费站和停车场。

公路两侧的加油站,如果比较固定且建筑较完整,那么可用加油站符号表示。符号绘在主加油泵位置。加气站也用加油站符号表示,但要加注“气”字。1∶1 万比例尺成图时,居民地内的加油站、加气站择要表示。

收费站是收取公路使用费的处所,它不但有较强的方位意义,而且对道路通行有一定的阻碍作用,因此在地形图上应表示。公路上有固定设施的收费站,用收费站符号表示,有名称的还要注记名称。

停车场是供车辆停靠休息的场所。居民地内外的露天停车场是较好的空中方位物,只要其固定且明显,在地形图上一般都应表示。停车场可根据占地范围用符号依比例尺或不依比例尺表示。当停车场图上面积大于 $5mm^2$ 时,可依比例尺表示,用细实线绘出停车场范围,并在中心处绘出停车场符号;否则,不依比例尺表示,只绘停车场符号。

2. 管线与机场

(1)管道的判读与表示。

管道主要用于输送水、石油、天然气等物质,有重要的经济和战略价值。

管道为线状地物,地面管道在遥感图像上的影像为不同色调色彩、粗细均匀的细线,判读特征较明显。地下管道只能根据地上的设施,如加压站、储油罐、储气罐间接判读。由于微波有一定的地表穿透能力,故用空间分辨率较高的雷达图像判读较浅的地下管道是有效的。在地形图上,长度大于2cm的地上或地下管道用相应符号表示,并根据管道的输送物质分别加以注记,如“水”“气”“油”“煤”等。地下管道的地下出入口用相应符号表示。没有明显地上标志的地下管道一般不表示。

(2)电力线路的判读与表示。

电力线路分为输电线路和配电线路。输电线路是用高压将电能输送到远处,也称为高压线路,输送电压高达上百千伏。配电线是220V和380V的线路,也称为低压线。一般都在居民区内或埋于地下,因此在中小比例尺地形图上不表示。

输电线是指输送电压大于等于10kV的线路,包括架空输电线路和电缆线路。在地形图上,输电线路用高压线符号表示。该符号除拐弯处的点代表示线杆(塔)的真实位置外,其他点都是示意性的不代表线杆(塔)的位置。地下电缆入口用相应符号表示。

(3)通信线路的判读与表示。

目前,主干的通信线路都采用光缆,埋在地下,遥感图像上无法识别。有线通信线在地形图上用通信线符号表示,表示的方法与电力线基本相同。通常只在地物稀少的地区才表示,一般地区不表示。在地形图上表示的有线通信线中途与地下通信电缆相接时,地下电缆不表示,只在交接处绘一弧线符号,以示转为地下。

(4)机场的判读与表示。

机场是为空中运输、行驶服务的所有设施的总称。机场一般由跑道、停机坪、机库(机窝)、指挥室(塔)、油料库、候机室等组成。在判绘时,机场用规定的机场符号表示,符号绘在跑道的中心位置,并加注名称。当跑道较大能依比例尺表示时,用细实线准确描绘出跑道、停机坪的位置,并在跑道的中心绘制飞机符号;不能依比例尺表示时,机场符号中的跑道按真实方向绘出。

机场符号没有压盖的其他地物,用相应符号表示;高大的指挥塔可用塔形建筑物符号表示;机场外围的铁丝网、栅栏也要注意表示。高等级公路上有些路段路面较宽,路基坚固,铺面平整,路线笔直,两侧没有遮挡物,可供飞机起降,判绘时用垂直于道路的两短线标出可起降飞机路段的范围,并配以相应符号。

5.3.4 水系及附属设施判绘

1. 岸线与岸的判绘

(1)岸线的判读与表示。

岸线是水域与陆地的交界线,它决定了水域的位置、形状和范围。根据水位的高低情况和水系的类别,岸线可分为常水位岸线、高水位岸线、低水位岸线和海岸线。常水位岸线是指常年有水的河流、湖泊在一年中大部分时间的平稳水面与陆地的交线。在非雨季或旱季获取的图像上,判绘时常水位岸线一般可用水涯线代替。高水位岸线是指雨季最高水位形成的岸线,在地形图和判绘图像上用棕色虚线表示。低水位岸线在地形图和判绘图像上用深蓝色的虚线表示,可根据参考资料或实地调查按水涯线或水位痕迹线描绘。海岸线是指平均大潮高潮面所形成的岸线,它既不是平均海水面与陆地的交线,也不是一般高潮时所形成的岸线,而是多年大潮高潮时的平均水面与陆地的交线。地形图上海岸线不仅用来表示海洋的范围,而且也是助航标志。

河流、沟渠在图上宽度大于0.4mm的,用双线符号分别表示左右岸线;小于0.4mm的,河流依实际宽度用0.1~0.4mm单线符号表示。

(2)岸、滩的判读与表示。

岸是濒临江、河、湖、海等水域边缘的一段陆地。坡度大于70°的岸坡称为陡岸。岸的坡脚与常水位岸线有便于通行的滩地为有滩陡岸,岸坡直伸水下的陡岸为无滩陡岸。岸坡用木桩、砖石或混凝土等材料加固修筑的地段为加固岸,分别用相应符号表示。单线河流上的无滩陡岸和加固岸一般不表示,对高出地面的水渠和沟堑需量注比高。

干出滩是大潮低潮界与大潮高潮界间的滨海地带,即潮浸地带,也称为海滩,在地形图上用相应符号表示。礁石是海洋中隐、现于水面由岩石或珊瑚构成的海底突出物,判绘礁石时要注意区分明礁与岛屿、明礁与干出礁、干出礁与暗礁。

2. 堤、闸、坝的判绘

江、河、湖泊、水库、池塘、水渠、井、泉都属于陆地水系。在遥感图像上,水系与陆地的影像特征明显,很容易判读。水系一般呈面状或线状,面状水域一般色调深,线状水系也呈深色调影像,与陆地界线分明。

一般情况下,图上面积大于1mm^{2}的湖泊和池塘均应表示,对于面积小于1mm^{2}时的湖泊和池塘,如有方位作用,可放大到1mm^{2}表示。池塘很多时,可进行适当的取舍。池塘堤坝一般不表示,只有当在图上坝长大于5mm或坝高大于1.5mm时,才按实际情况用堤岸或堤的符号表示,并量注比高。

水闸是指修建在河流、沟渠,或湖、海口,利用闸门控制流量和调节水位的水工建筑物。按其顶部能否通行载重汽车,水闸分别用相应符号表示。符号的尖端指向上游,但拦潮闸的符号尖端应指向海域。拦水坝和滚水坝上有闸时,一般只表示坝而不表示闸，只有当依比例尺表示坝后同时也能绘出水闸符号时，才同时分别表示。大型船闸也用水闸符号表示并加注“船闸”二字。

拦水坝与滚水坝区别表示。拦水坝是横断江河和山谷拦截水流的水工建筑，均用拦水坝符号表示。当拦水坝在图上的长度和宽度分别大于 1.2mm 和 2mm 时，符号的长度和短线依比例尺绘出；水库岸线与坝脚间的图上距离大于 1mm 时，岸线按实地位置绘出。

3. 水源、沼泽和盐田的判绘

水源是水井、坎儿井、泉、储水池和水窖等要素。

水井是以开采地下水为目的，钻、挖而成的地下水源。水井通常有两类：一类是管井，也称机井，用水泵抽水；另一类为筒井，由人工挖掘而成，深度较浅。在遥感图像上，水井的影像很小，不易直接从影像上识别。只有通过地面的一些间接特征辅助判读识别，如在荒漠草原上的水井，供人或牲畜用水，有很多道路呈放射状通向四面八方，这是判读水井的标志。一般地区的水井、居民地内水井，一般不表示。有方位作用的水井和缺水地区的水井在地形图上均用水井符号表示，并注出地面高程，不能饮用的要注记其水质。

坎儿井是干旱地区为减少蒸发而建造的引用地下水的暗渠，符号除两端圆圈代表起、止竖井的真实位置外，其余的圆圈均匀配置。储水池、水窖在地形图上用同一符号表示。当储水池的面积较大、能依比例尺表示时，用池塘符号表示。

沼泽地应区分通行与不能通行两种。能通行沼泽除用相应符号表示外，还应加注水的深度和人体下陷软泥层的深度，以便用图者判断通行的难易程度。盐碱沼泽除用符号表示外，还应注记“碱”字。沼泽地通行困难，方位物少。

盐田是指沿海人工修筑的利用海水取卤制盐的场所。盐田在遥感图像上呈较规则的格网状，其色调由深变浅。小面积盐田用不依比例尺的盐田符号表示，不注盐田字样；能依比例尺表示时，各级盐池的分格土埂用 0.1mm 的实线表示，并加注“盐田”二字，或盐场全称。

4. 航运设施判绘

(1)码头的判读与表示。

码头是专供船舶停靠，上下旅客和装卸货物的场所。码头按其建筑形式可分为顺岸式码头、突堤式码头、栈桥式码头和浮式码头。

顺岸式码头是将水域的岸加固，供舰船顺岸停靠的码头。在地形图上用顺岸式码头符号表示。

突堤式码头是在水中修建一个与岸线垂直或斜交的堤坝，舰船在堤的两侧停靠。在地形图上用相应符号表示。

栈桥式码头是在离岸不远的水域修建与岸线基本平行的堤坝，供舰船停靠，堤坝与岸线间用引桥或堤相连。在地形图上，能依比例尺表示的栈桥式码头用细实线沿码头边界描绘，不能依比例尺表示时只绘栈桥式码头符号。

浮式码头是在水位涨落较大的水域，将浮桥锚定于岸边，用栈桥与岸相接，船只靠在浮桥边。在地形图上用浮码头符号表示。

(2)锚地的判读与表示。

锚地是供船泊安全停泊的水域，锚地无栈桥与岸相连，在判读时只能根据集结的船只影像确定其位置。在地形图上，判读时只能根据集结的船只影像确定其位置，如航运图、海图。锚地用锚地符号表示，符号绘在锚地范围的中心位置。

(3)船坞的判读与表示。

船坞是建造或检修舰船的场所。固定在岸边的称为干船坞，漂浮在水中的称为浮船坞。

干船坞为长方形池状建筑，坞底低于水面，三面是坚固的坞壁，靠水的一面是坞门。干船坞位于水域的岸边，大型的干船坞通过形状特征可以很容易判读。在地形图上用干船坞符号表示，图上尺寸超过符号大小的，可依比例尺表示。在遥感图像上判读浮船坞，可通过形状特征判读识别。浮船坞可用拖船拖到需要地点，位置不固定，因此在地形图上不表示。

(4)助航标志的判读与表示。

航标是为了引导或辅助船舶航行，在岸上或水上设置的标志。按航标的建筑形式，航标可分为灯塔、灯船、浮标和立标4种。

灯塔通常设置在海岸岬角、岛礁、港口岸上，是用于引导船舶航行的发光航标。灯塔高大明显，是典型的塔形建筑。

灯船是设在浅滩或暗礁附近可发光的一种导航标志。它的底部是小船，船上是灯，一端被锚在固定的位置上，随水流波动，因此灯船的方向一般与水流方向一致，船头指向上游。与水流水流方向一致是灯船的主要判读标志。

浮标是设置在水面的航标，用于指示航道、浅滩、礁石、沉船等位置。设在海上的浮标多固定在铁制浮筒上，而浮筒用锚或沉锤碇固。

立标是设在岸边、岛屿上供船只白天助航、测速的不发光标、杆或其他标志。上标属于塔形建筑，在遥感图像上可通过阴影特征判读。

助航标志分别用灯塔、灯船、浮标和立标符号表示。

5.3.5 植被判绘

1. 林地判绘

现行图式规定地形图上表示植被的内容，可概括为6类：乔木林、灌木、竹林、经济作物林地、耕地和草地。对于乔木林、竹林、经济林和密灌等套色植被，若图上面积大于25mm^2，则套色植被用地类界绘出范围，并在其范围内均匀配置相应符号，当面积大于4cm^{2}时，还应加相应的注记；若面积小于25mm^{2}和窄长分布的，则按相应小面积符号、窄长符号或独立符号表示。套色植被中有方位作用的空地和旱地等应注意表示。对于同一地段，若套色植被配合表示，则不能超过两种符号；若不套色植被或不套色植被与土质配合表示，则不超过三种符号。

(1)乔木林地的判读与表示。

乔木林是指有明显的主干，多年生长的木本植物林。根据其高度、粗度、密集程度和分布范围，乔木林可分为森林、疏林、幼林(苗圃)、狭长林带、独立树等。

森林，是指树木生长茂盛、面积大、郁闭度高的林地。森林在遥感图像上的影像，呈大面积深绿色或绿色的色彩。在空间分辨率较高的遥感图像上，阔叶林的纹理是粗糙的团状颗粒，树冠形状一般为椭圆形或圆形，阴影为椭圆形；针叶林纹理多为密集的针点状，单株树木成塔状，阴影为细长的圆锥图形。

疏林，是指树木比较稀疏、郁闭度较低的林地。在遥感图像上，疏林与森林特征几乎相同，主要差别是植被的密度低，影像的整体色彩没有森林绿。在空间分辨率较高的遥感图像上，可分辨出单株树木和地面。

幼林(苗圃)，是指尚未成材或正在培育的种苗。在遥感图像上，影像纹理光滑、细腻，形如细毛，色彩为绿色或浅绿色，表示时用同一个符号，面积大于4cm^{2}的应分别注出“矮”“幼”“苗”及其平均高度。

图上宽小于1.5mm、长大于5mm的狭长林带用相应符号表示，当图上长大于2cm时，还应测注平均树高。在树木稀少地区，有方位作用的田间单行树也用狭长林带符号表示，但不注记平均树高。路旁和渠旁的行树用行树符号表示。

(2)灌木林地的判读与表示。

灌木林是指没有明显的主干、支叉丛生的林地。根据密集程度，灌木林分为密集灌木林和稀疏灌木林。密集灌木林地的色调为深灰、浅黑或黑色，色彩为深绿、绿或浅绿，纹理多为密集的针点状，但由于灌木较矮，且株冠较小，因此和地面高差不明显。相比于密集灌木林地，稀疏灌木林地的密度低，影像的整体色调和色彩比密集灌木林地浅。

灌木应依其丛间距离的大小,区分密集灌木和稀疏灌木分别表示。图上面积大于 4cm^2 的密集灌木要区分有刺和无刺,分别加注“有刺密灌”“密灌”和平均高度。

(3)经济作物林地的判读与表示。

经济作物林地是指以取其花、果、汁、根、茎等作为食品、药材或工业原料的多年生长的林地。

经济作物林通常由人工种植。在遥感图像上,人工种植的影像判读标志是:具有较规则的点状纹理。山地的经济林地多沿等高面种植,其纹理与等高线相似。平地的经济林地有规则的外轮廓。

经济作物林地、多年旱生经济作物林地和水生经济作物林地,应正确区分表示。图上面积小于 25mm^2 的经济作物林地,除有明显方位作用和障碍作用外,一般不表示;农果间作地一般不以经济作物林表示;经济作物与其他农作物轮作地,不按经济作物地表示。

2. 耕地与草地的判读与表示

耕地主要有稻田和旱地两种类型。

稻田主要用于种植水稻。在遥感图像上,稻田在蓄水期、生长期和收割期的影像色调和纹理相差较大。对于蓄水期的稻田,只看到水面,色调为黑色或浅黑色;对于生长期的稻田,看到的是水稻影像,色调为灰至深灰,色彩为浅绿至绿;对于收割期的稻田,色调为浅白或浅灰,色彩为浅黄至金黄。稻田不分常年积水和季节性积水,均用稻田符号表示。

旱地主要用于种植小麦或其他经济作物。旱地在无种植作物时,只能看到裸土地,色调为浅灰色;种植小麦后,看到的是小麦影像,从生长期到收割期,色调为灰至深灰再到浅灰,色彩为浅绿至绿再到黄或金黄。旱地的形状也是由田埂构成的规则和不规则的格状。在大面积林地、草地、沙漠、戈壁和稻田内有方位作用的旱地,用地类界绘出范围,其内配置旱地符号,大面积的旱地不表示。

草地在遥感图像上色调为灰白色至深灰色,色彩为浅绿、绿或浅黄,草地影像呈细致、平滑的丝绒状纹理。草地表示要注意区别高草地和(一般)草地。草地只表示草类生长覆盖地面在50%以上且有放牧价值的地段和城市草坪绿地。

5.3.6 地貌与土质判绘

在地形图上,地貌是用等高线与特定的变形地貌符号、土质符号配合表示。

凡是能用等高线表示地貌特征的,均用等高线表示;用等高线表示不能反映其特征的地貌形态,则用特定的变形地貌符号表示。土壤岩石的性质用土质符号表示。等高线是表示地貌的依比例尺符号,特定的变形地貌符号是表示地貌的半依比例尺或不依比例尺的符号,而土质符号是表示土壤岩石类型性质符号。

对于地貌要素的图像判绘,主要是判读和表示用特定的变形符号和土质符号表示的内容,以正确反映地貌形态特征和土质类别。

1. 什么是遥感图像判绘?
2. 遥感图像判读特征有哪些?
3. 居民地判绘基本要求有哪些?
4. 火力发电厂的判绘要点有哪些?
5. 火车站的判绘要点有哪些?

第6章

单像遥感测绘作业理论

为了对航空摄影像片进行量测处理,要在遥感测绘坐标系中建立像点与地面点之间的关系,必须建立摄影构像的数学模型。这个数学模型通常以像点和相应的地面点之间的坐标关系来表示,称为构像方程式。该方程是单张航空摄影像片解析的理论基础,利用该方程可以完成每张航空摄影像片瞬时外方位元素的解算、单像测图、正射影像制作等作业任务。

6.1 共线条件方程

6.1.1 共线条件方程定义及公式

在航空遥感影像获取时,按照投影中心 S、像点 a 和相应地面点 A 的理想共线关系建立的数学模型称为共线条件方程。共线条件方程表示的是像点在像空系中的坐标和地面点在物方空间坐标系中的坐标之间的关系。如图 6-1 所示,$S-XYZ$ 是以摄站 S 为原点的地辅系,$S-xyz$ 是以摄站 S 为原点的像空系,地辅系和像空系均为空间直角坐标系。通过对同一个点(像点或物点)在不同坐标系中的坐标变换,再根据摄影时地面点、投影中心以及相应的像点三点理想共线关系,可以建立像点和地面点坐标之间的关系,得到共线条件方程式(6-1)和式(6-2)。式(6-1)表示用地面点坐标表示像点坐标的共线条件方程;式(6-2)表示用像点坐标表示地面点坐标的共线条件方程。

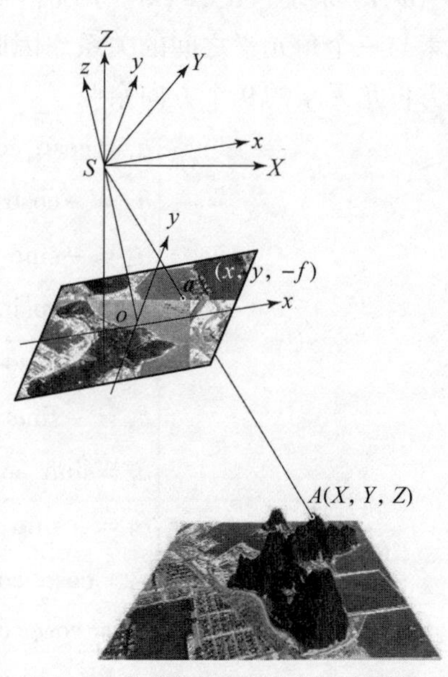

图6-1 共线条件方程示意图(见彩图)

$$\begin{cases} x = -f\dfrac{a_1X + b_1Y + c_1Z}{a_3X + b_3Y + c_3Z} \\ y = -f\dfrac{a_2X + b_2Y + c_2Z}{a_3X + b_3Y + c_3Z} \end{cases} \tag{6-1}$$

$$\begin{cases} X = Z\dfrac{a_1x + a_2y - a_3f}{c_1x + c_2y - c_3f} \\ Y = Z\dfrac{b_1x + b_2y - b_3f}{c_1x + c_2y - c_3f} \end{cases} \tag{6-2}$$

需要注意的是，式(6-1)和式(6-2)表示的是在以摄站 S 为原点的地辅系中的地面点坐标与其相应的在像空系中的像点坐标之间的关系，两式中各参数的含义如下：$(x, y, -f)$ 表示像点的像空系坐标，其中 f 为航空摄影像片主距；(X, Y, Z) 表示地面点在以摄站 S 为原点的地辅系中的坐标；$(a_1 \sim c_3)$ 表示的是像点或地面点在地辅系和像空系之间点的坐标变换旋转矩阵，通常记作 $\boldsymbol{R}$。在遥感测绘中，由于外方位角元素所表达的是像空系与地辅系之间的方位关系，与旋转矩阵表达的是同一事物，因此可以用外方位角元素表达旋转矩阵中的各个方向余弦。用外方位角元素组成旋转矩阵的途径是按外方位角元素定义的顺序逐次旋转，最后综合成总的旋转，式(6-3)、式(6-4)、式(6-5)分别表示的是“α_x, ω, κ”系统、“$\alpha_y, \varphi, \kappa'$”系统、“$\tau, \alpha, \kappa_v$”系统三种角元素系统下旋转矩阵各元素与三个角元素之间的关系。因此$(a_1 \sim c_3)$也可以描述为航空摄影像片 3 个外方位角元素的 9 个方向余弦。

$$\begin{cases} a_1 = \cos\alpha_x\cos\kappa - \sin\alpha_x\sin\omega\sin\kappa \\ a_2 = -\cos\alpha_x\sin\kappa - \sin\alpha_x\sin\omega\cos\kappa \\ a_3 = -\sin\alpha_x\cos\omega \\ b_1 = \cos\omega\sin\kappa \\ b_2 = \cos\omega\cos\kappa \\ b_3 = -\sin\omega \\ c_1 = \sin\alpha_x\cos\kappa + \cos\alpha_x\sin\omega\sin\kappa \\ c_2 = -\sin\alpha_x\sin\kappa + \cos\alpha_x\sin\omega\cos\kappa \\ c_3 = \cos\alpha_x\cos\omega \end{cases} \tag{6-3}$$

$$\begin{cases} a_1 = \cos\varphi\cos\kappa' \\ a_2 = -\cos\varphi\sin\kappa' \\ a_3 = -\sin\varphi \\ b_1 = \cos\alpha_y\sin\kappa' - \sin\alpha_y\sin\varphi\cos\kappa' \end{cases} \tag{6-4}$$

$$
\begin{cases}
b_2 = \cos\alpha_y \cos\kappa' + \sin\alpha_y \sin\varphi \sin\kappa' \\
b_3 = -\sin\alpha_y \cos\varphi \\
c_1 = \sin\alpha_y \sin\kappa' + \cos\alpha_y \sin\varphi \cos\kappa' \\
c_2 = \sin\alpha_y \cos\kappa' - \cos\alpha_y \sin\varphi \sin\kappa' \\
c_3 = \cos\alpha_y \cos\varphi
\end{cases}
\tag{6-4 续}
$$

$$
\begin{cases}
a_1 = \cos\tau \cos\kappa_\nu + \sin\tau \cos\alpha \sin\kappa_\nu \\
a_2 = -\cos\tau \sin\kappa_\nu + \sin\tau \cos\alpha \cos\kappa_\nu \\
a_3 = -\sin\tau \sin\alpha \\
b_1 = -\sin\tau \cos\kappa_\nu + \cos\tau \cos\alpha \sin\kappa_\nu \\
b_2 = \sin\tau \sin\kappa_\nu + \cos\tau \cos\alpha \cos\kappa_\nu \\
b_3 = -\cos\tau \sin\alpha \\
c_1 = \sin\tau \sin\kappa_\nu \\
c_2 = \sin\tau \cos\kappa_\nu \\
c_3 = \cos\alpha
\end{cases}
\tag{6-5}
$$

通常情况下,地辅系的原点并不在投影中心 S,而是以某一地面控制点 D 为原点,如图6-2所示。在该地辅系 $D-XYZ$ 中,摄站的坐标为(X_S,Y_S,Z_S),即外方位元素中的3个线元素;任意地面点 A 的坐标为(X,Y,Z)。对于以 S 为原点、坐标轴向与 $D-XYZ$ 各轴相应平行的地辅系而言,地面点 A 的坐标显然为$(X-X_S,Y-Y_S,Z-Z_S)$,用它们分别取代式(6-1)和式(6-2)中的 X,Y,Z,得到式(6-6)和式(6-7)。式(6-6)为地辅系的原点在某一地面点时以地面点坐标表示像点坐标的共线条件方程,式(6-7)为地辅系的原点在某一地面点时以像点坐标表示地面点坐标的共线条件方程,两个公式中除了地辅系原点坐标不同和增加 X_S,Y_S,Z_S 外,其他各字符含义与式(6-1)和式(6-2)相同。

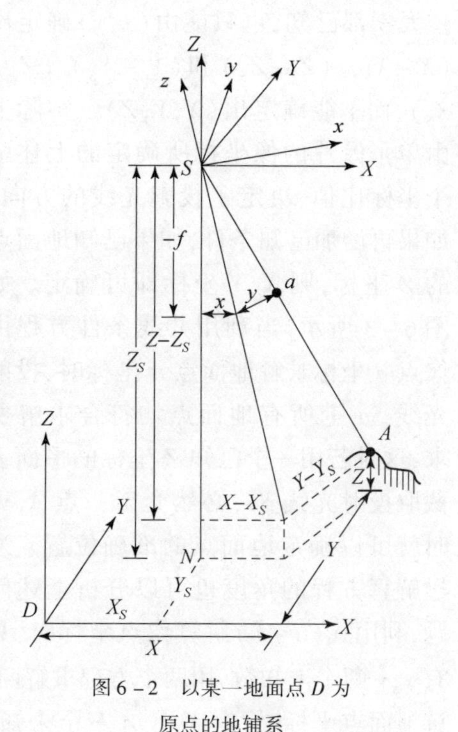

图6-2 以某一地面点 D 为原点的地辅系

$$\begin{cases} x = -f\dfrac{a_1(X-X_S)+b_1(Y-Y_S)+c_1(Z-Z_S)}{a_3(X-X_S)+b_3(Y-Y_S)+c_3(Z-Z_S)} \\ y = -f\dfrac{a_2(X-X_S)+b_2(Y-Y_S)+c_2(Z-Z_S)}{a_3(X-X_S)+b_3(Y-Y_S)+c_3(Z-Z_S)} \end{cases} \tag{6-6}$$

$$\begin{cases} X-X_S=(Z-Z_S)\dfrac{a_1x+a_2y-a_3f}{c_1x+c_2y-c_3f} \\ Y-Y_S=(Z-Z_S)\dfrac{b_1x+b_2y-b_3f}{c_1x+c_2y-c_3f} \end{cases} \tag{6-7}$$

6.1.2 共线条件方程分析及应用

由式(6-6)可知,在利用共线条件方程确定某地面点的像点坐标时,像片主距f和像片的外方位元素已知,给出地面点坐标(X,Y,Z)即可确定其对应的像点坐标(x,y)。反之,利用式(6-7),像片主距f和像片的外方位元素均已知,利用已知像点坐标(x、y)是不能确定其对应地面点坐标(X,Y,Z)的。由式(6-7)可知,即使像片主距f以及外方位元素都已知,也只能由(x,y)确定出$(X-X_S)/(Z-Z_S)$和$(Y-Y_S)/(Z-Z_S)$,而不能确定出(X,Y,Z)。实际上由单张像片的像坐标所确定的上述两个坐标比值,决定了投影光线的方向,如果再增加已知条件,如果已知地面点的Z坐标,则X、Y坐标即可确定。如图6-3所示,当利用共线条件方程由像点a坐标求解地面点A坐标时,投射光线Sa上所有地面点均符合求解要求,这时若用一个已知Z坐标的平面去截取投射光线Sa,必然交于一点A,这时就可以确定地面点的准确位置。通过解算方程的角度也可以分析上述问题,利用式(6-6)解算像点坐标时,只有x,y两个未知数,用两个方程求解两个未知数,方程有解;但利用式(6-7)解算地面点坐标时,有X,Y,Z三个未知数,用两个方程求解三个未知数,方程无解,此时若求解的地面点在两张重叠的影像上都有像点,则可以列出四个方程求解三个未知数,方程是有解的。上述方法即为立体像对(或称双像)测图原理。

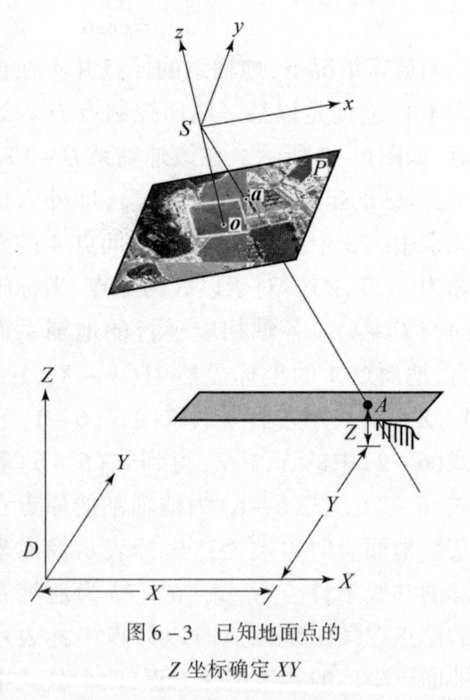

图6-3 已知地面点的Z坐标确定XY

共线条件方程是单像测图的理论基础，在遥感测绘中应用广泛，主要有：①利用一定数量的地面控制点及其在像片上的像点，确定像片外方位元素，即单像空间后方交会；②利用同一地面点在多张像片上的像点，确定地面点的空间位置，即多像空间前方交会；③作为空中三角测量光束法平差中的基本数学模型；④已知影像内外方位元素和物点坐标求像点坐标，即计算模拟影像数据；⑤利用 DEM 制作正射影像，即数字微分纠正；⑥利用 DEM 进行单张影像测图，即单像测图。后面章节将详细描述以上应用。

6.2 像点坐标几何位移

航空像片是地面景物的中心投影，理想状态是地面水平且航空摄影像片水平，但是由于像片倾斜或地面有起伏时，所获取的影像均与理想情况有所差异。当航空摄影像片有倾角或地面有起伏时，地面点在像片上构像的点位偏离了应有的正确位置，这种点位差异称为像点坐标的几何位移。如图 6－4(a)所示，水平地面上 A 点，本应在水平像片上成像于 a_0 位置，但由于像片发生倾斜，最后成像于 a 点；如图 6－4(b)所示，基准面上 A_0，B_0 点，本应在水平像片上成像于 a_0，b_0 位置，但由于地形起伏，最后成像于 a，b 点。几何位移包括像片倾斜引起的像点位移和地形起伏引起的像点位移，其结果使地面上的几何图形在像片上产生形变，影像比例尺处处不一致。下面讨论几何位移的具体大小和方向。

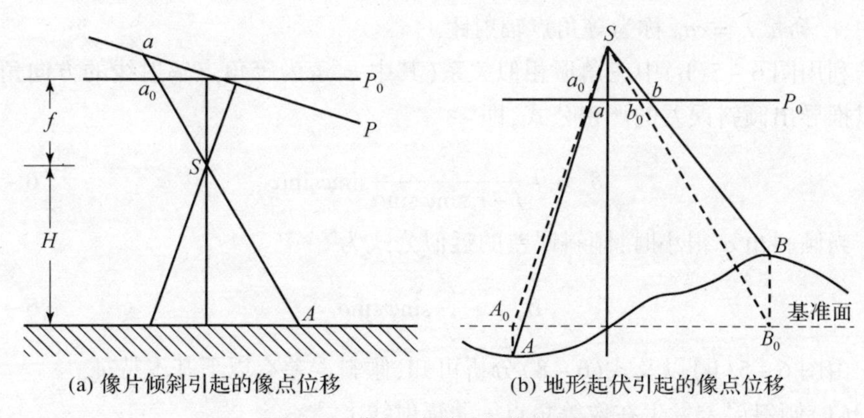

(a) 像片倾斜引起的像点位移　　(b) 地形起伏引起的像点位移

图 6－4　像点坐标的几何位移示意图

6.2.1 倾斜误差

因像片倾斜引起的像点移位称为倾斜误差，它以同摄站同主距的假想水平像片作为比照的标准。由前文可知,等比线是倾斜像片与相应水平像片的交线,这种比照就是沿等比线使两像片重合,然后分析倾斜像点对水平像点的偏离。

在图6-5(a)中,P 是倾斜像片,P_0 是与 P 同摄站同主距的水平像片,它们相交于等比线 h_ch_c,地面点 A 在倾斜像片 P 上构像为 (a),在水平像片 P_0 上构像为 a_0,两张像片沿等比线重合后,(a) 在水平像片上的位置为 a。显然 aa_0 就是倾斜误差,用 δ_α 表示,α 表示像片倾斜角。

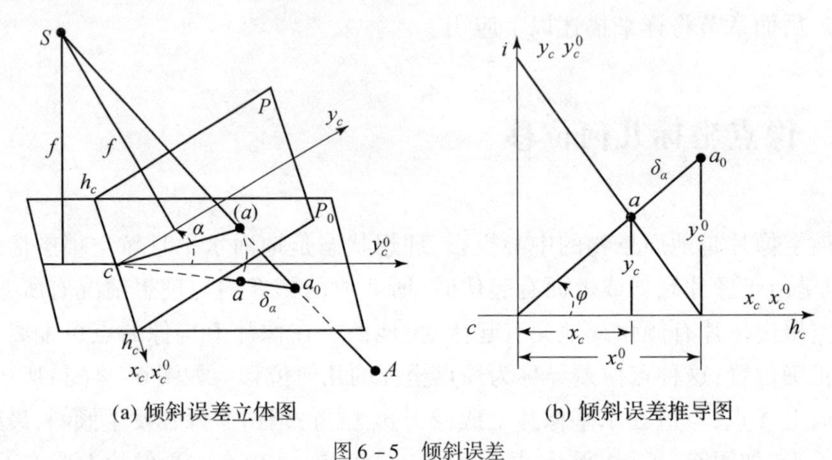

图6-5 倾斜误差

推导可知,c、a、a_0 位于一条直线上。倾斜误差严格定义如下:同摄站同主距的倾斜像片和水平像片沿等比线重合时,地面点在倾斜像片上的像点与相应水平像片上像点之间的直线移位,称为像点的倾斜误差,记作 δ_α,有 $\delta_\alpha = r_c - r_0$,其中,$r_c = ca$,$r_0 = ca_0$ 称为等角点辐射距。

利用图6-5(b)中三角形相似关系(其中 φ 角为等角点辐射线的方向角),可以推导出倾斜误差的严密公式,即

$$\delta_\alpha = -\frac{r_c^2}{f - r_c\sin\varphi\sin\alpha}\sin\varphi\sin\alpha \tag{6-8}$$

当倾斜角 α 很小时,倾斜误差的近似公式为

$$\delta_\alpha \approx -\frac{r_c^2}{f}\sin\varphi\sin\alpha \tag{6-9}$$

由图6-5(b)以及式(6-8)分析可知,倾斜误差有以下基本特征。

(1)倾斜误差发生在像等角点 c 的辐射线上。

(2)倾斜误差移位的方向和等角点辐射线的方向角有关。由等比线将倾斜像片分为两部分,其中:含像主点部分,$0° < \varphi < 180°$,$\delta_\alpha < 0$,所有像点都向着等角点移位,即移近等角点;含像底点部分,$180° < \varphi < 360°$,$\delta_\alpha > 0$,所有像点都背着等角点移位,即远离等角点。

(3)等比线上的像点没有倾斜误差。

(4)其他条件相同的情况下,辐射距 r_c 越大,移位的绝对值越大;在辐射距相同的情况下,主纵线上点的移位最大。

倾斜误差反映为水平像片上的任意一正方形在倾斜像片上的构像为任意四边形,如图6-6所示,该图也反映了倾斜误差上述4个基本特征。摄影测量通常采用像片纠正的方法来改正这种变形。

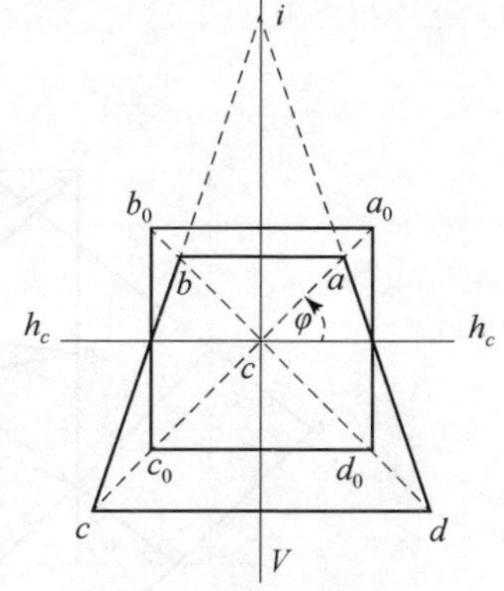

图6-6 倾斜误差导致的正方形变形示意图

日常生活中,倾斜误差的例子比较常见,如图6-7所示。在近似垂直摄影图像上进行量测和自动识别时,必须考虑倾斜误差的影响,而在目视判读时,因倾斜误差对形状、大小等影像判读特征影响很小,可以不予考虑。

(a) 正方形建筑在倾斜像片上的成像

(b) 圆形建筑在倾斜像片上的成像

图6-7 日常生活中倾斜误差示例

6.2.2 投影误差

因地形起伏引起的像点移位称为投影误差,它是在地形有起伏的条件下所反映出来的中心投影与垂直投影(正射投影)的差异。如果在起伏地区选择一个基准面,将地面点的像点改正到这些地面点在基准面的垂直投影点所对应的像点位置,那么地形起伏的影响也就消除了。因此在讨论投影误差时,通常要给出一个基准面。

图6-8中,T 为选定的基准面,P 为倾斜像片,α 表示像片倾斜角,地面点 A 对基准面的高差为 Δh,A_0 为 A 在基准面上的垂直投影。a 为 A 在像片上的构像,而 a_0 是 A_0 在像片上的假想像点,aa_0 就是 a 点的投影误差。因为 a_0 与 a 在同一铅垂线上,而 n 又是地面铅垂线的合点,所以 n、a_0、a 一定位于同一直线上。

由图6-8得到投影误差的准确定义:当地面有起伏时,高于或低于选定的基准面的地面点 A 的像点 a,与该地面点在基准面上的垂直投影点 A_0 的像点 a_0

之间存在的直线移位，称为该点的投影误差，记做 δ_{h_α}，有 $\delta_{h_\alpha}=r_n-r_n^0$，其中，$r_n=na$，$r_n^0=na_0$ 分别为 a，a_0 的像底点辐射距，φ 角为r_n方向角。

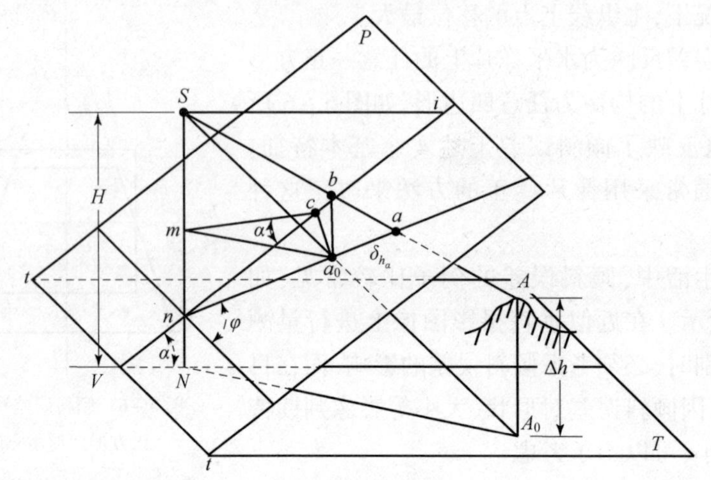

图 6-8　投影误差

从图 6-8 可以看出，投影误差公式并不能直观地找出，需做一些辅助线，才能得到严密投影误差公式。过 a_0 做铅垂线，交 SA 于 b 点。过 a_0 做 SN 的垂线，交 SN 于 m 点。在主垂面内，过 m 点做 SN 的垂线，交主纵线于 c 点，连接 ca_0。这时可得出 3 组相似三角形$\triangle aba_0\sim\triangle aSn$、$\triangle Sa_0b\sim\triangle SA_0A$、$\triangle Sa_0m\sim\triangle SA_0N$，以及 4 个直角三角形$\triangle nca_0$、$\triangle mca_0$、$\triangle a_0mn$、$\triangle cmn$。通过上述相似三角形和直角三角形之间的变换关系，可以推导出投影误差的严密公式，即

$$\delta_{h_\alpha}=\frac{\Delta h}{H}r_n\left[\frac{1-\dfrac{r_n}{2f}\sin\varphi\sin2\alpha}{1-\dfrac{\Delta h}{2Hf}r_n\sin\varphi\sin2\alpha}\right]\tag{6-10}$$

当像片倾斜角 $\alpha=0$ 时，得到水平像片上投影误差的严密公式为

$$\delta_{h_\alpha}=\frac{\Delta h}{H}r_n\tag{6-11}$$

式(6-11)是最常用投影误差公式之一，它比式(6-10)要简便得多。利用式(6-11)，在相关参数已知情况下，还可以求解地面物体的高度。

依据投影误差的定义和严密公式，得出投影误差的基本特征如下。

(1)投影误差发生在像底点 n 的辐射线上，即 n、a、a_0 三点共线。

(2)移位的方向与地面点相对于基准面的高低有关。当 $\Delta h>0$(地物高差为正)时，$\delta_{h_\alpha}>0$(投影误差为正)，像点背离底点方向向外移动；当 $\Delta h<0$(地物高差为负)时，$\delta_{h_\alpha}<0$(投影误差为负)，像点靠近底点方向向内移动，如图 6-4(b)所示。

(3)移位大小变化,对于一点而言,投影误差的大小有相对性,和基准面的选取有关;在选定基准面的条件下,高差越大,辐射距越大,则投影误差越大;基准面的相对航高越大,投影误差越小。投影误差的相对性在摄影测量实践中意义重大,在生产实际中,如果不断改变基准面,使得不同高度的地面点对相应基准面的高差为0,则投影误差也就消除了。

根据投影误差第一个基本特征可知,地面上的铅垂线在像平面上的构像位于以像底点 n 为辐射中心的相应辐射线上,换句话说,只要将像片上地面铅垂线的成像用直线画出来必然交于一点,即像底点 n,这也是在航空摄影像片上寻找像底点的方法,如图6-9所示。投影误差第三个基本特征的例子如图6-10所示。日常生活中投影误差的例子很多,如图6-11所示,结合投影误差的基本特征,可以看到像片上任意一点都存在着像点几何位移,导致像片上影像形状与地面有所差异。

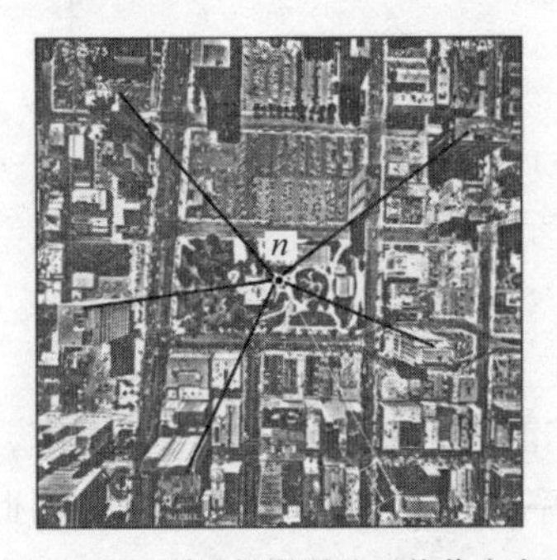

图6-9 利用投影误差寻找像底点

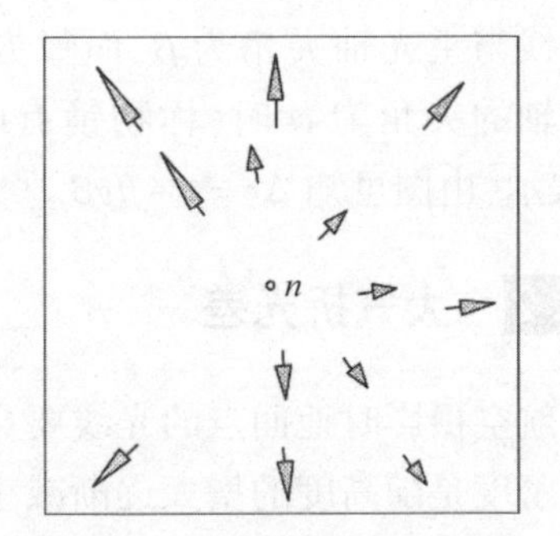

图6-10 投影误差与高差、辐射距关系

(a) 城市建筑

(b) 塔林建筑

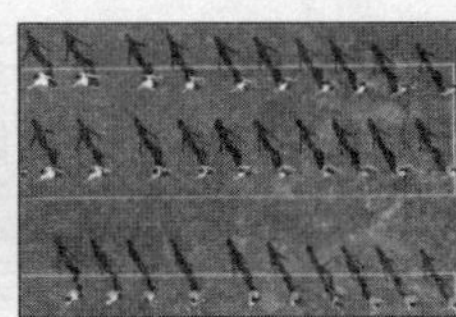

(c) 广播体操

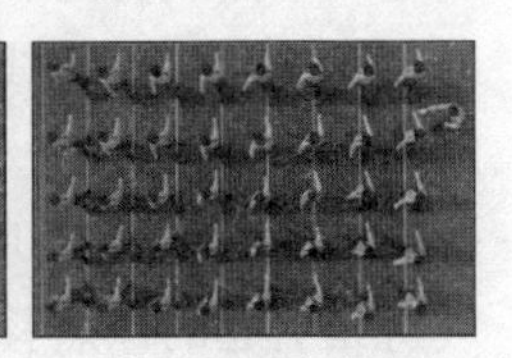

(d) 队列行进

图6-11 日常生活中投影误差示例

6.3 像点坐标系统误差及地球曲率影响

本章描述的共线条件都是理想状况下的,实际得到的航空摄影像片因为各种物理因素的影响并不能严格满足共线条件。这些物理因素主要包括:航空摄影仪的物镜并非理想光组，使构像光线经物镜之后不能保持直进；摄影时构像光线所通过的大气层并非均匀介质，因而产生折射等。这些因素都会造成像点、投影中心和物点不再共线。另外，由于有时取用局部的水平面作为摄影测量的基准面，而实际的地表面应该是个曲面，两者之间的差异便是地球曲率的影响。

6.3.1 镜头畸变差

航空摄影仪的物镜在设计和制造上的要求是严格的，但也不可避免地存在着各种微小的像差，其中影响构像光线直进特性的主要是畸变差。如图 6－12 所示，当物方入射线与主光轴夹角为 β，而像方出射线与主光轴的夹角也为 β 时，称物镜无畸变差；当物方入射线与主光轴夹角为 β，而像方出射线与主光轴的夹角为 α 时，称物镜有畸变差，用 Δr 表示，由图可知 $\Delta r = r - f\mathrm{tg}\beta$。

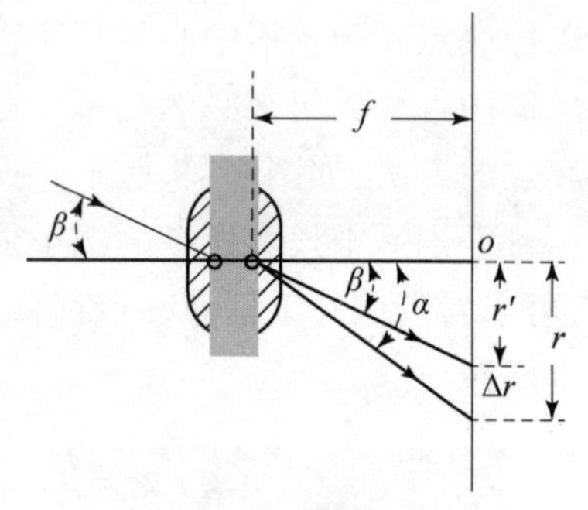

图 6－12　镜头畸变差

6.3.2 大气折光差

航空摄影时地面点的光线要穿过大气层才能通过镜头在像片上成像，大气层的密度是随高度的增大逐渐减小，大气折射率也随高度增大而减小，因此，地面点光线穿透大气层时的路径不是理想直线，而是一条曲线，如图 6－13 所示。理想情况下，地面 A 点光线以直线通过投影中心 S 在像片上成像为 a，而实际上 A 点光线是以一条曲线通过投影中心 S 在底片上成像为 a'，则 aa' 为大气折光引起的像点移位，称为 A 点的大气折光差，用 Δr 表示，$\angle aSa'$ 称为大气折光差角。显而易见，地面上除底点光线没有大气折光差外，其他任何一点都有因大气折光引起的像点移位，移位是在以底点为中心的辐射线上，且背离底点向外移位。在近似垂直摄影情况下，大气折光引起的像点移位是在以主点为中心的辐射线上。

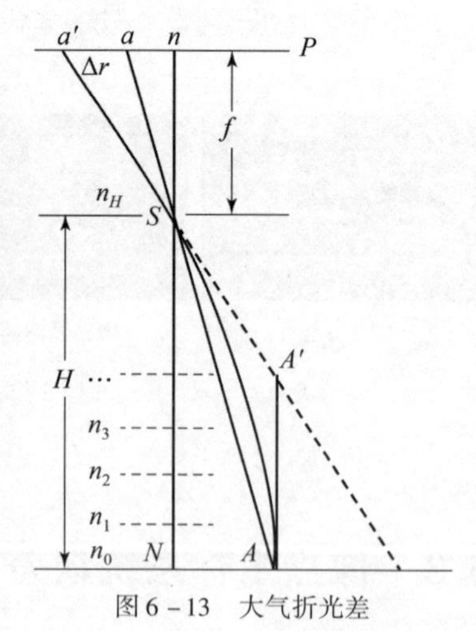

图 6－13　大气折光差

6.3.3 地球曲率影响

地球曲率不影响构像光线的直线传播，因而也不会带来像点位置的误差。地球曲率对摄影测量之所以有时会产生影响，问题在于量测的基准。当地面点坐标是以地心坐标系为基准时，地球曲率就没有影响。但当以高斯直角坐标系为基准时，地球的局部曲面被展平，而摄影测量解算出来的地面形态是与实地一致的，并未将基准面展平，这便产生了不一致。

解决这个基准不一致的问题，基本途径有两条：一是以曲面为量测基准；二是以平面为量测基准，这时需要改正像点坐标。地球曲率的影响虽然在三维坐标上都有，但主要是在高程上。在图6-14中，大地水准面上一个点A，在过底点N的切平面上垂直投影为A'点。水平像片P上的a和a'是它们的构像。为了把水准面展平，显然需将a改正至a'，$aa'=\Delta r$是地球曲率引起的像点a的改正数。由图6-14可以得到

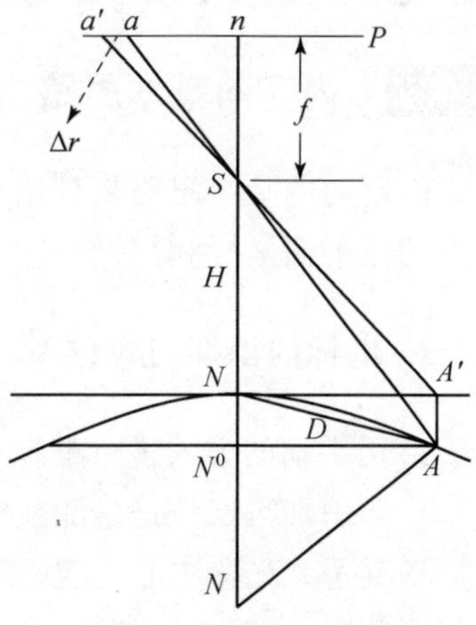

图6-14 地球曲率对成像影响

$$\Delta r=\frac{Hr^3}{2Rf^2} \tag{6-12}$$

式中：R为地球半径；r为辐射距；H为航高。

6.4 影像内定向

6.4.1 内定向含义

确定以像主点为原点的像平面坐标系与量测坐标系之间的关系，恢复影像的内方位元素，解算影像变形参数的过程，称为影像内定向。摄影测量的单像测量和立体测量作业中，都必须进行影像内定向。在数字摄影测量中，内定向是通过输入像片主距和量测影像框标并进行相应计算来完成的，其目的是恢复影像的内方位元素，确定其他像平面坐标系与以像主点为原点的像平面坐标系之间的关系以及影像可能存在的变形。

在数字摄影测量中，使用的是数字影像，像点的位置是用扫描坐标表示的。

如果利用自动定位技术进行自动量测，直接得到的是像点在扫描坐标系的坐标；如果将数字影像显示在计算机显示屏上用人工的方法进行量测，直接得到的是像点在屏幕坐标系的屏幕坐标。以像主点为原点的像平面坐标系和扫描坐标系以及屏幕坐标系都是不重合的，因此必须确定它们之间的关系，以达到获得像点在以像主点为原点的像平面坐标系中坐标的目的。数字影像在获取过程中也会产生变形，必须确定影像的变形参数，以提高量测精度。

6.4.2 内定向基本思路与过程

内定向的基本思路是利用一些特殊点，如框标点或其他特征点，分别获取这些点的像平面坐标和扫描坐标，然后依据内定向的数学模型求解待定系数。

1. 框标的识别与定位

1）用手动的方式进行框标识别与定位

框标识别与定位是量测航空摄影像片的框标点的过程，如图6－15所示，将测标切准每个光标中心位置，精确量测框标点坐标。内定向完成后，要检查下误差是否超限，一般不会超过0.5pixel。如果内定向误差过大，则应该检查相机文件是否正确，相机翻转是否指定错误，扫描分辨率是否输入不准确，十字丝是否放在框标的中心。若以上检查都没问题，则有可能是像片本身存在变形。

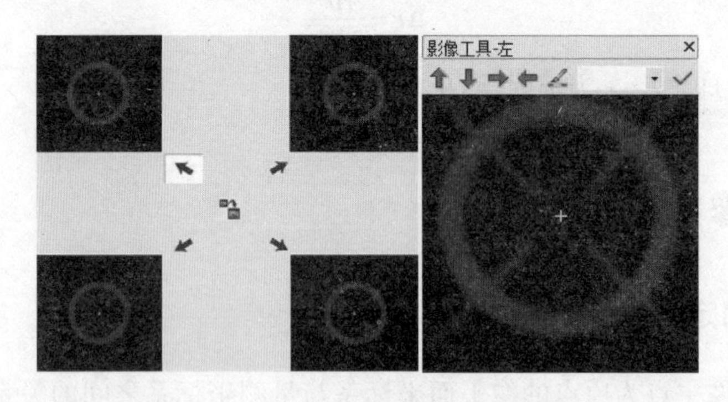

图6－15　内定向手动量测框标（见彩图）

2）自动内定向

通常有两种方法：数字影像分割与定位方法和数字影像匹配方法。

数字影像分割与定位方法一般适用于具有对称形状的框标，其精度也取决于阈值的选取，其步骤如下。

（1）将含框标的局部影像分割与二值化。如图6－16所示，通常采用阈值法，如果图像灰度直方图呈明显的双峰状，则选取双峰间的最低谷作为图像分割的阈值所在。

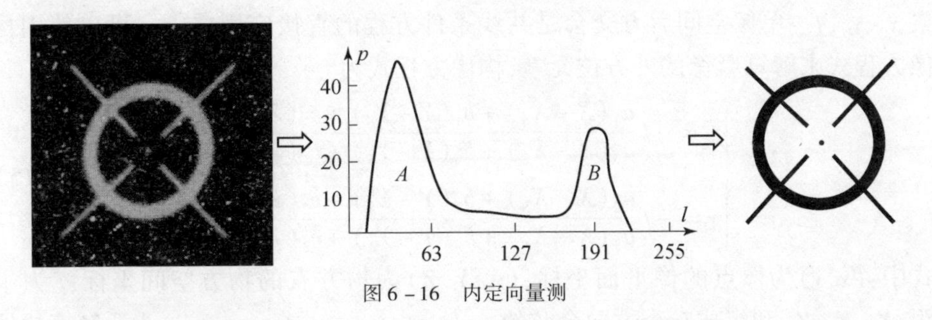

图 6－16　内定向量测

(2)框标点的精确定位。利用式(6－13)计算二值图像重心坐标作为框标点自动量测的值。

$$\begin{cases} x_f = \dfrac{1}{n}\sum\limits_{i=0}^{n} x(i) g_i \\ y_f = \dfrac{1}{n}\sum\limits_{i=0}^{n} y(i) g_i \end{cases} \tag{6-13}$$

数字影像匹配方法是目前常用的一种自动内定向方法，其步骤为：一是选取或生成基准框标影像(作为模板)；二是框标点概略定位，根据扫描孔径和经验估计 4 个框标点的概略位置；三是利用模板影像进行影像匹配。

2. 变形参数的解算

式(6－14)中，框标的像平面坐标(x,y)一般由相机检校获得，由相应的数据文件直接提供；框标的屏幕坐标(J,I)可由上述的框标识别与定位方法获得，进而解算出 6 个变形参数，建立起像平面与屏幕平面之间的对应关系，见式(6－14)。通常将参加内定向的框标点的像平面坐标和扫描坐标都作重心化处理，以便在求解变形参数时可以简化误差方程。

$$\begin{cases} J = a_0 + a_1 x + a_2 y \\ I = b_0 + b_1 x + b_2 y \end{cases} \tag{6-14}$$

6.5　单像空间后方交会

6.5.1　定义和原理

利用影像覆盖范围内一定数量的控制点的物方空间坐标及其在影像上的像

点坐标来确定影像的外方位元素，这种方法称为单像空间后方交会。当用作摄影机的检定或其他较为精密的测定时，该方法还可以同时求出影像的内方位元素 x_0、y_0、f。单像空间后方交会是共线条件方程的直接应用之一。可以使用构像方程式来解算影像的外方位元素，构像方程式为

$$\begin{cases} x = -f\dfrac{a_1(X-X_S)+b_1(Y-Y_S)+c_1(Z-Z_S)}{a_3(X-X_S)+b_3(Y-Y_S)+c_3(Z-Z_S)} \\ y = -f\dfrac{a_2(X-X_S)+b_2(Y-Y_S)+c_2(Z-Z_S)}{a_3(X-X_S)+b_3(Y-Y_S)+c_3(Z-Z_S)} \end{cases} \tag{6-15}$$

式中：(x,y) 为像点的像平面坐标；(X,Y,Z) 为物方点的物方空间坐标；f 为主距；X_S,Y_S,Z_S 和组成 9 个方向余弦的 φ,ω,κ（α_x,ω,κ 或 α_y,φ,κ'）为要解算的外方位元素。由于共线方程是非线性函数，为了便于外方位元素的解求，需要对共线方程进行线性化。

假设外方位元素 $X_S,Y_S,Z_S,\varphi,\omega,\kappa$ 的近似值或初值为 $X_S^0,Y_S^0,Z_S^0,\varphi^0,\omega^0,\kappa^0$，其改正数为 $\mathrm{d}X_S,\mathrm{d}Y_S,\mathrm{d}Z_S,\mathrm{d}\varphi,\mathrm{d}\omega,\mathrm{d}\kappa$，通过对共线条件方程的线性化，可以列出求改正数的误差方程为式(6－16)。若考虑精度需要，加上多余观测，则误差方程为式(6－17)。

$$\begin{cases} \dfrac{f}{\bar{Z}}\mathrm{d}X_S+\dfrac{x}{\bar{Z}}\mathrm{d}Z_S-\left(f+\dfrac{x^2}{f}\right)\mathrm{d}\varphi-\dfrac{xy}{f}\mathrm{d}\omega+y\mathrm{d}\kappa-(x-x_{计})=0 \\ \dfrac{f}{\bar{Z}}\mathrm{d}Y_S+\dfrac{y}{\bar{Z}}\mathrm{d}Z_S-\dfrac{xy}{f}\mathrm{d}\varphi-\left(f+\dfrac{y^2}{f}\right)\mathrm{d}\omega-x\mathrm{d}\kappa-(y-y_{计})=0 \end{cases} \tag{6-16}$$

$$\begin{cases} \dfrac{f}{\bar{Z}}\mathrm{d}X_S+\dfrac{x}{\bar{Z}}\mathrm{d}Z_S-\left(f+\dfrac{x^2}{f}\right)\mathrm{d}\varphi-\dfrac{xy}{f}\mathrm{d}\omega+y\mathrm{d}\kappa-(x-x_{计})=v_x \\ \dfrac{f}{\bar{Z}}\mathrm{d}Y_S+\dfrac{y}{\bar{Z}}\mathrm{d}Z_S-\dfrac{xy}{f}\mathrm{d}\varphi-\left(f+\dfrac{y^2}{f}\right)\mathrm{d}\omega-x\mathrm{d}\kappa-(y-y_{计})=v_y \end{cases} \tag{6-17}$$

式(6－16)和式(6－17)中部分字符含义为

$$\begin{cases} \bar{X}=a_1(X-X_S)+b_1(Y-Y_S)+c_1(Z-Z_S) \\ \bar{Y}=a_2(X-X_S)+b_2(Y-Y_S)+c_2(Z-Z_S) \\ \bar{Z}=a_3(X-X_S)+b_3(Y-Y_S)+c_3(Z-Z_S) \end{cases} \tag{6-18}$$

$$\begin{cases} x_{计}=-f\dfrac{\bar{X}}{\bar{Z}} \\ y_{计}=-f\dfrac{\bar{Y}}{\bar{Z}} \end{cases} \tag{6-19}$$

依据最小二乘法原理，利用式(6－16)或式(6－17)计算改正值 $\mathrm{d}X_S^0,\mathrm{d}Y_S^0$，

$dZ_S^0, d\varphi^0, d\omega^0, d\kappa^0$，将计算出来的改正值加上初值，得到计算改正后的外方位元素，即

$$\begin{cases} X_S^1 = X_S^0 + dX_S^0 \\ Y_S^1 = Y_S^0 + dY_S^0 \\ Z_S^1 = Z_S^0 + dZ_S^0 \\ \varphi^1 = \varphi^0 + d\varphi^0 \\ \omega^1 = \omega^0 + d\omega^0 \\ \kappa^1 = \kappa^0 + d\kappa^0 \end{cases} \tag{6-20}$$

最后一直迭代求解，直到改正数符合规定的限差为止，迭代结束，计算出6个外方位元素，有

$$\begin{cases} X_S^{n+1} = X_S^n + dX_S^n \\ Y_S^{n+1} = Y_S^n + dY_S^n \\ Z_S^{n+1} = Z_S^n + dZ_S^n \\ \varphi^{n+1} = \varphi^n + d\varphi^n \\ \omega^{n+1} = \omega^n + d\omega^n \\ \kappa^{n+1} = \kappa^n + d\kappa^n \end{cases} \tag{6-21}$$

6.5.2 单像空间后方交会对控制点的要求

对于每个地面平高控制点，只要量测出其相应像点的像坐标，在给出外方位元素近似值的情况下，都可以按照式(6-16)列出两个方程式，在理论上只要有3个不在一条直线上的平高控制点，就可以列出6个独立方程式答解6个外方位元素近似值的改正数。在实际作业中，要求要用4个以上的平高控制点(其中任意3个控制点不在一条直线上)，按照式(6-17)列出8个以上误差方程式，并按最小二乘法解算外方位元素近似值的最或然改正数。将这些改正数按式(6-21)加到相应外方位元素近似值中，即得到了修正后的外方位元素值。由于式(6-16)是线性化近似公式，解算出的结果不够精确，因此，计算过程必须是逐次趋近的迭代过程。将第一次计算后改正过的外方位元素值重新作为近似值，重复以上的计算过程，取得再次改正后的外方位元素值。如此反复下去，各次重复计算所得到的改正数的绝对值将逐次减小，直到各改正数的绝对值小于规定的限差，或像点坐标的量测值与当前的计算值之间的较差小于规定的限差。

6.5.3 解算过程

1)读入原始数据

原始数据包括:影像的内方位元素(x_o, y_o, f)、控制点在物方空间坐标系中的坐标(X_i, Y_i, Z_i)($i \geqslant 3$)、控制点的像点坐标(x, y)。

2)确定外方位元素的初值

(1)确定摄站坐标的初值。

摄站的平面坐标(X_S, Y_S)应由各控制点的平面坐标内插求得,若控制点的分布对称时,则可取控制点平面坐标的平均值作为摄站平面位置的初值,即

$$\begin{cases} X_S^0 = \dfrac{1}{n}\left(\sum\limits_{i=1}^{n} X_i\right) \\ Y_S^0 = \dfrac{1}{n}\left(\sum\limits_{i=1}^{n} Y_i\right) \\ Z_S^0 = H_0 \end{cases} \tag{6-22}$$

式中:n 为控制点的数量;H_0 为航空摄影的绝对高度。

(2)确定外方位角元素的初值。

在一般情况下,有 $\varphi^0 = \omega^0 = \kappa^0 = 0$。

3)组建误差方程式

组建误差方程式的步骤如下。

(1)按照角元素初值,构建旋转矩阵。

(2)按照式(6-18)计算 $\bar{X}, \bar{Y}, \bar{Z}$。

(3)按照式(6-19)计算 $x_{计}, y_{计}$。

(4)按式(6-16)或式(6-17)组建误差方程式为 $C\Delta - L = V$。

4)构建法方程

按最小二乘法原理,构建法方程为 $\boldsymbol{C}^{\mathrm{T}}\boldsymbol{C}\Delta - \boldsymbol{C}^{\mathrm{T}}L = 0$。

5)计算外方位元素的改正数

求解法方程,解算外方位元素的改正数($\mathrm{d}X_S, \mathrm{d}Y_S, \mathrm{d}Z_S, \mathrm{d}\varphi, \mathrm{d}\omega, \mathrm{d}\kappa$),即有 $\Delta = (\boldsymbol{C}^{\mathrm{T}}\boldsymbol{C})^{-1}\boldsymbol{C}^{\mathrm{T}}L$。

6)按照式(6-21)计算像片外方位元素的改正值

重复步骤3)至6)的计算,直至外方位元素改正数的绝对值小于限差为止。

6.6 DEM和单像测图

利用共线条件方程,在已知像点坐标情况下,结合地面点 Z 坐标,可以确定该地面点准确平面位置(X,Y),这里 Z 坐标通常由地面点所在区域DEM数据获取,上述过程正是单像测图的原理。

6.6.1 DTM、DEM和DSM

数字地面模型(Digital Terrain Model,DTM)是地形表面形态等多种信息的一个数字表示。严格地说,DTM是地形、重力、地球磁力、资源、环境、土地利用、人口分布等多种信息的定量或定性描述。

DEM是DTM的地形分量,即高程信息,表示实际地形特征空间分布的模型,是对地形形状、大小和起伏的数字描述。数字表示为区域 D 上的三维数字向量序列$\{V_i=(X_i,Y_i,Z_i),i=1,2,\cdots,n\}$,其中$(X_i,Y_i)\in D$是平面坐标,$Z_i$ 是(X_i,Y_i)点对应的高程。DEM可以真实完整地反映地表形态,通过它能够生成等高线、三维立体图,进行坡度、坡向、坡面、通视等分析计算。

数字表面模型(Digital Surface Model,DSM)是指包含地表建筑物、桥梁和树木等高度的地面DEM。它是在DEM基础上,进一步涵盖了除地面以外的其他地表信息的高程,用于表示最真实地面起伏情况,如检测森林生长、检查城市的发展情况。图6-17所示为DEM和DSM的对比。

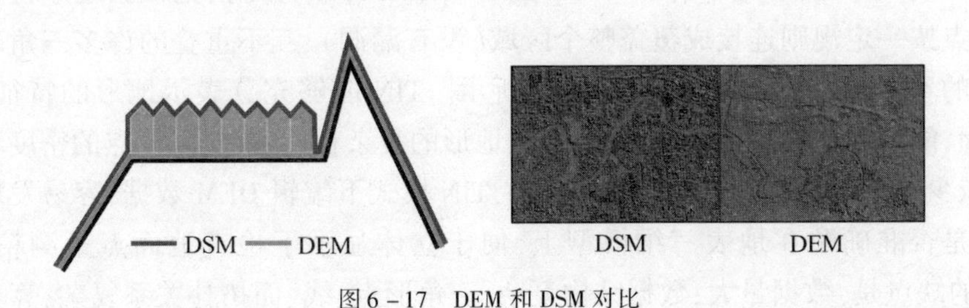

图6-17 DEM和DSM对比

6.6.2 DEM数据结构

1. 规则格网

规则格网(Regular Grid)的定义是用一系列在 X,Y 方向上都是等间隔排列

的地形点的高程值 Z 表示地形，形成一个矩形格网的 DEM。其实质是利用一个一个小方格，每个小方格上标识出高程，小方格的长度就是 DEM 的空间分辨率。如图 6－18 所示，规则格网中任意一个点的平面坐标可根据该点在 DEM 中的行列号及存放在该文件头部的基本信息推算出来。这些基本信息应包括 DEM 起始点（一般为左下角）坐标（X_0，Y_0），DEM 格网在 X 方向与 Y 方向的间隔 ΔX，ΔY 及 DEM 的行列数 I，J 等。规则格网优点是：数据结构、拓扑关系简单；存储量小（可进行压缩）；便于计算机存取和管理；算法实现容易。其缺点也比较突出：数据量大；地形平坦地区存在大量数据冗余；有时不能准确表示地形的突变以及地形西部结构和特征。

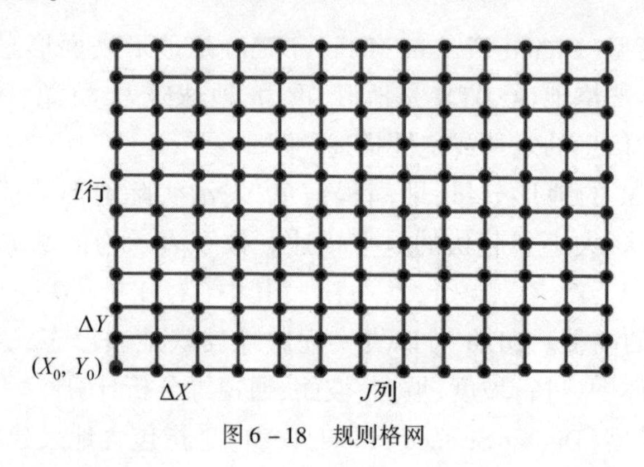

图 6－18　规则格网

2. 不规则三角网

不规则三角网（Triangulated Irregular Network，TIN）是指把根据地形特征采集的点按一定规则连接成覆盖整个区域（没有漏洞）、互不重叠的许多三角形所构成的不规则的三角网，如图 6－19 所示。TIN 能够充分表示地形的特征点、线、面，能精细地描述地形特征；可根据地形的复杂程度，确定采样点的密度和位置，减少较平坦地区的数据冗余。另外，TIN 模式下编辑 DEM 数据，容易发现特征点是否准确贴在地表三维模型上，便于立体显示下检查地面点量测精度。TIN 的缺点是：数据量大；数据结构复杂；三角形点、线、面拓扑关系复杂；算法实现复杂；管理不便。

3. Grid－TIN

顾及 Grid 和 TIN 的优缺点，可以考虑使用 Grid－TIN 混合结构，一般地区使用 Grid 结构，沿地形特征附加 TIN 结构，如图 6－20 所示。

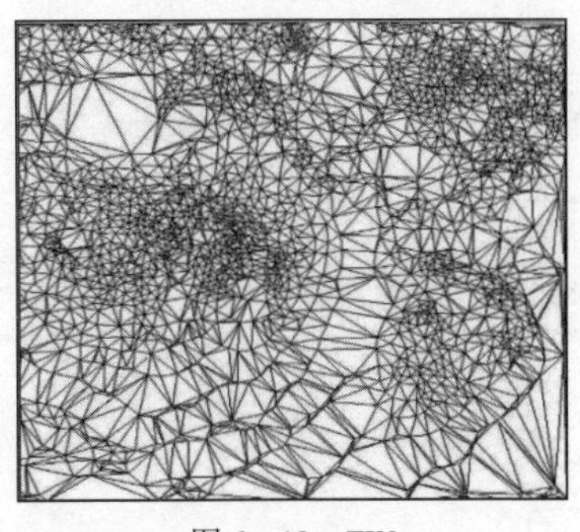

图 6-19 TIN

图 6-20 Grid-TIN

6.6.3 DEM 数据获取

在 DEM 的建立过程中,在测区范围内采集一定数量控制点的三维坐标,以这些控制点为框架,用一定数学模型拟合,内插大量的高程点,建立符合要求的 DEM 模型。常用的 DEM 获取方法有以下几种。

1. 野外实测方法

野外实测方法就是采用地形测量的方法,把所有量测的细部点的坐标输入计算机中,获取数字 DEM 模型原始数据。该方法特点有:精度最高;适合范围小的地区,使用经纬仪、全站仪、GPS 等仪器设备,选用沿地形线或等高线量取地貌特征点的采点方式;测量效率很低,不适用于建立大面积 DEM 模型。

2. 摄影测量方法

以航空(或航天)摄影测量立体像对为数据源的数据采集方法,在现代数字摄影测量应用中,DEM 的生成一般是人工和半自动相结合的方式。该方法特点有:自动化程度高;精度高;要求有立体像对和专业软件和设备。摄影测量方法获取 DEM 数据流程如图 6-21 所示。

3. 地图数字化方法

以地形图为数据源的数据采集方法,就是把已有地形图进行数字化。该方法特点有:易于实现;资料来源容易;速度慢,人工劳动强度大,所采集的数据精度难以保证。地图数字化方法获取 DEM 数据流程如图 6-22 所示。

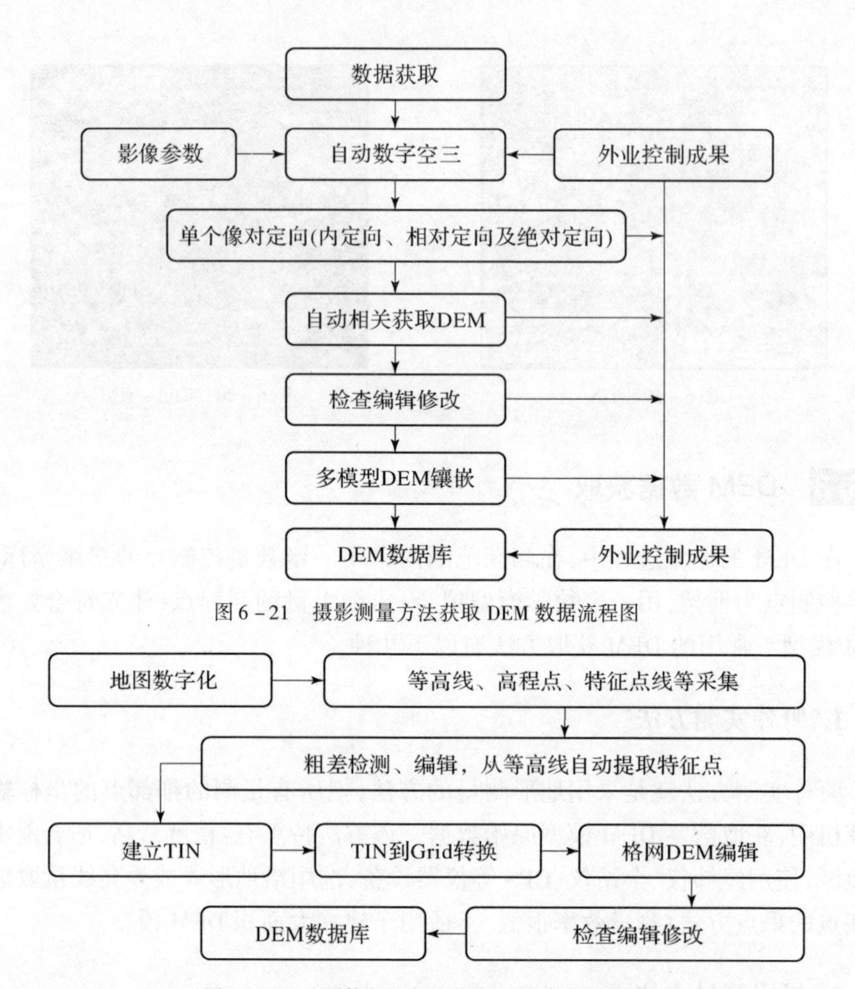

图 6－21　摄影测量方法获取 DEM 数据流程图

图 6－22　地图数字化方法获取 DEM 数据流程图

4. 干涉合成孔径雷达(INSAR)方法

该方法是利用两个不同天线位置对同一区域观测得到的雷达数据,根据数据记录的相位和强度信息,结合雷达传感器自身的参数、平台姿态以及轨道等信息,利用几何关系进而获取该地区的地形信息。该方法是 DEM 数据采集技术的一大进步。

5. 激光扫描技术(LIDAR)方法

将 GPS、惯性导航系统(INS)和激光扫描测距仪进行集成,组成机载激光扫描系统,系统发出激光信号,经由地面反射后到系统的接收器,通过计算发射信号和反射信号之间的相位差，得到地面的地形信息。这种方法的最大优势在于能准实时地获取 DEM，而无须地面控制点的支持。该方法示意图如图 6－23 所示。

图 6－23　激光扫描技术获取 DEM 方法示意图

6.6.4　单像测图原理

单像测图是以单张数字影像为基础，在已知地貌数据的条件下，用计算机进行分析和处理，确定被摄物体的形状、大小、空间位置及其性质的过程。单像测图是地形图获取地物要素的重要来源之一。单像测图采用的数字影像既可以是中心投影的原始像片，也可以是纠正后的 DOM。单像测图主要用于 DLG 的生成、目标图的制作、地形图更新、专题图制作等。

1. 基本原理

单像测图就是利用影像上的像点来确定相应地面点位置的过程，具体来说就是利用共线条件方程根据像点坐标(x,y)以及相应地面点的高程 Z、像片的内外方位元素，来确定地面点的平面坐标(X,Y)。如果使用的数字影像是中心投影的原始像片，是无法直接从像点坐标得到对应地面点坐标的，则需要 DEM 或 DSM 的支持。如果使用的数字影像是纠正后的 DOM，则可直接从像点坐标得到对应地面点坐标。单像测图计算过程如图 6－24 所示。

给定(x', y')
计算(x, y)
给定Z_0
计算(X, Y)
内插Z
$(Z-Z_0)$<限差？
用Z代替Z_0
得出(X, Y)

图 6－24　单像测图计算过程

2. 单像测图流程

单片测图流程主要包括测区准备、影像定向、数据采集、成果检查和成果输出等。

(1)测区准备。

建立测区总目录,将测区参数、影像数据、控制点数据等已知数据导入测区中。测区参数主要包含内方位元素、成图比例尺、基本等高距等参数。影像数据可以通过影像导入模块导入测区中。控制点文件可以通过控制点模块导入测区中。

(2)影像定向。

影像定向的目的是确定像片的内方位、外方位(摄影机在获取像片时的位置和姿态信息),可以通过内定向和单像空间后方交会完成。

(3)数据采集。

数据采集主要包括属性数据、空间位置数据、拓扑关系等数据。属性数据是描述地物的类别、数量、级别等特征的数据;空间位置数据是描述地物真实地理坐标的数据;拓扑关系是地形图上点、线、面状要素之间关联、邻接、包含等空间关系的数据。数据采集流程主要包括地物属性编码输入、地物量测、地物编辑等。

(4)成果检查。

成果检查主要包括文件名及数据格式的检查、平面精度、高程精度、属性检查等。在文件名及数据格式的检查中,需要检查文件名命名格式、数据格式是否符合要求。对于平面精度及高程精度,应在每幅图上均匀选取随机分布的明显地物点20个以上进行精度检查。在属性检查中,需要检查各个层的名称是否正确、是否有漏层,然后逐层检查各属性表中的属性项类型、长度、顺序等是否正确,有无遗漏。

(5)成果输出。

完成单片测图后,应按照相关要求将有关成果及过程文件提交留存。图6-25为单像测图采集的DLG成果示例。

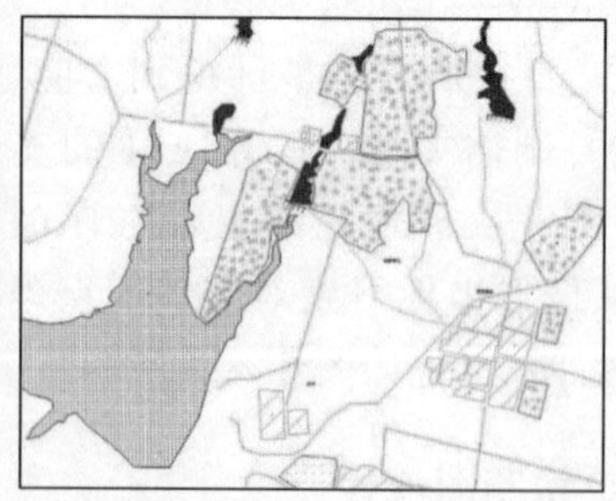

图6-25　单像测图采集的DLG成果示例

1. 什么是共线条件方程？该方程中的各字符表示什么含义？该方程有哪些应用？

2. 什么是倾斜误差？倾斜误差有哪些基本特征？

3. 什么是投影误差？投影误差有哪些基本特征？

4. 像点坐标的系统误差有哪些？哪个因素不影响构像光线的直进？

5. 内定向的定义？内定向有哪两个目的？内定向的步骤是哪些？

6. 什么是单像空间后方交会？该过程对控制点的要求是什么？描述其具体求解过程。

7. 什么是 DEM？DEM、DTM 和 DSM 三者之间的区别是什么？

8. DEM 的数据结构有哪些？

9. DEM 的获取方式有哪些？

10. 单像测图的原理和流程分别是什么？

第7章

立体遥感测绘作业理论

单像测图不能解决空间目标的三维坐标测定问题。三维坐标的量测可依靠由不同摄站摄取的、具有一定影像重叠的两张像片解析为基础的立体遥感测绘来实现。由不同摄站摄取的、具有一定影像重叠的两张像片称为立体像对,如图7-1所示。以立体像对解析为基础的摄影测量称为立体(或双像)遥感测绘。立体遥感测绘是以立体像对为基础,通过对立体像对的观察和量测确定所摄目标的形状、大小、空间位置及性质的一门技术。

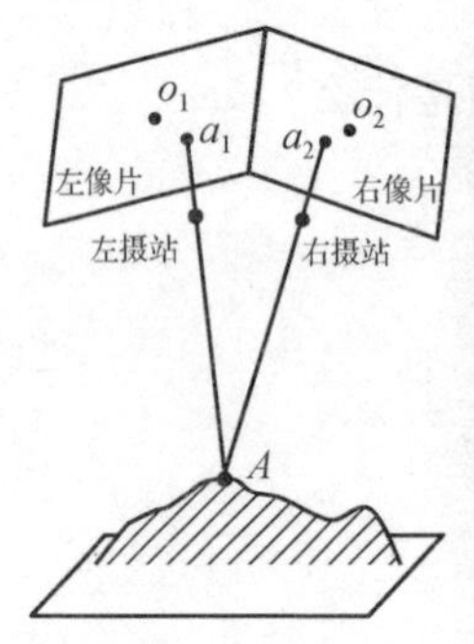

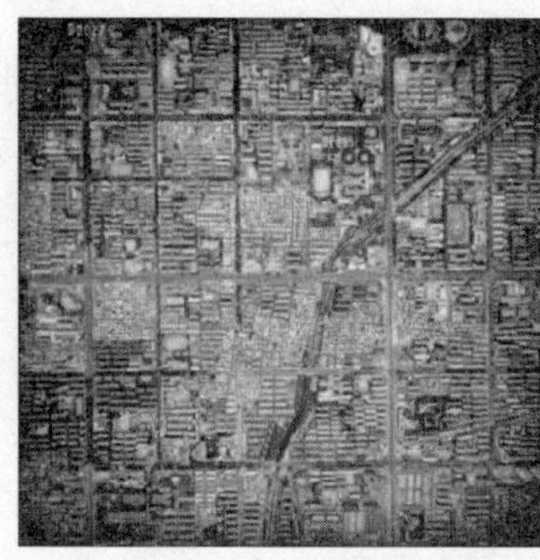
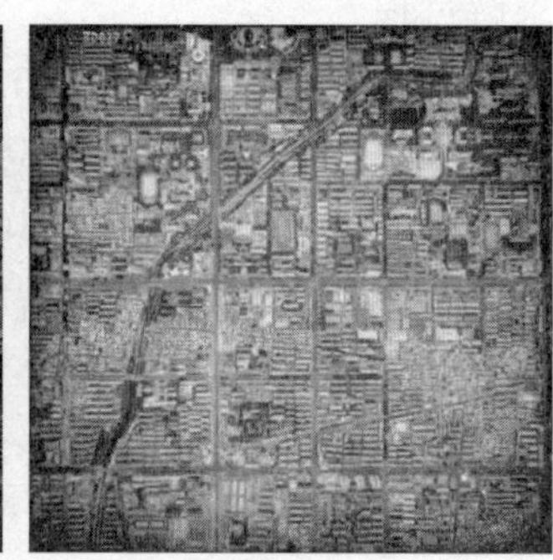

图7-1　立体像对(见彩图)

7.1　立体像对基本知识

7.1.1　立体像对中的重要点、线、面

如图7-2所示,P_1,P_2是不同摄站摄取的、具有一定影像重叠的两张像片,S_1,S_2为两个摄站,脚标1、2表示左、右含义。S_1,S_2的连线称为摄影基线,记作B。空间点A的投射线AS_1和AS_2称为同名光线或相应光线,同名光线分别与两像面的交点a_1、a_2称为同名像点或相应像点。显然,处于摄影位置时同名光线在同一个平面内,即同名光线共面,这个平面称为核面。广义地说,通过摄影基线的平面都可以称为核面,通过某一空间点的核面则称为该点的核面,例如通过

空间点 A 的核面就称为 A 点的核面，记作 W_A。因此，在摄影时所有的同名光线都处在各自对应的核面内，即摄影时各对同名光线都是共面的，这是立体像对的一个重要几何概念。

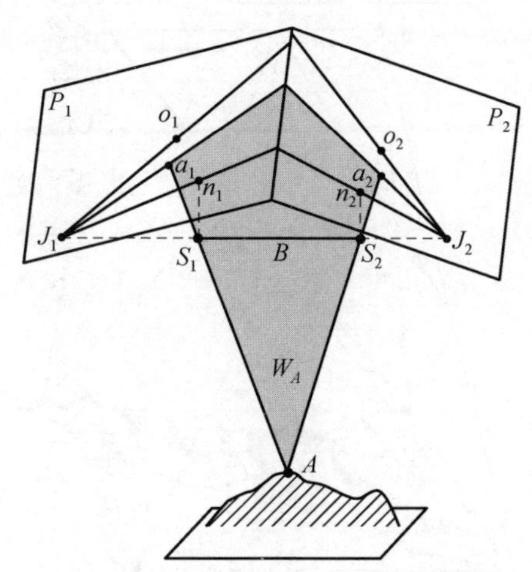

图7－2　立体像对中的重要点、线、面

通过像底点 n 的核面称为垂核面，因为左右片的底点光线是平行的，因此一个立体像对只有一个垂核面。过像主点 o 的核面称为主核面，由于两主光轴一般不在同一个平面内，因此左右主核面一般是不重合的，主核面有左主核面和右主核面之分。

基线或其延长线与像面的交点称为核点，图中 J_1，J_2 分别是左、右像片上的核点。核面与像面的交线称为核线，与垂核面、主核面相对应有垂核线和主核线。同一个核面对应的左右像片上的核线称为相应核线，相应核线上的像点一定是一一对应的，因为它们都是同一个核面与空间物体切口线上的点的构像。由此得知，任意空间点对应的两条核线是相应核线，左右像片上的垂核线也是相应核线，而左右主核线一般不是相应核线。由于所有核面都通过摄影基线，而摄影基线与像面相交于一点，即核点，因此像面上所有核线必会聚于核点。核点就是空间一组与基线方向平行的直线的合点。

7.1.2　几何模型的概念

与立体像对等效的重要观念是几何的立体模型，简称为几何模型。几何模型源于摄影过程的几何反转。摄影过程是在一定的内外方位元素之下将被摄物体转化为像片或立体像对。反过来，如果把已取得的立体像对放到摄影时的位置，并用原摄影机、原摄影姿态把所有像点向空间反转投射出来，则同名光线便相交于原空间点上，这个过程便称为摄影过程的几何反转。无数这样相交的点便形成一个实地等大的空间模型,如图7-3所示。

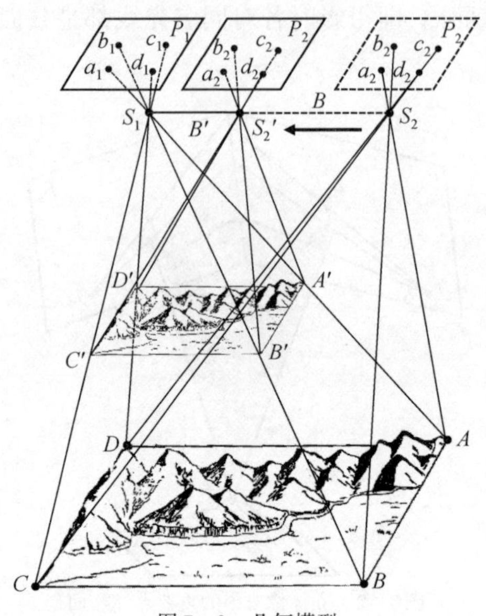

图7-3　几何模型

几何模型定义为:根据摄影过程的几何反转原理,恢复了立体像对的内方位和相对方位后,所有同名光线成对相交,由无数同名光线相交交点构成的与实地相似的几何表面称为几何模型。

从解析关系来看,利用共线条件方程式(6-7),可得到立体像对左、右像片各自的构像方程,对左片可得到

$$\begin{cases} X - X_{S_1} = (Z - Z_{S_1}) \dfrac{a_1 x_1 + a_2 y_1 - a_3 f}{c_1 x_1 + c_2 y_1 - c_3 f} \\ Y - Y_{S_1} = (Z - Z_{S_1}) \dfrac{b_1 x_1 + b_2 y_1 - b_3 f}{c_1 x_1 + c_2 y_1 - c_3 f} \end{cases} \tag{7-1}$$

对右片又可得到

$$\begin{cases} X - X_{S_2} = (Z - Z_{S_2}) \dfrac{a_1' x_2 + a_2' y_2 - a_3' f}{c_1' x_2 + c_2' y_2 - c_3' f} \\ Y - Y_{S_2} = (Z - Z_{S_2}) \dfrac{b_1' x_2 + b_2' y_2 - b_3' f}{c_1' x_2 + c_2' y_2 - c_3' f} \end{cases} \tag{7-2}$$

当内外方位元素均得到恢复时,则式(7-1)和式(7-2)中 X_{S_1},Y_{S_1},Z_{S_1},X_{S_2},Y_{S_2},Z_{S_2} 以及 a_i,b_i,c_i,a_i',b_i'、c_i' 均为已知,这时给出同名像点坐标(x_1,y_1)、(x_2,y_2),由4个方程便可求得地面点坐标(X,Y,Z)三个未知数。

从模拟解算角度来看,这个设想可以在缩小空间模型比例尺的条件下实现。如图7-3所示,把右投影中心 S_2 连同右像片 P_2(右光束)一起,沿摄影基线 B

平移至 S_2'，则随着基线缩短为 B'，新建模型的比例尺也缩小为 B'/B，即 $1/M' = B'/B$，M'表示模型比例尺分母。由于一个立体像对的摄影基线是定值，因此改变模型基线的大小就可改变模型比例尺。

通过上面的分析可以看出，利用立体像对的相应像点确定它所对应的空间点的三维坐标可以采用两种思路：一种是恢复立体像对两张像片的内、外方位元素，建立与实地方位、大小、形状等都完全一致的几何模型来确定空间点的三维坐标；另一种是首先恢复立体像对两张像片的内方位和相对方位元素，建立与实地形状相似的几何模型，然后通过恢复该几何模型与实地的方位与比例关系来确定空间点的三维坐标。

7.1.3 标准式像对

摄影基线水平的两张水平像片组成的立体像对称为标准式像对。由于通过以像主点为原点的像平面坐标系的坐标轴方向的选择，可以使这种像对的两个像空间坐标系、基线坐标系（以摄影基线作为 X 轴）与地辅系之间的相应坐标轴平行，因此两个像空间坐标系和基线坐标系各轴均与地辅系相应轴平行的立体像对称为标准式像对。标准式像对又称为理想像对，在实际的动态摄影中是不存在的，最接近标准式像对的是近似垂直摄影像对。标准式像对的几何关系简单、清楚，对于建立立体摄影测量概念十分有利。实际工作中，将非标准式像对改化为标准式像对处理，也是立体摄影测量中的一个重要途径。

标准式像对两张像片的外方位元素如下。

左片：$X_{S_1}, Y_{S_1}, Z_{S_1}, \varphi_1 = 0, \omega_1 = 0, \kappa_1 = 0$。

右片：$X_{S_2} = X_{S_1} + B, Y_{S_2} = Y_{S_1}, Z_{S_2} = Z_{S_1}, \varphi_2 = 0, \omega_2 = 0, \kappa_2 = 0$。

两个像空系的旋转矩阵都是单位矩阵，对左片旋转矩阵 $\boldsymbol{R}$ 中 $a_1 = b_2 = c_3 = 1$，其他的方向余弦为0；对右片旋转矩阵 $\boldsymbol{R}'$中 $a_1' = b_2' = c_3' = 1$，其他为0。

为区别于一般像对，将标准式像对的像坐标记作 x_1^0、y_1^0、x_2^0、y_2^0，推导可知 $y_1^0 - y_2^0 = 0$，$y_1^0 - y_2^0$ 是标准式像对上同名像点的纵坐标差，称为标准式像对的上下视差，记作 q^0。相应像点的上下视差为0，是标准式像对的一个重要特征。对于一般像对，同名像点的纵坐标差称为上下视差，记作 q，即 $q = y_1 - y_2$。上下视差是双像摄影测量重要概念之一。

另外，推导可得 $x_1^0 - x_2^0 = Bf/H$，$x_1^0 - x_2^0$ 是标准式像对上同名像点的横坐标差，称为标准式像对的左右视差，记作 P^0。标准式像对上同名像点的左右视差等于按该点像比例尺化算的摄影基线长度，这便是 P^0 的几何意义。对于一般像对，同名像点的横坐标差称为左右视差，记作 q，即 $q = y_1 - y_2$。

设起始基准面相对航高为 H_1，起始面上的点的左右视差为 P_1^0，地物高差为 $\Delta h = H_1 - H$，通过图7－4标准式像对中的几何关系可以得到

$$\Delta h = \frac{\Delta P^0}{P^0 + \Delta P^0} H_1 \tag{7-3}$$

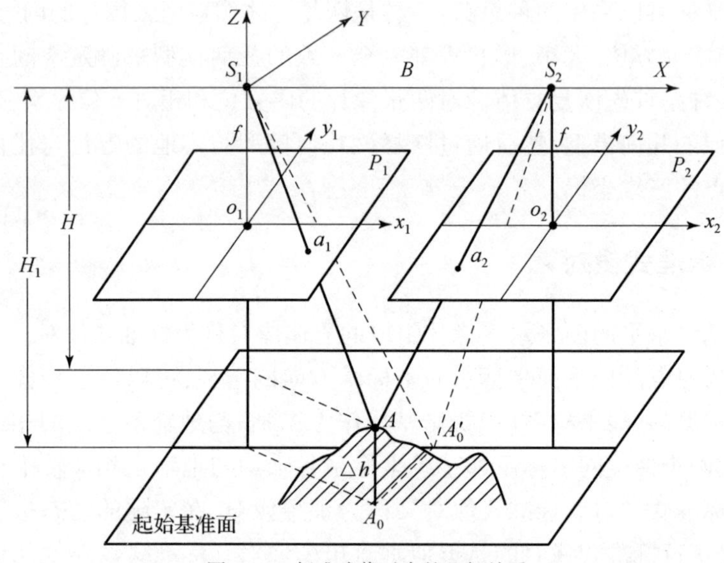

图7－4　标准式像对中的几何关系

式(7－3)是由标准式像对计算地面点间高差的公式，是立体摄影测量中的重要公式之一。它的反算式是

$$\Delta P^0 = \frac{\Delta h}{H_1 + \Delta h} P_1^0 \tag{7-4}$$

式(7－3)和式(7－4)中，$\Delta P^0 = P^0 - P_1^0$ 称为标准式像对上两对同名点间的左右视差较，它是地面高差的反映。对于一般像对则可写出 $\Delta P = P - P_1$，ΔP 称为两对同名点间的左右视差较。

7.2　立体像对方位元素

一张像片的外方位元素有6个，立体像对两张像片的外方位元素共有12个，因此12个外方位元素就可以确定立体像对在物方空间对于所摄物体的位置关系。在已知像片内方位的基础上，确定立体像对在物方空间对于所摄物体的位置关系有两种方法：一种方法是通过确定立体像对两张像片的12个外方位元素来实现；另一种方法是通过确定另外两组方位元素来实现。这两组元素分别

确定了立体像对的内在几何关系和外在几何关系。所谓内在几何关系,就是指同名光线共面,也就是说只要恢复了立体像对两张像片的内方位和立体像对内在的几何关系,所有同名光线都成对共面相交,即可以建立起几何模型。该模型的大小是任意的,在物方空间的方位也是任意的。所谓外在几何关系,就是指恢复了内在几何关系的立体像对(几何模型)在物方空间对于所摄物体的关系。这两种元素就是立体像对的相对方位元素和绝对方位元素,统称为立体像对的方位元素。

当两张像片的内外方位元素都得到恢复时,空间点的核面便得到恢复,两张像片的所有同名光线分别位于各自的核面内。这时便形成了空间位置正确、可供量测的几何模型。如果只考虑几何模型的构成,而不考虑几何模型的空间方位和大小,那么只要恢复两光束的内方位元素和相对方位元素,使所有同名光线都成对相交就可以了,并不需要恢复两像片的外方位元素。对建立的几何模型进行大地定向,恢复立体像对的绝对方位元素,便恢复了两像片全部外方位元素。这种把立体像对的空间方位元素分成两部分的办法,一直为立体摄影测量所采用。

7.2.1 立体像对相对方位元素

立体像对中两像片像空系之间的方位关系称为像对的相对方位,确定相对方位所需的元素称为相对方位元素。

随着坐标系的选择不同,相对方位元素有3种不同的系统。

1. 以地辅系为基础的相对方位元素系统

这个系统的相对方位元素以两张像片的外方位元素之差为基础,设在地辅系中两像片的外方位元素如下。

左片:$X_{S_1}, Y_{S_1}, Z_{S_1}, \varphi_1, \omega_1, \kappa_1$。

右片:$X_{S_2}, Y_{S_2}, Z_{S_2}, \varphi_2, \omega_2, \kappa_2$。

左右片外方位元素之差为$\overline{\Delta X_S} = X_{S_2} - X_{S_1}$,$\overline{\Delta Y_S} = Y_{S_2} - Y_{S_1}$,$\overline{\Delta Z_S} = Z_{S_2} - Z_{S_1}$,$\overline{\Delta\varphi} = \varphi_2 - \varphi_1$,$\overline{\Delta\omega} = \omega_2 - \omega_1$,$\overline{\Delta\kappa} = \kappa_2 - \kappa_1$,其中:$\overline{\Delta\varphi}$,$\overline{\Delta\omega}$,$\overline{\Delta\kappa}$可以确定右片像空系对左片像空系的角方位,它们是相对方位元素;而$\overline{\Delta X_S}$,$\overline{\Delta Y_S}$,$\overline{\Delta Z_S}$是3个基线分量,它们决定着摄影基线B在地辅系中的方向和长度。

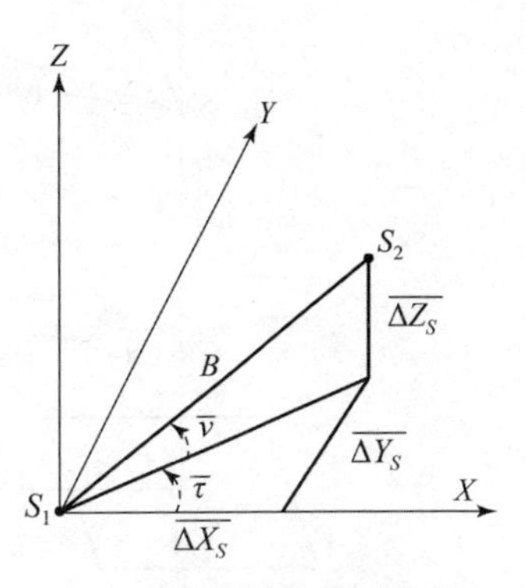

图7-5 以地辅系为基础的相对方位元素系统

由图7-5可知

$$B=\sqrt{\Delta X_S^2+\Delta Y_S^2+\Delta Z_S^2}$$

$$\tan\bar{\tau}=\frac{\Delta Y_S}{\Delta X_S}$$

$$\sin\bar{\nu}=\frac{\Delta Z_S}{B}$$

式中:B 为基线长度;$\bar{\tau}$ 为基线方位角;$\bar{\nu}$ 为基线倾斜角。基线长度 B 只确定模型比例尺,与同名光线是否相交无关,因此它不是相对方位元素。但是为保持同名光线相交,右光束只能沿基线方向移动,因此决定基线方向的两个角度 $\bar{\tau}$ 和 $\bar{\nu}$ 是相对方位元素。由此可以得出,在本系统相对方位元素是5个角元素,分别为

$$\bar{\tau},\bar{\nu},\overline{\Delta\varphi},\overline{\Delta\omega},\overline{\Delta\kappa}$$

其中,$\bar{\tau}$ 和 $\bar{\nu}$ 决定基线方向;$\overline{\Delta\varphi},\overline{\Delta\omega},\overline{\Delta\kappa}$决定右光束对左光束的旋转方位。

2. 以左片像空系为基础的相对方位元素系统

这个系统的相对方位元素与第一种系统类似,5个元素分别为

$$\tau,\upsilon,\Delta\varphi,\Delta\omega,\Delta\kappa$$

如图7-6所示,τ 为基线方向角,即基线在 x_1y_1 面上的投影与 x_1 轴的夹角;υ 为基线倾斜角,即基线与 x_1y_1 坐标面的夹角;$\Delta\varphi,\Delta\omega,\Delta\kappa$ 的定义方法与外方位角元素 α_x,ω,κ 相同,仅需以左像空系的平行坐标系代替地辅系 S_2-XYZ。

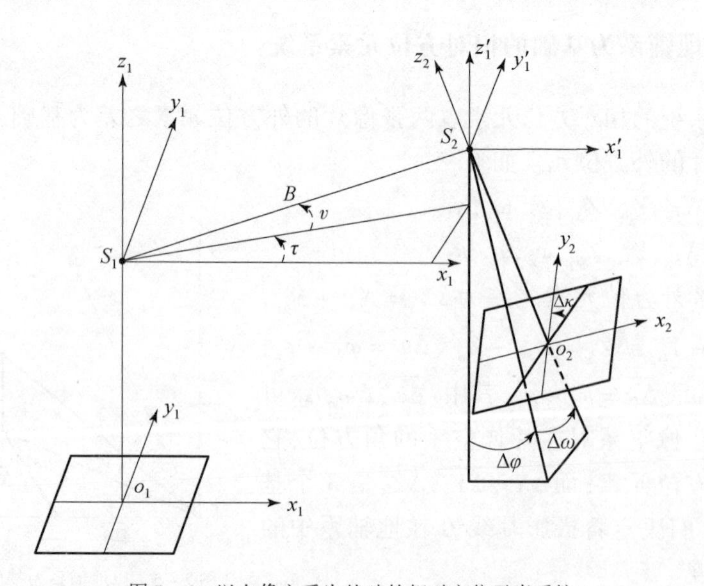

图7-6 以左像空系为基础的相对方位元素系统

5 个元素中 τ、υ 确定基线在左像空系 $S_1-x_1y_1z_1$ 中的方位，亦即确定了右投影中心 S_2 的移动轨迹；$\Delta\varphi,\Delta\omega$ 确定 z_2 轴（右片主光轴）在左像空系 $S_1-x_1y_1z_1$ 中的方向，$\Delta\kappa$ 确定右光束绕 z_2 轴的旋转，三者联合起来则确定右片像空系对左片像空系的角方位（或者右光束对左光束的角方位）。结合 τ、υ 则确定了右光束对左光束的相对方位。

该系统称为连续像对系统，是作业中常用的相对方位元素系统之一。该系统特点是固定一个光束，移动和转动另一个光束，即可确定两光束间的相对方位，构成几何模型。这个特点可用于建立航线几何模型，当固定第一张像片光束时，改动第二个光束可以建立航线的第一个单模型，然后固定第二个光束，改动第三个光束建立第二个单模型，依此类推，可连续建立整个航线的几何模型。这类相对方位元素系统也可以右片像空系为基础来建立。

3. 以基线坐标系为基础的相对方位元素系统

这个系统所使用的基线坐标系是一个以左摄站为原点，基线 S_1S_2 为 X^0 轴，左主核面为 X^0Z^0 面，Z^0 轴向上为正方向，Y^0 轴按右手规则确定的空间直角坐标系，如图 7－7 所示。

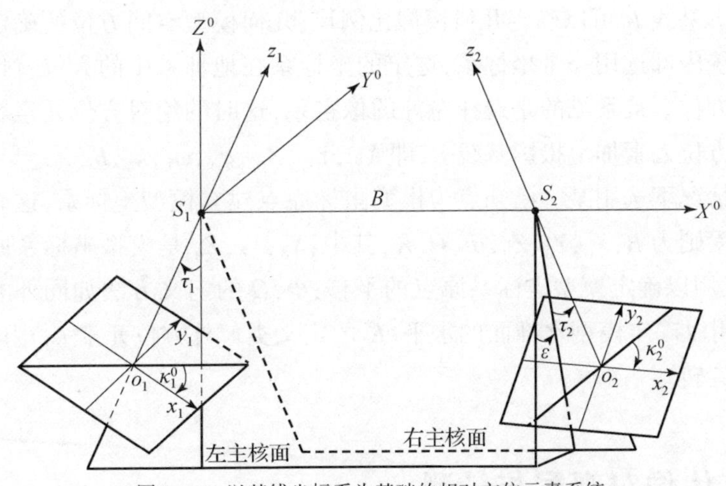

图 7－7　以基线坐标系为基础的相对方位元素系统

在这个坐标系中，两个像空系的相对方位是通过它们各自的旋转方位确定的，因为这时已不再需要确定基线的方位了。这个系统的相对方位元素有

$$\tau_1,\kappa_1^0,\varepsilon,\tau_2,\kappa_2^0$$

式中：τ_1 为 z_1 轴与 Z^0 轴的夹角（这个角度在左主核面上）；κ_1^0 为 X^0 轴在 x_1y_1 面上的投影与 x_1 轴的夹角；ε 为 z_2 轴在 Y^0Z^0 面上的投影与 Z^0 轴的夹角（也是左

右两主核面之间的夹角);τ_2 为 z_2 轴与 Y^0Z^0 面的夹角(这个角度在右主核面上);k_2^0 为 X^0 轴在 x_2y_2 面上的投影与 x_2 轴的夹角。前两个角是确定左像空系 $S_1-x_1y_1z_1$ 在基线坐标系中的角方位的,后三个角是确定右像空系 $S_2-x_2y_2z_2$ 在基线坐标系中的角方位的。

5 个元素的具体作用为:τ_1、ε、τ_2 分别确定 z_1 和 z_2 轴的方向的,即确定左右主光轴的方向;κ_1^0、κ_2^0 则分别确定 x_1y_1 和 x_2y_2 在自身平面内的旋转,即确定左右光束绕主光轴(z_1 和 z_2)的旋转。

该系统称为单独像对系统。该系统特点是在不改变两投影中心位置的情况下,通过两个光束的旋转确定相对方位,适用于单独立体像对的作业。该系统的转角系统与外方位角元素 α_y,φ,κ'相同。

7.2.2 立体像对绝对方位元素

在恢复了几何模型中立体像对相对方位元素的情况下,几何模型的比例尺和空间方位仍是未确定的,要确定它们则需要另外一组方位元素——绝对方位元素。确定几何模型的比例尺和它在物方空间坐标系中空间方位的元素,称为像对(或模型)的绝对方位元素,也可称为绝对定向元素。

用摄影基线 B 可以确定几何模型比例尺;几何模型空间方位的确定则需要在模型系统内部选用一个坐标系,选定的坐标系在地辅系中的方位就代表了几何模型的方位。最常见的是选择左片的像空系,这时的绝对方位元素就是左片的 6 个外方位元素加上摄影基线 B,即 $X_{S_1},Y_{S_1},Z_{S_1},\varphi_1,\omega_1,\kappa_1,B$。

一般情况下选用某一已知点为模型坐标原点建立模型坐标系,这时 7 个绝对方位元素则为 B,X_0,Y_0、Z_0,Φ,Ω,K,其中:X_0,Y_0,Z_0 是模型坐标系原点的地辅系坐标,用以确定模型坐标系原点的平移;Φ,Ω 的定义方法如同外方位角元素 α_x,ω,用以确定模型水准面的水平;K 的定义类似外方位元素 κ,用以确定模型的水平旋转。

7.3 立体像对观察与量测

立体遥感测绘是通过对立体像对的观察和量测来实现的。像对立体观察可以用人眼直接进行或者借助辅助工具来实现,目前也可以通过计算机视觉自动实现。像对立体量测是提取立体像对几何信息的基本手段,是立体摄影测量的一项基本技术。

7.3.1 视差理论

为什么人眼通过立体像对能观察到三维立体呢？首先要了解下人眼的构造。人眼由三层膜、水晶体和玻璃状体组成，如图7－8所示。三层膜是巩膜、脉络膜和视网膜，其中：巩膜保持眼睛为球状并保护眼球；脉络膜除给眼球供血外，在其前部逐渐加厚变成睫毛体和虹膜，虹膜中央有一小孔——瞳孔，瞳孔随光强变化而改变其大小，起着摄影机光圈的作用；脉络膜内是视网膜，视网膜共分10层，其中第二层受到刺激便产生视觉。视网膜中最重要的部分是黄斑，是视网膜上构像最清晰的部分。黄斑的中央是网膜窝，全部由直径最小的视锥组成，是视觉最敏感的部位。

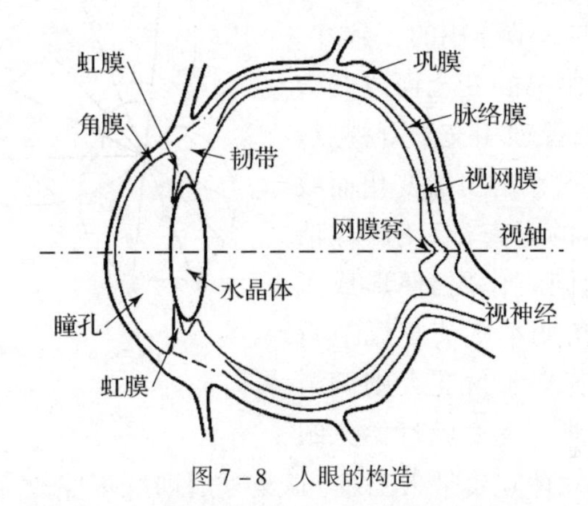

图7－8 人眼的构造

由上述眼睛构造可知，人的眼睛类似一部照相机，其中：水晶体是一个透明的可改变表面曲率的双凸透镜，它如同摄影机的变焦镜头；瞳孔如同摄影机光圈；视网膜相当于感光器件。眼睛的光轴是水晶体两曲率中心的连线，视轴则是水晶体的后节点与网膜窝中心的连线。光轴与视轴并不重合，两者有大约5°的夹角。眼睛有调节作用，在观察的目标远近发生变化时，眼睛能自然地改变水晶体的弯曲度，移动后节点的位置（改变焦距），使影像清晰地落在网膜窝上，这个作用称为眼的调节作用。

1. 单眼观察

单眼观察如同照相机拍摄一张像片，把空间立体的景物变成一个平面的构像，单眼观察只能感觉到物体的存在和判断物体的方向，但不能判别物体的远近。日常生活中用单眼观察产生的远近（景深差）感觉，是按照透视法则和生活经验，比较成像大小和明暗适度而得到的，并非真正的立体感。

2. 双眼观察

用一双眼睛同时观察景物称为双眼观察,在双眼观察下能感觉景物有远近凹凸的视觉,称为立体视觉。双眼观察对于确定观察目标的空间关系十分重要,它有许多重要特性。

(1)双眼观察时两视轴总是相交在凝视点处,称为双眼的交会作用。图7-9中F为凝视点,其构像在网膜窝中心f_1,f_2处,o_1,o_2是前节点,二者连线称为眼基线,其长度约为$b_e=58\sim72$mm。

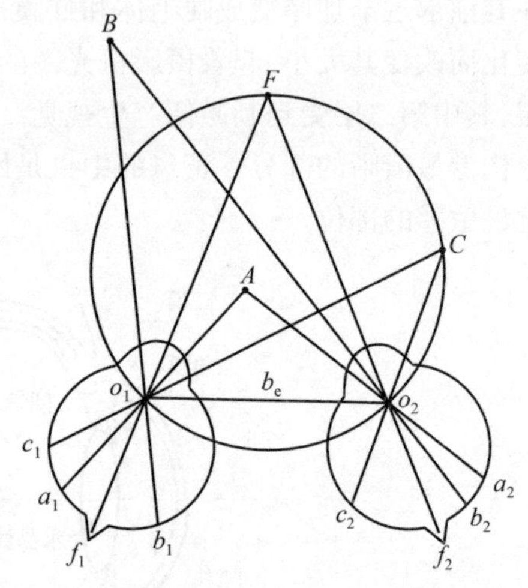

图7-9　双眼观察立体感的生理基础

(2)交会作用与调节作用的一致性。交会作用是随观察距离的变化而改变交向角的大小,以使两视轴相交于凝视点。调节作用则是随着观察距离的变化而改变后节点至网膜窝的距离,以使影像清晰。由于两者长期同时作用,便形成了一种习惯,即交向角变小则清晰调节自动移向远点,反之若交向角变大则调节作用自动使近点清晰。这个特性给人眼对立体像对的直接立体观察带来困难,非经专门训练不能改变这种交会与调节相统一的习惯。

(3)在两个网膜窝中形成的影像,能够在视觉中合并成一个空间影像。

(4)能够估计景深。

后两个特性涉及对称点、生理视差等概念。

3. 立体观察理论基础

所谓对称点,就是构像在网膜窝上并且对各自的网膜窝中心同侧等距离偏移的点,例如图7-9中的c_1,c_2,有$\overset{\frown}{f_1c_1}=\overset{\frown}{f_2c_2}$。相应视线相交的角度称为视差角,这时视差角$\gamma_C$和交向角$\gamma_F$是相等的,也可以认为$C$点和$F$点的观察距离是相等的。设网膜窝上向左偏离为正,且令η等于同名像点对应的两弧段之差(生理视差),则对称点的生理视差为0,即$\eta=\overset{\frown}{f_1c_1}-\overset{\frown}{f_2c_2}=0$。

对于A点,有$\overset{\frown}{f_1a_1}>0$,$\overset{\frown}{f_2a_2}<0$,显然$\overset{\frown}{f_1a_1}\neq\overset{\frown}{f_2a_2}$,这种对相应网膜窝中心的弧

距不相等的点称为非对称点,这时 $\eta \neq 0$,即对于 A 点有 $\eta = \widehat{f_1 a_1} - \widehat{f_2 a_2} > 0$。

A 点较凝视点 F 要近。若在 $\widehat{FC}$ 外更远处有一个点 B,则不难得出它对应的生理视差将小于0。生理视差 η 的正负是反映观察点比凝视点近和远的生理基础,因而也是形成立体感的生理基础。

像对的立体观察是立体摄影测量的基础技术手段。在对自然景物进行双眼观察时,产生立体感觉的原因是由景深差形成的生理视差。如果双眼分别观察了景物的透视像 P_1,P_2,而不观察景物实体,在两眼的网膜窝中也会产生同样的生理视差,因而也能产生立体感。图7-10表示了这种观察透视像代替观察景物实体产生立体感的情形。像对的立体观察正是这样,因为景深差(高差)在立体像对中表现为左右视差较,而当左、右眼分别对左、右像片进行观察时,左右视差较又转化为生理视差,从而在人眼中产生立体感。

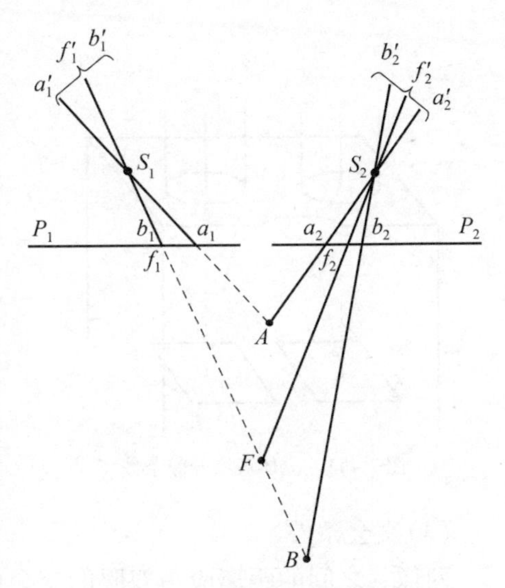

图7-10 像对立体观察的条件

7.3.2 像对的立体观察

1. 立体观察条件

并非所有对同一物体拍摄的两张像片都能形成人造立体视觉,根据对观察像对的要求以及双眼观察的诸多特性,可得出像对立体观察的基本条件。

(1)立体像对条件。

两张像片必须是一个立体像对,这是立体观察的基本条件。对于摄影像片需要由两个相邻摄站摄取同一景物的左右影像,即一个立体像对。

(2)分像条件。

分像条件是指一只眼睛只能观察立体像对中的一张像片,即两眼必须分别各看一张像片,必须分像,如图7-11所示。一般情况下,左眼看左像,右眼看右像。若通过裸眼看立体,则需要长时间训练。

(3)眼基线条件。

像片所放的位置必须使同名像点的连线与眼基线平行,即像片定向,以保证两视线在同一视平面内,如图 7 – 12 所示。由于在立体观察中,允许左视线和右视线所决定的视平面有一微小夹角,因此此条件有时可近似满足。

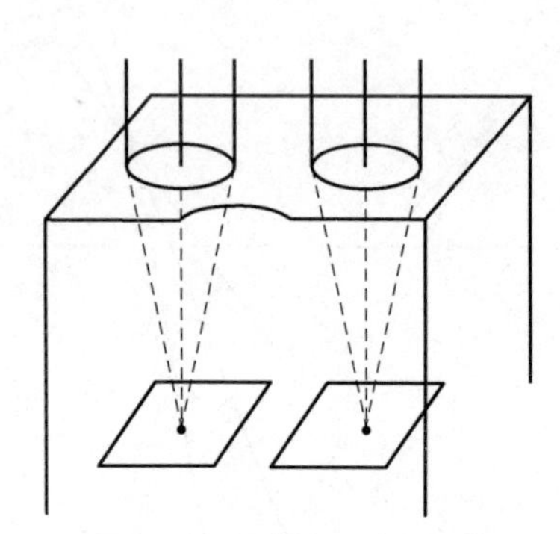

图 7 – 11 立体观察分像条件

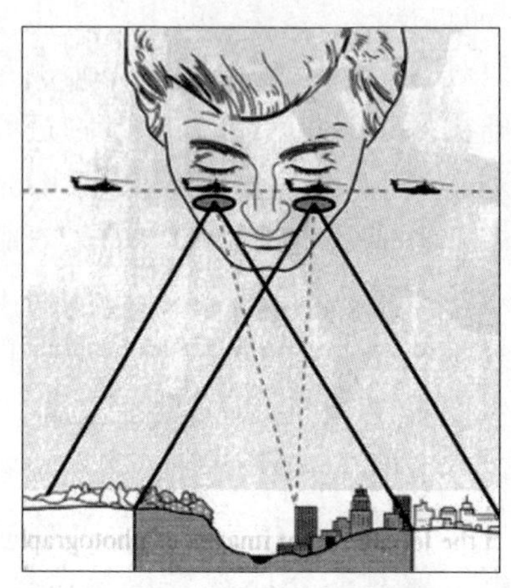

图 7 – 12 立体观察眼基线条件

(4)交会条件。

两像片之间的距离应与双眼的交会角相适应。放置左、右影像时,两者的距离要适当,如果距离太远,人眼交会不出立体感觉。

(5)比例尺条件。

在一个立体像对中,左、右影像的比例尺(或空间分辨率)要求基本一致,其差别一般不能大于 16%。如果比例尺差异太大,会造成地面点所对应的左、右同名像点寻找存在问题,进而降低了立体观测能力。

以上 5 个条件中,条件(1)和(5)只要严格按照航空摄影条件来拍摄一般都能满足;条件(3)和(4)是人眼观察中的生理方面要求,可通过左、右影像放置合适位置来满足要求;条件(2)是最难实现的,因为观察时要强迫两只眼睛只能分别观察一张像片才能得到立体,直接裸眼观察得到立体感觉是需要长时间训练的。为了便于观察,通常创造一些条件来改善视觉能力。

2. 分像方法

为了更好地满足立体观察中分像的条件,常用以下 4 种方法实现分像,帮助人眼顺利满足两眼分别只观察一张像片。

(1)立体观察工具。

为了克服分像的困难,提高立体观察能力,便于观察不同尺寸像片,像对立体观察通常要借助立体观察工具来进行。

常用的立体观察工具包括袖珍立体镜、反光立体镜以及立体量测观察系统。袖珍立体镜的结构简单，仅由支架和两凸透镜组成，如图7－13所示，支架高度接近于透镜焦距，两透镜间的距离通常可调，以适应观察者眼基线长短的差异。立体镜在实现分像的同时，由于透镜的作用，还使射入眼睛的成像光线接近平行，这就解决了人眼直接观察立体像对时存在的交会作用和调节作用的矛盾。反光立体镜便于像幅较大的航空摄影像对立体观察，这种立体镜在左、右光路中各加入一对反光镜起到扩大眼基线间距的作用，便于放置较大像幅的航空摄影像片，看到的模型起伏与实物差异较小，有利于高程测量，如图7－14所示。立体量测观察系统用两条分开的观测光路，将来自左、右像片的光线分别传送到观测者左、右眼睛，每条观测光路由物镜、目镜和其他光学装置组成，如图7－15所示，该立体观察系统常用于模拟和解析摄影测量仪器中。

图7－13　袖珍立体镜及其结构图

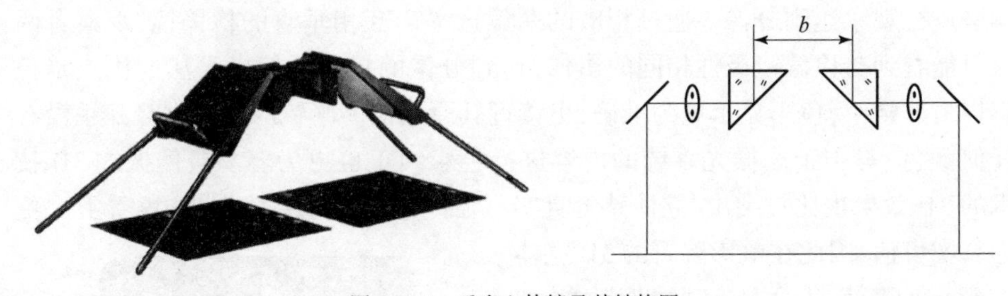

图7－14　反光立体镜及其结构图

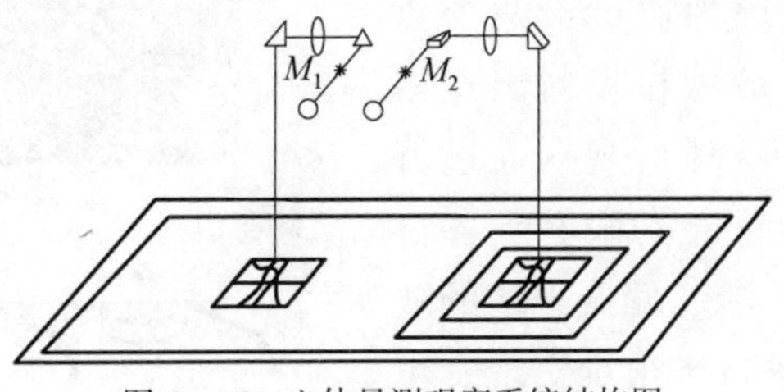

图7－15　立体量测观察系统结构图

(2)互补色法(或称色分法)。

互补色法是将立体像对的两张像片分别以互补色叠加显示在一起,观察者则通过补色眼镜观察,达到两眼各看一张影像的目的。通常使用的互补色是红色和蓝绿(青)色。在立体像对显示时,一张像片只保留R(红色)通道,另一张像片保留G、B(蓝色、绿色)通道。观察者通过相应补色的眼镜,戴红色镜片的眼睛只能看到R(红色)通道影像,而戴蓝绿(青)色镜片的眼睛只能看到G、B(蓝色、绿色)通道影像,这就达到了分像的目的。如图7-16所示,国产多倍仪采用该方法实现立体观察测图。

互补色法由于所观察的立体像对是重叠印刷或显示的,观察时不存在交会调节习惯的矛盾。互补色法分像是一个与观察者色感无关的物理过程,即使是色盲也能进行互补色的立体观察。目前仍有部分遥感影像、电影和游戏被制作成互补方式用于3D效果呈现。

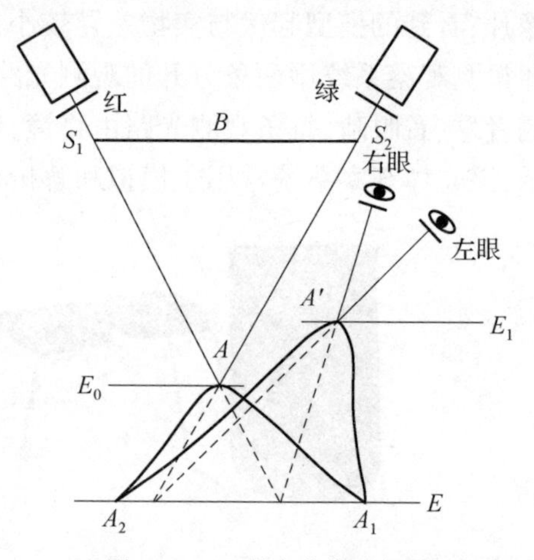

图7-16 互补色分像示意图

(3)偏振光法(或称光分法)。

偏振光法(光分法)主要是利用光的偏振性来解决左右眼显示不同内容,进而达到分像的目的。利用光的极化区分重叠投影的立体像对影像,通过检偏镜进行观察达到分像。通过相应的两偏振平面互相垂直的检偏镜,观察者两眼只能看到与检偏镜极性相同的影像,达到分像的目的。偏振光法的优点是色彩损失非常小,色彩显示更为准确,更接近其原始值。眼镜的透镜本身几乎没有任何颜色,对用于偏振光系统的内容进行色彩纠正也更为容易。偏振式3D技术的3D效果也比较突出,立体感觉真实。在一个偏振光系统中,肤色看上去更为真实可信,因此在电影院看的3D立体电影,通常使用的是偏振光模式,如图7-17所示,其原理为通过给两个放映机加装偏振片,让放映机投射出互相垂直的完全偏振光波,然后观众通过特定的偏振眼镜,就能让左右眼看到各自不同的画面而互不干涉。偏振光法的缺点是水平方向分辨率减半很难实现真正的全高清分辨率3D影像;另外,画面亮

图7-17 偏振光模式3D电影

度因偏振光原理受到损失,因此偏振光法3D技术对显示设备的要求较高。

(4)闪闭法(或称时分法)。

闪闭法是使用光闸使左右影像交替出现在屏幕上,观察者也通过光闸装置使左右眼交替观察屏幕影像。显然为达到分像目的,投影光路上与观察光路上的光闸必须同步工作。为了不产生闪烁的感觉,光闸启闭的频率必须足够高(每秒启闭35~50次),以使相邻两次影像出现的时间间隔远小于眼睛惰性形成的影像保留时间(约0.15s)。现在用的数字摄影测量工作站,通常由液晶立体眼镜、红外发生器、3D液晶显示屏和3D显卡组成,使用时,红外发生器的一端与3D图形显示卡相连,液晶显示屏按照一定的频率交替地显示左、右图像(如图7-18所示),红外发生器则同步地发射红外线,控制液晶立体眼镜的左右镜片交替闪闭,从而达到左右眼睛各看一张像片的目的。立体图像显示的屏幕必须支持120Hz刷新频率,目前市面上除了部分液晶显示屏支持闪闭立体显示外,还有部分投影仪(如图7-19所示)、LED 3D屏支持闪闭立体显示。

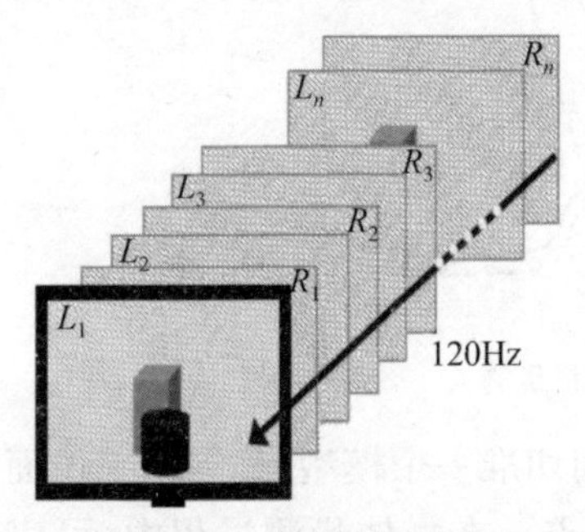

图7-18 闪闭法原理图

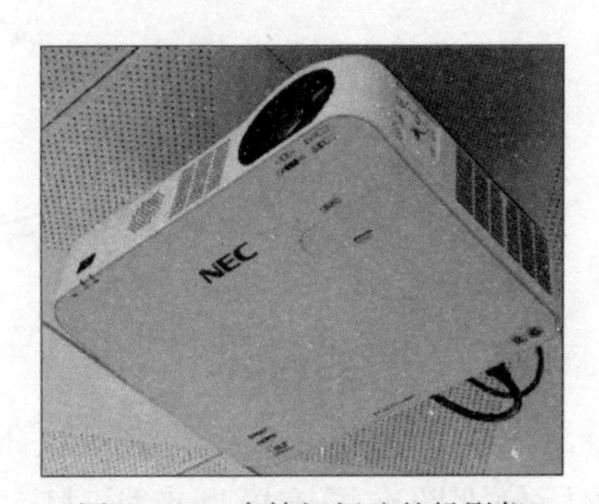

图7-19 支持闪闭法的投影仪

闪闭法的优点是:不需要贴偏光膜,可以杜绝画面的损失;可视角度不受限制,前后、左右、上下任何角度都能随意观看,更换角度对3D效果的损失较少。闪闭法的缺点是:受日光灯的影响;受同步信号的影响,如果同步信号接收不好或者丢失,会影响观看;快门式的闪烁会存在亮度的衰减;眼镜必须是带电源以及控制芯片,相对会重一些。

7.3.3 像对立体量测

像对的立体量测是在立体观察条件下,实施像点的坐标量测、像对的左右视差和左右视差较量测以及上下视差量测的过程。像对的立体量测是提取立体像对几何信息的基本手段,是立体摄影测量的一项基本技术。

在已定向的立体像对上的某一对同名像点处,用两个形状相同的很小的点标志取代同名像点,那么在立体观察之下这两个点标志便会凝合成为一个空间的点标志,并且是和立体模型相切的。图 7-20 中的模型点 A 处是测标与模型点相切的情形,图中 T 形的下端点代表点标志。如果沿左右视差方向改变两个点标志之间的距离,那么在立体观察之下它们也会凝合成一个空间的点标志,只是它将浮在模型上空或沉入模型之下而不再与模型相切,如图 7-20 中的 B、C 点所示。如果使两个点标志在像平面上共同移动,再随时改变两标志间的距离,那么在模型空间就可以看到一个浮动点标志。这个点标志可以遍历模型空间的所有点处,自然可以对准任意的模型点。在像片上则意味着两个点标志可以照准任意的同名像点。将这样的点标志结合到量测设备上,便可以量测同名像点的坐标,因此这样的点标志称为测标。

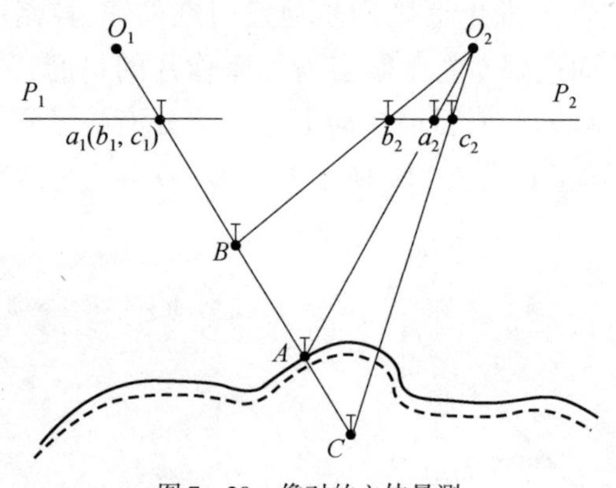

图 7-20　像对的立体量测

由上面的分析可知,浮动测标在模型空间切准一个模型点,等同于像面上两个测标分别照准了该模型点所对应的同名像点。在立体量测过程中,可以通过测标与像片之间的相对移动量来确定相应像点的像坐标。

7.4　相对定向

解算立体像对相对方位元素的工作称为相对定向。相对定向方程的建立、相对方位元素的解算等是相对定向理论要解决的问题。

7.4.1　共面条件方程

在恢复了像对相对方位元素时,同名投影光线将在各自的核面内对对相交,即同名投影光线与基线应该共面,表达这个条件的方程便是共面条件方程。

图 7-21(a)表示恢复了立体像对相对方位元素后的情形。其中,S_1 和 S_2 表示左、右投影中心;a_1,a_2 是地面点 A 在左、右片上的同名像点。

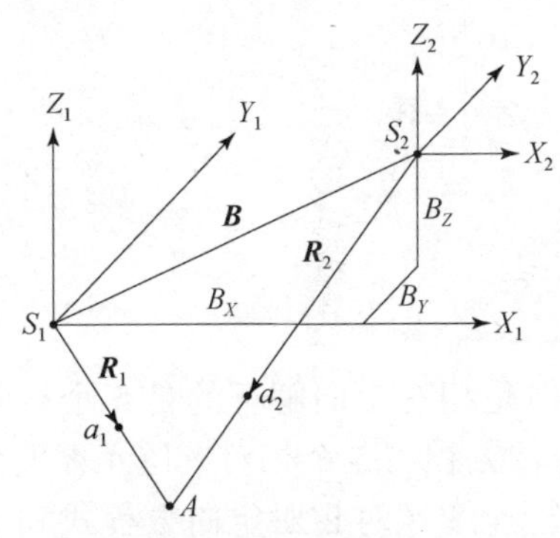

(a) 连续像对系统共面条件

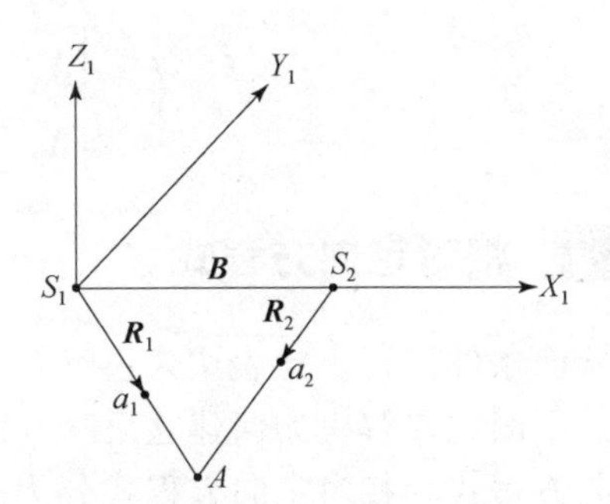

(b) 单独像对系统共面条件

图7-21　共面条件方程示意图

在图7-21(a)中，$S_1-X_1Y_1Z_1$ 为以左摄站为原点的摄影测量坐标系统，$S_2-X_2Y_2Z_2$ 为以右摄站为原点，各坐标轴都与 $S_1-X_1Y_1Z_1$ 各轴平行的另一摄影测量坐标系统，设：像点 a_1 在 $S_1-X_1Y_1Z_1$ 中的坐标为 (X_1,Y_1,Z_1)；像点 a_2 在 $S_2-X_2Y_2Z_2$ 中的坐标为 (X_2,Y_2,Z_2)；S_2 在 $S_1-X_1Y_1Z_1$ 中的坐标为 (B_X,B_Y,B_Z)；基线向量 S_1S_2 为 $\boldsymbol{B}$；左投影向量 S_1a_1 为 $\boldsymbol{R}_1$；右投影向量 S_2a_2 为 $\boldsymbol{R}_2$。共面条件方程的基本形式是基线向量 $\boldsymbol{B}$ 与左右投影向量 $\boldsymbol{R}_1$、$\boldsymbol{R}_2$ 的混合积等于零，即

$$\boldsymbol{B}\cdot(\boldsymbol{R}_1\times\boldsymbol{R}_2)=0 \tag{7-5}$$

$\boldsymbol{B},\boldsymbol{R}_1,\boldsymbol{R}_2$ 在所建立的摄影测量坐标系统 $S_1-X_1Y_1Z_1$ 中的坐标分别为 (B_X,B_Y,B_Z)，(X_1,Y_1,Z_1)，(X_2,Y_2,Z_2)，相应于式(7-5)的坐标表达形式为

$$F=\begin{vmatrix} B_X & B_Y & B_Z \\ X_1 & Y_1 & Z_1 \\ X_2 & Y_2 & Z_2 \end{vmatrix}=0 \tag{7-6}$$

$$\begin{bmatrix} X_1 \\ Y_1 \\ Z_1 \end{bmatrix}=\begin{bmatrix} a_1 & a_2 & a_3 \\ b_1 & b_2 & b_3 \\ c_1 & c_2 & c_3 \end{bmatrix}\begin{bmatrix} x_1 \\ y_1 \\ -f \end{bmatrix}=\boldsymbol{R}\begin{bmatrix} x_1 \\ y_1 \\ -f \end{bmatrix} \tag{7-7}$$

$$\begin{bmatrix} X_2 \\ Y_2 \\ Z_2 \end{bmatrix}=\begin{bmatrix} a_1' & a_2' & a_3' \\ b_1' & b_2' & b_3' \\ c_1' & c_2' & c_3' \end{bmatrix}\begin{bmatrix} x_2 \\ y_2 \\ -f \end{bmatrix}=\boldsymbol{R}'\begin{bmatrix} x_2 \\ y_2 \\ -f \end{bmatrix} \tag{7-8}$$

式(7-6)就是在遥感测绘中广泛使用的连续像对系统共面条件方程的坐标表达一般式。

在单独像对的相对定向系统中，以基线坐标系为摄影测量坐标系，即摄影坐标系的 X 轴与模型基线相重合，如图7-21(b)所示，此时有 $B_X=B,B_Y=B_Z=0$，此时共面条件方程的坐标表达式就可简化为

$$F=\begin{vmatrix} B_X & 0 & 0 \\ X_1 & Y_1 & Z_1 \\ X_2 & Y_2 & Z_2 \end{vmatrix}=0 \tag{7-9}$$

7.4.2 相对定向方程式

共面条件方程坐标表达式已经有了，但是相对定向解算的是5个相对方位元素。下面主要解决如何建立反映共面条件方程与5个相对方位元素关系的相对定向方程式。相对定向方程式分为两类：连续像对相对定向方程式和单独像对相对定向方程式。

1. 连续像对相对定向方程式

连续像对相对方位元素的计算是以左方像片为基准（选定左方像空间坐标系为摄测坐标系）或左方像空间坐标系与所选定摄测坐标系之间方位关系为已知的条件下，求解右方像空间坐标系与所选定摄测坐标系之间的方位元素 $\tau,\upsilon,\Delta\varphi,\Delta\omega,\Delta\kappa$。由于 τ,υ 是 B_X,B_Y,B_Z 的函数，而 B_X 在相对定向中可以任意给定，因此在相对定向过程中也可通过解算 $B_X,B_Y,\Delta\varphi,\Delta\omega,\Delta\kappa$ 来代替解算 $\tau,\upsilon,\Delta\varphi,\Delta\omega,\Delta\kappa$。

共面条件方程式(7-6)中，B_X 在相对定向中可以任意给定，(X_1,Y_1,Z_1) 为左片像点在摄测坐标系中的坐标，(X_2,Y_2,Z_2) 为右片相应像点在摄测坐标系中的坐标。如果获取了同名像点的像坐标，则 (X_1,Y_1,Z_1)，(X_2,Y_2,Z_2) 为 R' 函数，而 R' 是 $\Delta\varphi,\Delta\omega,\Delta\kappa$ 的函数，因此式(7-6)是 $B_X,B_Y,\Delta\varphi,\Delta\omega,\Delta\kappa$ 的函数。因为式(7-6)是一个非线性函数，需要对该方程进行线性化处理进而答解5个相对方位元素。

如果相对方位元素的概略值（初始值）已知，则可按多元函数泰勒公式展开的方法将其展开为一次项公式，推导过程略，最后可得到用像点坐标表示的连续像对相对定向方程一次项近似公式，即

$$\frac{x_2y_2}{f}\mathrm{d}\Delta\varphi+\left(f+\frac{y_2^2}{f}\right)\mathrm{d}\Delta\omega+x_2\mathrm{d}\Delta\kappa+b\mathrm{d}\tau+\frac{y_2}{f}b\mathrm{d}\upsilon-q=0 \tag{7-10}$$

$$b=x_1-x_2$$

$$q=\frac{Q}{\left(\dfrac{B}{b}\right)}$$

$$Q=\frac{\begin{vmatrix} B_X & B_Y & B_Z \\ X_1 & Y_1 & Z_1 \\ X_2 & Y_2 & Z_2 \end{vmatrix}}{\begin{vmatrix} X_1 & Z_1 \\ X_2 & Z_2 \end{vmatrix}}=N_1Y_1-N_2Y_2-B_Y$$

式中：b 为像片基线；q 为像点上下视差；Q 为模型点上下视差；N_1, N_2 为左、右点投影系数（7.5 节有详细描述），具体为左、右像片上的同名像点 a_1, a_2 变换为模型中 A 点时的点投影系数。当一个立体像对完成相对定向时，同名光线对对相交，即 $Q=0$；当一个立体像对未完成相对定向时，同名光线不相交，即 $Q \neq 0$。

2. 单独像对相对定向方程式

单独像对相对方位元素是以基线坐标系为基准的，左方像空间坐标系与基线坐标系之间的方位元素为 τ_1, κ_1^0，右方像空间坐标系与基线坐标系之间的方位元素为 $\varepsilon, \tau_2, \kappa_2^0$，在相对定向过程中解算的是 $\tau_1, \kappa_1^0, \varepsilon, \tau_2, \kappa_2^0$ 这 5 个元素。

在单独像对系统中，$B_Y = B_Z = 0$，共面条件方程为简化式（7-9）。在共面条件方程式（7-9）中，B 在相对定向中可以任意给定，(X_1, Y_1, Z_1) 为左片像点在基线坐标系中的坐标，(X_2, Y_2, Z_2) 为右片相应像点在基线坐标系中的坐标。如果获取了同名像点的像坐标，则 (X_1, Y_1, Z_1) 为 $\boldsymbol{R}$ 的函数，(X_2, Y_2, Z_2) 为 $\boldsymbol{R}'$ 的函数，而 $\boldsymbol{R}$ 是 τ_1, κ_1^0 的函数，$\boldsymbol{R}'$ 是 $\varepsilon, \tau_2, \kappa_2^0$ 的函数，因此式（7-9）是 $\tau_1, \kappa_1^0, \varepsilon, \tau_2, \kappa_2^0$ 的函数。同样，式（7-9）是一个非线性函数，需要对该方程进行线性化处理进而答解 5 个相对方位元素。

如果相对方位元素的概略值（初始值）已知，则可按多元函数泰勒公式展开的方法将其展开为一次项公式，推导过程略，最后可得到用像点坐标表示的单独像对相对定向方程一次项近似公式，即

$$-\frac{x_1 y_1}{f}\mathrm{d}\tau_1 + \frac{x_2 y_2}{f}\mathrm{d}\tau_2 + \left(f + \frac{y_2^2}{f}\right)\mathrm{d}\varepsilon - x_1 \mathrm{d}\kappa_1^0 + x_2 \mathrm{d}\kappa_2^0 - q = 0 \qquad (7-11)$$

式中：b, q 等变量的含义同式（7-10）描述。

3. 像对相对定向方程式分析

理论上只要在一个立体像对上适当分布的 5 个点处，同时消除这些点在模型处的上下视差，就能保证 5 对同名像点对对相交，从而计算出 5 个相对方位元素，就认为这个立体像对上的所有像点上下视差都被消除，从而完成了相对定向，获得相对定向立体模型。

由式（7-10）和式（7-11）可知，相对定向方程中不包含地面点坐标，相对方位元素的解算不需要地面控制点。分析两个公式可知，在立体像对上每量测一对同名像点的像坐标，便可建立一个关于相对方位元素的求解方程。因此，为求解 5 个相对方位元素，必须至少使用 5 对同名点（相对定向点），以建立 5 个以上的求解方程。而在实际作业中，为了有多余观测，至少使用 6 对以上同名点。

从相对定向方程式(7－10)和式(7－11)还可知,两个方程均是 y 的二次函数,为了使建立的求解方程互相独立,在平行于 y 轴的同一直线上应最多有 3 个同名点,而在平行于 x 轴的同一直线上则最多有 2 个同名点(方程是 x 的一次函数)。传统遥感测绘对立体像对的 6 个标准点位位置做了严格限制,通常选择格鲁伯(Gruber)同名点如图 7－22 所示,按图 7－22 配置的同名点称为标准配置点,又称为格鲁伯点。其中,1、2 点应是左、右像片的像主点 o_1,o_2 附近的明显地物点,各点距边界的距离应大于 1.5cm;1、3、5 三点和 2、4、6 三点尽量位于与像主点 o_1,o_2 连线垂直的直线上,且线段 13、线段 24、线段 15、线段 26 的长度应尽量等于 o_1,o_2 线段的长度。

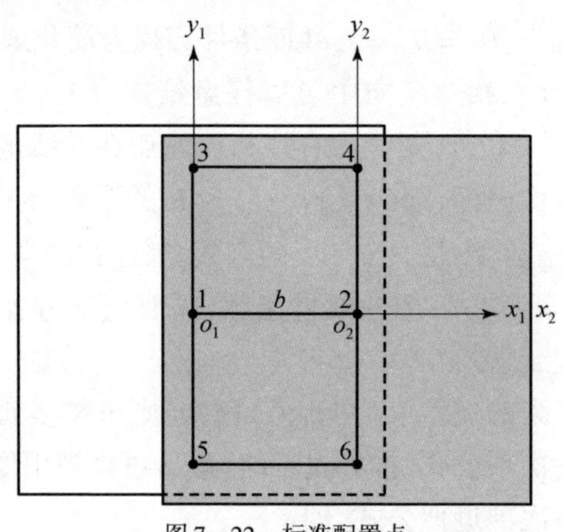

图 7－22　标准配置点

7.4.3　相对方位元素的计算

如果在立体像对上量测 5 个以上同名像点,就可以按最小二乘平差法求解相对方位元素。由于误差方程式是由共面条件方程严密公式经线性化后的结果,因此相对方位元素的解求是一个逐步趋近迭代的过程。若相对方位元素初值与第一次改正数之和不符合精度要求,继续第二次迭代,这时初值就是二者之和,直到迭代至精度达到要求为止,当迭代达到一定次数后,改正数满足一定限值,迭代结束。最后,初值与改正数累积之和就是最后的相对方位元素值。

1. 连续像对相对方位元素计算过程

(1)取原始数据,量测选定的 6 对定向点的像点坐标(x_1,x_2,y_1,y_2)。

(2)确定相对方位元素初值,包括:基线分量 $B_X = x_1 - x_2$(某一点的像坐标);在近似垂直摄影时,$\tau = \upsilon = \Delta\varphi = \Delta\omega = \Delta\kappa = 0$。

(3)计算左片旋转矩阵各元素,组成旋转矩阵 $\boldsymbol{R}$(此处 $\boldsymbol{R}$ 为单位阵 $\boldsymbol{E}$)。

(4)按式(7-7)计算左片像点变换坐标(X_1,Y_1,Z_1),即($x_1,y_1,-f$)。

(5)计算右片旋转矩阵各元素,组成旋转矩阵 $\boldsymbol{R}'$。

(6)按式(7-8)计算右片像点变换坐标(X_2,Y_2,Z_2)。

(7)按式(7-10)列出误差方程式,用矩阵形式表示误差方程组为

$$\boldsymbol{C\Delta}-\boldsymbol{L}=\boldsymbol{V} \tag{7-12}$$

式中:$\boldsymbol{C}$ 为误差方程系数矩阵;$\boldsymbol{L}$ 为误差方程式中常数项列矩阵;$\boldsymbol{\Delta}$ 为相对方位元素改正数列矩阵;$\boldsymbol{V}$ 为改正数列矩阵。

(8)按最小二乘法原理组建法方程式,即

$$\boldsymbol{C}^{\mathrm{T}}\boldsymbol{C\Delta}-\boldsymbol{C}^{\mathrm{T}}\boldsymbol{L}=0 \tag{7-13}$$

(9)求解法方程,求出相对方位元素改正数 $\mathrm{d}\tau$、$\mathrm{d}\upsilon$、$\mathrm{d}\Delta\varphi$、$\mathrm{d}\Delta\omega$、$\mathrm{d}\Delta\kappa$,有

$$\boldsymbol{\Delta}=(\boldsymbol{C}^{\mathrm{T}}\boldsymbol{C})^{-1}\boldsymbol{C}^{\mathrm{T}}\boldsymbol{L}$$

(10)计算改正后的相对方位元素值,即

$$\begin{cases}\tau^{j+1}=\tau^{j}+\mathrm{d}\tau\\ \upsilon^{j+1}=\upsilon^{j}+\mathrm{d}\upsilon\\ \Delta\varphi^{j+1}=\Delta\varphi^{j}+\mathrm{d}\Delta\varphi\\ \Delta\omega^{j+1}=\Delta\omega^{j}+\mathrm{d}\Delta\omega\\ \Delta\kappa^{j+1}=\Delta\kappa^{j}+\mathrm{d}\Delta\kappa\end{cases} \tag{7-14}$$

(11)以计算出的相对方位元素为新的初始值,重复步骤(5)~(10),直至相对方位元素改正数的绝对值小于限差为止。

2. 单独像对相对方位元素计算过程

(1)取原始数据,量测选定的6对定向点的像点坐标(x_1,x_2,y_1,y_2)。

(2)确定相对方位元素初值,在近似垂直摄影情况下,$\tau_1,\kappa_1^0,\varepsilon,\tau_2,\kappa_2^0$ 都为零。

(3)计算左片旋转矩阵各元素,组成旋转矩阵 $\boldsymbol{R}$。

(4)按式(7-7)计算左片像点变换坐标(X_1,Y_1,Z_1)。

(5)计算右片旋转矩阵各元素,组成旋转矩阵 $\boldsymbol{R}'$。

(6)按式(7-8)计算右片像点变换坐标(X_2,Y_2,Z_2)。

(7)按式(7-11)组建误差方程式。

(8)按最小二乘法原理组建法方程式。

(9)求解法方程,解算相对方位元素改正数 $\mathrm{d}\tau_1,\mathrm{d}\kappa_1^0,\mathrm{d}\varepsilon,\mathrm{d}\tau_2,\mathrm{d}\kappa_2^0$。

(10)计算改正后的相对方位元素值,即

$$
\begin{cases}
\tau_1^{j+1} = \tau_1^j + \mathrm{d}\tau_1 \\
(\kappa_1^0)^{j+1} = (\kappa_1^0)^j + \mathrm{d}\kappa_1^0 \\
\varepsilon^{j+1} = \varepsilon^j + \mathrm{d}\varepsilon \\
\tau_2^{j+1} = \tau_2^j + \mathrm{d}\tau_2 \\
(\kappa_2^0)^{j+1} = (\kappa_2^0)^j + \mathrm{d}\kappa_2^0
\end{cases}
\tag{7-15}
$$

(11)以计算出的相对方位元素为新的初始值,重复步骤(3)~(10),直至相对方位元素改正数的绝对值小于限差为止。

3. 数字摄影测量系统中相对方位元素的解算

在现代数字遥感测绘系统相对定向中,首先在立体像对上通过计算机影像匹配的方法可以获得很多的同名像点(如图 7-23 所示),然后利用最小二乘方法可以精确求解 5 个相对定向元素,进而获得地表三维模型,如图 7-24 所示。

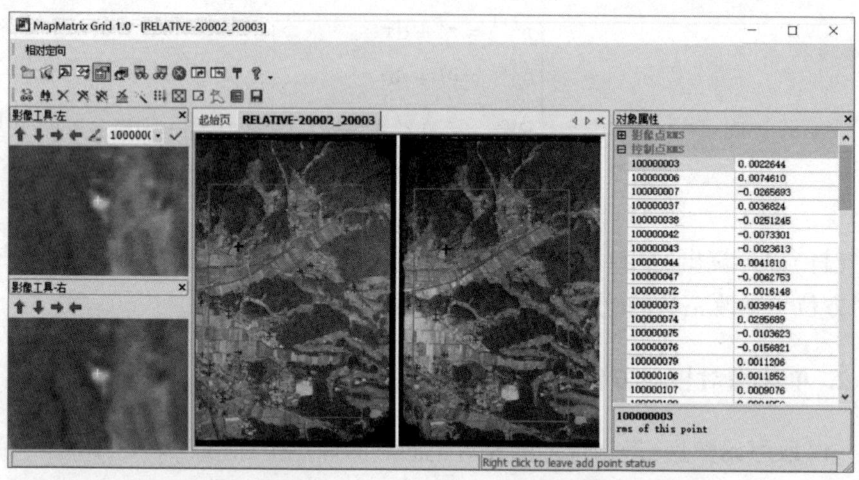

图 7-23 数字摄影测量自动相对定向(见彩图)

图 7-24 利用相对定向建立的三维模型(见彩图)

7.5 空间前方交会

利用立体像对两张像片的内方位元素、相对方位元素(或外方位元素)和同名像点的像坐标解算相应模型点坐标(或物点坐标)的工作,称为空间前方交会。

上述定义有两层含义:①当已知立体像对两张像片的内方位元素和相对方位元素时,便可以恢复立体像对两张像片的内方位和相对方位,其相应光线必在各自的核面内成对相交,所有交点的集合便形成了一个与实物相似的立体模型,而这些模型点的坐标便可以在一定的摄影测量坐标系中计算出来;②如果已知立体像对两张像片的内方位元素和外方位元素,那么可以恢复立体像对两张像片的内方位和外方位,形成的立体模型和实物则是完全吻合的,此时可以直接计算出地面点的地面坐标。这两种计算利用的都是空间前方交会的知识。

7.5.1 利用点投影系数的空间前方交会公式

如图7-25所示,P_1,P_2为一组立体像对的两张像片,S_1,S_2分别为左、右片的投影中心,a_1a_2为一组同名像点,过a_1a_2的同名光线交于物方空间A点。由于推导过程是在摄测系中进行的,因此这里的A点就是模型点,进而计算得到模型点坐标。S_1S_2的连线为摄影基线。

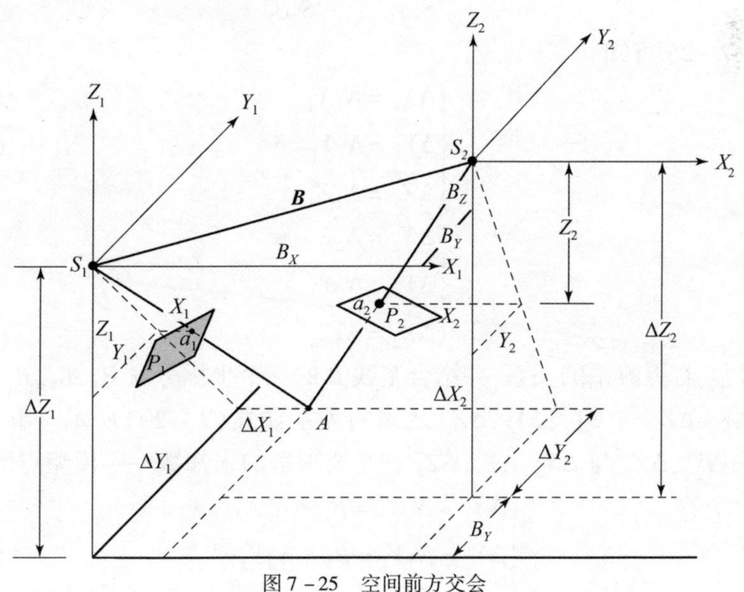

图7-25 空间前方交会

定义两个摄测系：一个是左摄测系 $S_1-X_1Y_1Z_1$，它是以左片投影中心 S_1 为原点的摄测系；另一个是右摄测系 $S_2-X_2Y_2Z_2$，它是以右片投影中心 S_2 为原点的摄测系。两个摄测系对应坐标轴互相平行。此时右摄测系原点 S_2 在左摄测系中的坐标为 (B_X,B_Y,B_Z)，这也是摄影基线 B 在 $X_1Y_1Z_1$ 三个方向上的坐标分量。

设在左摄测系 $S_1-X_1Y_1Z_1$ 中，左像点 a_1 点的坐标为 (X_1,Y_1,Z_1)，模型点 A 点的坐标为 $(\Delta X_1,\Delta Y_1,\Delta Z_1)$；在右摄测系 $S_2-X_2Y_2Z_2$ 中，右像点 a_2 点的坐标为 (X_2,Y_2,Z_2)，模型点 A 点的坐标为 $(\Delta X_2,\Delta Y_2,\Delta Z_2)$。设左像空系对左摄测系 $S_1-X_1Y_1Z_1$ 的旋转矩阵为 $\boldsymbol{R}$，右像空系对右摄测系 $S_2-X_2Y_2Z_2$ 的旋转矩阵为 $\boldsymbol{R}'$，则有

$$\begin{bmatrix} X_1 \\ Y_1 \\ Z_1 \end{bmatrix} = \boldsymbol{R} \begin{bmatrix} x_1 \\ y_1 \\ -f \end{bmatrix} \tag{7-16}$$

$$\begin{bmatrix} X_2 \\ Y_2 \\ Z_2 \end{bmatrix} = \boldsymbol{R}' \begin{bmatrix} x_2 \\ y_2 \\ -f \end{bmatrix} \tag{7-17}$$

设投影系数（摄影中心到物点的距离与摄影中心到像点的距离之比）为 N_1 和 N_2，可知

$$N_1 = \frac{S_1A}{S_1a_1}, N_2 = \frac{S_2A}{S_2a_2}$$

由图 7-25 可知

$$\begin{cases} \Delta X_1 = N_1X_1 \\ \Delta Y_1 = N_1Y_1 \\ \Delta Z_1 = N_1Z_1 \end{cases} \tag{7-18}$$

$$\begin{cases} \Delta X_2 = N_2X_2 \\ \Delta Y_2 = N_2Y_2 \\ \Delta Z_2 = N_2Z_2 \end{cases} \tag{7-19}$$

根据左、右摄测系的关系，并结合基线 B 的三个坐标分量 B_X,B_Y,B_Z，可以得到 $\Delta X_1,\Delta Y_1,\Delta Z_1$ 与 $\Delta X_2,\Delta Y_2,\Delta Z_2$ 之间的关系如式(7-20)所示。事实上，这里的 $\Delta X_1,\Delta Y_1,\Delta Z_1$ 与 $\Delta X_2,\Delta Y_2,\Delta Z_2$ 就是要求解的未知数——模型点的坐标。

$$\begin{cases} \Delta X_1 = N_1X_1 = B_X + N_2X_2 \\ \Delta Y_1 = N_1Y_1 = B_Y + N_2Y_2 \\ \Delta Z_1 = N_1Z_1 = B_Z + N_2Z_2 \end{cases} \tag{7-20}$$

由式(7－20)中任意两式联立求解,即可求得投影系数 N_1 和 N_2。分析一下这个方程组,其中有两个未知数 N_1 和 N_2,同时它还是一个线性方程组。也就是说,从数学上来讲,只需要方程组中的任意两个方程,就可以很容易地计算出 N_1 和 N_2。显然对于这样三个方程,会得到三种组合形式,同时也就会得到三组 N_1 和 N_2 的解。

取式(7－20)中的一、三式联立求解,可得

$$\begin{cases} N_1 = \dfrac{B_X Z_2 - B_Z X_2}{X_1 Z_2 - Z_1 X_2} \\ N_2 = \dfrac{B_X Z_1 - B_Z X_1}{X_1 Z_2 - Z_1 X_2} \end{cases} \tag{7-21}$$

式(7－21)这一组解的显著特点是不包含 Y 方向的坐标,将空间 $\Delta S_1 A S_2$ 投影到 XZ 面上,交会角更接近于90°,此时交会角正弦值的平方越大,前方交会的精度就越高。因此,式(7－20)一、三式联立求解的这一组解是适合用于解算模型点(或地面点)坐标的。

7.5.2 模型点和地面点计算过程

相对定向完成后,立体像对的两张像片间的相对方位已经确定,此时利用前方交会便可以计算模型点的模型坐标;或者空间后方交会完成后,立体像对的两张像片间的内、外方位元素已经确定,利用前方交会便可以直接计算出地面点的地面坐标。

1. 利用连续像对相对方位元素计算模型坐标

(1)取两张像片的角方位元素$(\varphi_1,\omega_1,\kappa_1)$,$(\varphi_2,\omega_2,\kappa_2)$和 B_X,B_Y,B_Z。当以左像空间坐标系为摄测坐标系时,有 $\varphi_1=\omega_1=\kappa_1=0$。

(2)计算左、右两片旋转矩阵 $\boldsymbol{R}$ 和 $\boldsymbol{R}'$ 中的方向余弦。

(3)按式(7－16)和式(7－17)计算两片上相应像点的摄测坐标(X_1,Y_1,Z_1)和(X_2,Y_2,Z_2)。

(4)计算投影系数 N_1 和 N_2。

(5)计算模型点的空间坐标$(\Delta X_1,\Delta Y_1,\Delta Z_1)$或$(\Delta X_2,\Delta Y_2,\Delta Z_2)$,有

$$\begin{cases} \Delta X_1 = N_1 X_1 \\ \Delta Y_1 = \dfrac{1}{2}(N_1 Y_1 + N_2 Y_2 + B_Y) \\ \Delta Z_1 = N_1 Z_1 \end{cases} \tag{7-22}$$

$$\begin{cases}\Delta X_2 = N_2 X_2 \\ \Delta Y_2 = \dfrac{1}{2}(N_1 Y_1 + N_2 Y_2 + B_Y) \\ \Delta Z_2 = N_2 Z_2\end{cases} \tag{7-23}$$

(6)计算模型点的上下视差,有 $Q = N_1 Y_1 - N_2 Y_2 - B_Y$。

2. 利用单独像对相对方位元素计算模型坐标

(1)取两张像片的角方位元素($\tau_1, \kappa_1^0, \varepsilon, \tau_2, \kappa_2^0$)和基线 B。

(2)计算左、右片的旋转矩阵 $\boldsymbol{R}$ 和 $\boldsymbol{R}'$中的方向余弦。

(3)按式(7-16)和式(7-17)计算两片上相应像点的摄测坐标(X_1, Y_1, Z_1)和(X_2, Y_2, Z_2)。

(4)计算投影系数 N_1 和 N_2。

(5)计算模型点的空间坐标($\Delta X_1, \Delta Y_1, \Delta Z_1$)或($\Delta X_2, \Delta Y_2, \Delta Z_2$),有

$$\begin{cases}\Delta X_1 = N_1 X_1 \\ \Delta Y_1 = \dfrac{1}{2}(N_1 Y_1 + N_2 Y_2) \\ \Delta Z_1 = N_1 Z_1\end{cases} \tag{7-24}$$

$$\begin{cases}\Delta X_2 = N_2 X_2 \\ \Delta Y_2 = \dfrac{1}{2}(N_1 Y_1 + N_2 Y_2) \\ \Delta Z_2 = N_2 Z_2\end{cases} \tag{7-25}$$

(6)计算模型点的上下视差,有 $Q = N_1 Y_1 - N_2 Y_2$。

3. 利用两张像片的内、外方位元素计算地面点坐标

(1)取两张像片的内方位元素(x_o, y_o, f)、左像片外方位元素($X_{S_1}, Y_{S_1}, Z_{S_1}, \varphi_1, \omega_1, \kappa_1$)、右像片外方位元素($X_{S_2}, Y_{S_2}, Z_{S_2}, \varphi_2, \omega_2, \kappa_2$)。

(2)计算基线 B 三个分量,有 $B_X = X_{S_2} - X_{S_1}, B_Y = Y_{S_2} - Y_{S_1}, B_Z = Z_{S_2} - Z_{S_1}$。

(2)计算左、右片的旋转矩阵 $\boldsymbol{R}$ 和 $\boldsymbol{R}'$中的方向余弦。

(3)按式(7-16)和式(7-17)计算两片相应像点的摄测坐标(X_1, Y_1, Z_1)和(X_2, Y_2, Z_2)。

(4)计算投影系数 N_1 和 N_2。

(5)按式(7-24)或式(7-25)计算地面点的空间坐标($\Delta X_1, \Delta Y_1, \Delta Z_1$)或($\Delta X_2, \Delta Y_2, \Delta Z_2$)。

7.6 绝对定向

当立体像对完成相对定向之后,相应光线必在各自的核面内成对相交,所有交点的集合便形成了一个与实物相似的立体模型——几何模型。模型点在摄影测量坐标系中的坐标,可用空间前方交会的方法计算。但是,这样建立的模型是相对于摄影测量坐标系的,它在规定的物方坐标系中的方位是未知的,其比例尺也是任意的。因此必须确定立体模型在规定的物方空间坐标系中的方位和比例因子,从而确定出模型点所对应的物点在规定的物方空间坐标系中的坐标。确定立体模型在规定的物方空间坐标系中的方位和比例因子的工作,即解算绝对方位元素的工作,就是立体像对(几何模型)的绝对定向。

7.6.1 绝对定向方程

为了得到地面点在规定的物方空间坐标系中的坐标,必须进行摄测坐标系与物方空间坐标系之间的坐标变换,其中包括坐标比例的变换。这里所说的物方空间坐标系,通常是指地辅坐标系,它与地面测量坐标系之间还存在简单的轴向变换。

两空间直角坐标系之间的坐标变换,如果坐标比例是相同的,那么只要3个平移量和3个旋转量共6个参数就够了。涉及坐标比例问题则要增加一个比例因子,设为λ。模型比例尺$B_{模}/B$就是反映这种比例差异的,令$1/\lambda = B_{模}/B$。这时,对于确定模型比例尺而言,参数λ和参数B(摄影基线)是等价的。因此可以把7.2.2节中描述的7个绝对方位元素写为$X_0, Y_0, Z_0, \Phi, \Omega, K, \lambda$,其中:$X_0, Y_0, Z_0$是平移量;$\Phi, \Omega, K$是旋转量;$\lambda$是比例因子。上述的两空间直角坐标系之间的坐标变换的公式为

$$\begin{bmatrix} X_{\mathrm{T}} \\ Y_{\mathrm{T}} \\ Z_{\mathrm{T}} \end{bmatrix} = \lambda \begin{bmatrix} a_1 & a_2 & a_3 \\ b_1 & b_2 & b_3 \\ c_1 & c_2 & c_3 \end{bmatrix} \begin{bmatrix} X \\ Y \\ Z \end{bmatrix} + \begin{bmatrix} X_0 \\ Y_0 \\ Z_0 \end{bmatrix} \tag{7-26}$$

式中:$(X_{\mathrm{T}}, Y_{\mathrm{T}}, Z_{\mathrm{T}})$为地面点在地辅坐标系中的坐标;$(X, Y, Z)$为与地面点相对应的模型点在摄测坐标系中的坐标;$(X_0, Y_0, Z_0)$为摄测坐标系原点在地辅坐标系中的坐标;$\lambda$为比例因子;$a_i, b_i, c_i$为角元素$\Phi, \Omega, K$的函数。

若已知7个绝对方位元素,就可以进行两空间直角坐标系之间的坐标变换,由于这种变换前后图形的几何形状相似,因此这种变换称为空间相似变换。

分析式(7-26)可知,只要具有一定数量的已知点,即已知一定数量模型点的摄测坐标及其相应地面点的地辅坐标,便可求出空间相似变换的7个变换参

数(绝对方位元素)。而求得 7 个变换参数之后,又可以利用式(7-26)求出所有模型点对应的地面坐标。通常解算空间相似变换 7 个变换参数的工作,称为几何模型的绝对定向。或者说,确定立体像对绝对方位元素的过程,称为绝对定向。因此式(7-26)是绝对定向的数学基础,也称为绝对定向方程。

式(7-26)所表达的相似变换是变换参数的非线性函数,要求解 7 个变换参数(绝对方位元素),需要适应最小二乘法平差运算,必须将式(7-26)线性化得到绝对定向线性化方程近似公式,即

$$\begin{bmatrix} 1 & 0 & 0 & X_{\mathrm{tr}} & 0 & -Z_{\mathrm{tr}} & -Y_{\mathrm{tr}} \\ 0 & 1 & 0 & Y_{\mathrm{tr}} & -Z_{\mathrm{tr}} & 0 & X_{\mathrm{tr}} \\ 0 & 0 & 1 & Z_{\mathrm{tr}} & Y_{\mathrm{tr}} & X_{\mathrm{tr}} & 0 \end{bmatrix} \begin{bmatrix} \mathrm{d}X_0 \\ \mathrm{d}Y_0 \\ \mathrm{d}Z_0 \\ \mathrm{d}\lambda' \\ \mathrm{d}\Omega \\ \mathrm{d}\Phi \\ \mathrm{d}K \end{bmatrix} = \begin{bmatrix} \delta X \\ \delta Y \\ \delta Z \end{bmatrix} \tag{7-27}$$

$$\begin{cases} \begin{bmatrix} \delta X \\ \delta Y \\ \delta Z \end{bmatrix} = \begin{bmatrix} X_{\mathrm{T}} \\ Y_{\mathrm{T}} \\ Z_{\mathrm{T}} \end{bmatrix} - \lambda^{(0)} \begin{bmatrix} a_1 & a_2 & a_3 \\ b_1 & b_2 & b_3 \\ c_1 & c_2 & c_3 \end{bmatrix}^{(0)} \begin{bmatrix} X \\ Y \\ Z \end{bmatrix} - \begin{bmatrix} X_0 \\ Y_0 \\ Z_0 \end{bmatrix}^{(0)} \\ \mathrm{d}\lambda' = \mathrm{d}\lambda / \lambda^0 \\ \begin{bmatrix} X_{\mathrm{tr}} \\ Y_{\mathrm{tr}} \\ Z_{\mathrm{tr}} \end{bmatrix} = \lambda^{(0)} \begin{bmatrix} a_1 & a_2 & a_3 \\ b_1 & b_2 & b_3 \\ c_1 & c_2 & c_3 \end{bmatrix}^{(0)} \begin{bmatrix} X \\ Y \\ Z \end{bmatrix} \end{cases} \tag{7-28}$$

在线性方程组式(7-27)中,如果给出了立体模型的绝对定向元素的近似值 $X_0^0, Y_0^0, Z_0^0, \Phi^0, \Omega^0, K^0, \lambda^0$,方程中未知数便有 7 个,即 7 个绝对定向元素的近似值的改正数。给定两个平面高程控制点和一个高程控制点,就可以按式(7-27)列出 7 个方程式。联立解算这 7 个方程式,即可求出 7 个绝对方位元素的近似值改正数,改正数加上近似值(初值)进而求得更精确的绝对方位元素值。综上所述,绝对定向至少需要 2 个平面控制点和 3 个高程点,合起来则是 2 个平高控制点和 1 个高程点,为了保证方程的独立性,任意 3 个点不能位于一条直线上。实际作业中为保证精度和提高可靠性,通常使用 4 个或 4 个以上的平高控制点进行绝对定向,这时对于绝对方位元素的解算就存在 3 个以上的多余观测。单独的平面或高程控制点,也应该加以利用,但必须是在已具有 4 个平高控制点的基础上。4 个平高控制点应该分布在模型的四角附近,并最好位于航向和旁向模型重叠的中线上。

由于式(7－27)是线性近似式,因此绝对方位元素的解算必须有一个迭代过程。一般在绝对定向中总是有多余的地面控制点,应按最小二乘法求解绝对定向元素近似值的改正数。绝对定向元素近似值的取得要根据具体情况而定,在近似垂直摄影的情况下,模型的倾斜角很小,可取 $\Phi^0=0,\Omega^0=0,K^0=0,\lambda^0$ 可由两个已知控制点的实地距离和其相应模型上的距离之比来确定。迭代初值的选择很重要,初值选得精确,可以加速收敛,减少迭代次数,减少计算量。

7.6.2 绝对定向计算过程

(1)读入数据,包括各个控制点的地面坐标(X_T,Y_T,Z_T)及相应模型点的摄测坐标(或称模型坐标)(X,Y,Z)。此外,还应读入所有加密点的模型坐标,以便在绝对定向完成后将它们变换成相对应的地面点的地面坐标。

(2)为了简化法方程式的解算,通常把摄测坐标系的原点和地面坐标系的原点都移到用于绝对定向的 n 个控制点的几何重心上去。分别计算控制点几何重心的摄测坐标和地面坐标,有

$$\begin{cases}\dot{X}=\dfrac{1}{n}\sum\limits_{i=1}^{n}X_i\\ \dot{Y}=\dfrac{1}{n}\sum\limits_{i=1}^{n}Y_i\\ \dot{Z}=\dfrac{1}{n}\sum\limits_{i=1}^{n}Z_i\end{cases}\tag{7-29}$$

$$\begin{cases}\dot{X}_T=\dfrac{1}{n}\sum\limits_{i=1}^{n}X_{T_i}\\ \dot{Y}_T=\dfrac{1}{n}\sum\limits_{i=1}^{n}Y_{T_i}\\ \dot{Z}_T=\dfrac{1}{n}\sum\limits_{i=1}^{n}Z_{T_i}\end{cases}\tag{7-30}$$

(3)把坐标原点移到控制点几何重心之后的坐标称为重心化坐标。按式(7－31)计算所有控制点和加密点的重心化摄测坐标;按式(7－32)计算所有控制点的重心化地面坐标。

$$\begin{bmatrix}\bar{X}\\ \bar{Y}\\ \bar{Z}\end{bmatrix}_j=\begin{bmatrix}X\\ Y\\ Z\end{bmatrix}_j-\begin{bmatrix}\dot{X}\\ \dot{Y}\\ \dot{Z}\end{bmatrix}(j=1,2,\cdots,m)\tag{7-31}$$

$$\begin{bmatrix}\bar{X}_{\mathrm{T}}\\\bar{Y}_{\mathrm{T}}\\\bar{Z}_{\mathrm{T}}\end{bmatrix}_j=\begin{bmatrix}X_{\mathrm{T}}\\Y_{\mathrm{T}}\\Z_{\mathrm{T}}\end{bmatrix}_j-\begin{bmatrix}\dot{X}_{\mathrm{T}}\\\dot{Y}_{\mathrm{T}}\\\dot{Z}_{\mathrm{T}}\end{bmatrix}(j=1,2,\cdots,n)\tag{7-32}$$

式中：m 为立体模型中加密点的个数。

(4)确定绝对定向元素的初值。在近似垂直摄影的情况下，可取 $\Phi^0=\Omega^0=K^0=0$，λ^0 可由两个相距最远的控制点间的实地距离与其相应模型点的距离之比来确定。

(5)由 3 个角元素 Φ、Ω、K 的近似值构成旋转矩阵 $\boldsymbol{R}$。

(6)逐点计算 δX,δY 和 δZ，即

$$\begin{bmatrix}\delta X\\\delta Y\\\delta Z\end{bmatrix}_i=\begin{bmatrix}\bar{X}_{\mathrm{T}}\\\bar{Y}_{\mathrm{T}}\\\bar{Z}_{\mathrm{T}}\end{bmatrix}_i-\lambda\begin{bmatrix}a_1&a_2&a_3\\b_1&b_2&b_3\\c_1&c_2&c_3\end{bmatrix}\begin{bmatrix}\bar{X}\\\bar{Y}\\\bar{Z}\end{bmatrix}_i(i=1,2,\cdots,n)\tag{7-33}$$

(7)按式(7-34)计算 $\mathrm{d}\lambda'$，并按式(7-35)计算改正后的比例因子。式中，k 代表迭代次数。

$$\mathrm{d}\lambda'=\frac{X_{\mathrm{tr}}\delta X+Y_{\mathrm{tr}}\delta Y+Z_{\mathrm{tr}}\delta Z}{[X_{\mathrm{tr}}^2+Y_{\mathrm{tr}}^2+Z_{\mathrm{tr}}^2]}\tag{7-34}$$

$$\lambda^{k+1}=\lambda^k(1+\mathrm{d}\lambda')\tag{7-35}$$

(8)按表 7-1 组成并求解法方程，求出 $\mathrm{d}\Phi$,$\mathrm{d}\Omega$,$\mathrm{d}K$。

表 7-1　采用重心坐标后的绝对定向法方程系数

$\mathrm{d}X_0$	$\mathrm{d}Y_0$	$\mathrm{d}Z_0$	$\mathrm{d}\lambda'$	$\mathrm{d}\Omega$	$\mathrm{d}\Phi$	$\mathrm{d}K$	常数项
n	0	0	0	0	0	0	0
0	n	0	0	0	0	0	0
0	0	n	0	0	0	0	0
0	0	0	$[\bar{X}_{\mathrm{tr}}^2+\bar{Y}_{\mathrm{tr}}^2+\bar{Z}_{\mathrm{tr}}^2]$	0	0	0	$[\bar{X}_{\mathrm{tr}}\delta X+\bar{Y}_{\mathrm{tr}}\delta Y+\bar{Z}_{\mathrm{tr}}\delta Z]$
0	0	0	0	$[\bar{Y}_{\mathrm{tr}}^2+\bar{Z}_{\mathrm{tr}}^2]$	$[\bar{X}_{\mathrm{tr}}\bar{Y}_{\mathrm{tr}}]$	$-[\bar{X}_{\mathrm{tr}}\bar{Z}_{\mathrm{tr}}]$	$[-\bar{Z}_{\mathrm{tr}}\delta Y+\bar{Y}_{\mathrm{tr}}\delta Z]$
0	0	0	0	$[\bar{X}_{\mathrm{tr}}\bar{Y}_{\mathrm{tr}}]$	$[\bar{X}_{\mathrm{tr}}^2+\bar{Z}_{\mathrm{tr}}^2]$	$[\bar{Y}_{\mathrm{tr}}\bar{Z}_{\mathrm{tr}}]$	$[-\bar{Z}_{\mathrm{tr}}\delta X+\bar{X}_{\mathrm{tr}}\delta Z]$
0	0	0	0	$-[\bar{X}_{\mathrm{tr}}\bar{Z}_{\mathrm{tr}}]$	$[\bar{Y}_{\mathrm{tr}}\bar{Z}_{\mathrm{tr}}]$	$[\bar{X}_{\mathrm{tr}}^2+\bar{Z}_{\mathrm{tr}}^2]$	$[-\bar{Y}_{\mathrm{tr}}\delta X+\bar{X}_{\mathrm{tr}}\delta Y]$

(9)计算改正后的绝对定向元素。

(10)重复步骤(5)至步骤(9),直到绝对定向元素的改正数小于限差时为止。

(11)计算所有加密点的地面坐标,即

$$\begin{bmatrix} X_{\mathrm{T}} \\ Y_{\mathrm{T}} \\ Z_{\mathrm{T}} \end{bmatrix}_j = \lambda \begin{bmatrix} a_1 & a_2 & a_3 \\ b_1 & b_2 & b_3 \\ c_1 & c_2 & c_3 \end{bmatrix} \begin{bmatrix} \bar{X} \\ \bar{Y} \\ \bar{Z} \end{bmatrix}_j + \begin{bmatrix} \dot{X}_{\mathrm{T}} \\ \dot{Y}_{\mathrm{T}} \\ \dot{Z}_{\mathrm{T}} \end{bmatrix} (j=1,2,\cdots,n) \tag{7-36}$$

7.6.3 绝对定向元素、相对定向元素和像片外方位元素之间联系

通过前述内容,像片外方位元素、立体像对的相对定向(方位)元素和绝对定向(方位)元素之间有什么联系吗?

(1)三组方位元素之间的区别。航空摄影像片的外方位元素、立体像对相对定向和绝对定向元素都是描述摄影瞬间航空摄影像片或立体像对位置和姿态的参数。2 张像片的外方位元素($X_{S_1},Y_{S_1},Z_{S_1},\varphi_1,\omega_1,\kappa_1$)和($X_{S_2},Y_{S_2},Z_{S_2},\varphi_2,\omega_2,\kappa_2$)是描述左、右像片在摄影瞬间的绝对位置和姿态的参数;相对定向(方位)元素($\tau,\upsilon,\Delta\varphi,\Delta\omega,\Delta\kappa$)或($\tau_1,\kappa_1^0,\varepsilon,\tau_2,\kappa_2^0$)是描述立体像对(或几何模型)中两张像片相对位置和姿态关系的参数;绝对定向(方位)元素($X_0,Y_0,Z_0,\Phi,\Omega,K,\lambda$)是描述立体像对(或几何模型)在摄影瞬间的绝对位置和姿态的参数。外方位元素和绝对定向元素都是描述像片或立体模型绝对位置和姿态,只有相对定向元素描述的是立体像对相对位置和姿态。

(2)三组方位元素之间的关系。从各类元素的数量看,一个立体像对 2 张像片共有 12 个外方位元素,而一个立体像对的相对定向元素共有 5 个,绝对定向元素共 7 个,因此从元素数量角度可认为,一个立体像对 12 个外方位元素 =5 个相对定向元素 +7 个绝对定向元素。

(3)三组方位元素之间的联系。利用这三组元素,可以建立起像点坐标和地面点坐标之间的两条关系实现路径,如图 7-26 所示。第一种路径是利用立体像对两张像片的内、外方位元素,通过空间前方交会可以实现由像点坐标求得地面点坐标,反过来利用单像空间后方交会可以由地面点坐标和像点坐标解求外方位元素;第二种路径是利用立体像对相对定向确定相对方位元素,通过空间前方交会可以确立几何模型的坐标,再通过绝对定向元素,进而确定模型点对应的地面点坐标。

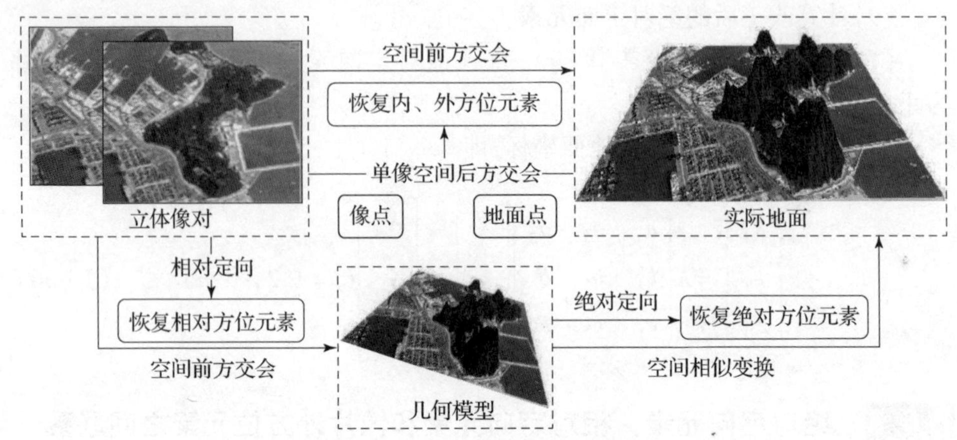

图 7－26　像片外方位元素、立体像对相对和绝对方位元素关系

1. 什么是立体像对？什么是几何模型？什么是标准式像对？

2. 什么是立体像对相对方位元素和绝对方位元素？各有几个？如何表示？

3. 像对立体观察的条件有哪些？哪个条件最难实现？如何实现？

4. 写出连续像对系统共面条件方程的坐标表达式？其中各字符的含义表示什么？

5. 空间前方交会中投影系数的计算用哪两个式子联立求解？为什么？

6. 画出像片外方位元素、立体像对相对和绝对方位元素之间关系图，并描述具体实现过程。

第8章

空中三角测量

尽量减少野外测量(如测量控制点)工作,是遥感测绘的一个永恒主题。遥感测绘可以通过空中摄影的影像,在室内模型上测点,代替野外测量。但是测量离不开野外实地的测量工作,例如:一张像片至少需要4个平高控制点进行空间后方交会,来恢复一张像片的外方位元素;一个立体像对(两张像片)进行相对定向与绝对定向,需要控制点,才能恢复立体像对的相对和绝对方位元素。能否在整个测区(几百张甚至几千张像片)利用少量的外业控制点,确定全部影像的外方位元素和完成整个测区的测图工作呢?这就是空中三角测量的基本出发点,即利用少量的外业实测的控制点来确定全部航空摄影像片的外方位元素,并计算得到测图所需的控制点坐标。

8.1 空中三角测量概述

空中三角测量是依据摄影像片与所摄物体(如地面)之间存在的几何数学关系,利用少量的野外控制点数据和像片上的观测数据,在室内测定像片的方位元素及测图所用控制点坐标的作业方法。其基本过程就是利用连续摄取的具有一定重叠的像片,按照遥感测绘的基本理论和方法,建立同实地相应的航带模型或区域模型(包括模拟的和数字的),从而获取待测点(加密点)的平面和高程坐标。

空中三角测量具有以下特点:①不接触被测目标即可测定其位置和形状,对被测目标是否可以接触无特别要求;②可以快速地在大范围内实施点位的测定,节省大量的野外测量工作;③凡从空中摄站可摄取的目标,均可测定其点位,不受地面通视条件的限制;④区域网平差的精度高,内部精度均匀,且不受区域大小的限制。

空中三角测量可分为两大类:一是航带空中三角测量;二是区域网空中三角测量,亦称为区域网平差,又可分为航带法区域网空中三角测量、独立模型法区域网空中三角测量和光束法区域网空中三角测量。

最近几十年来,空中三角测量区域网平差法经历了非常活跃的发展期,它的理论、方法、仪器设备(包括硬件和软件)和实际应用都已经达到了非常高的水平。其基本特点有:①精度高;②非常经济;③操作系统的结构合理、使用简便;④可以预测成果的精度、工时和成本;⑤性能好,效率高。

8.2 区域网空中三角测量

利用空中三角测量进行控制点加密,一般不是按一条航带进行,而是按若干条航带构成的区域进行,其解算过程称为区域网平差,也称为区域网空中三角测量。区域网空中三角测量是在单航带解析空中三角测量基础上发展起来的一种多航带室内加密控制点的方法,其基本思想是用平差的方法,在整个区域内合理地配赋偶然误差,从而提高加密控制点的精度,大幅减少野外控制点的数量,最终提高经济效益。

按照平差单元的不同,区域网空中三角测量可分为:以航带为平差单元的航带法区域网空中三角测量,如图 8 -1(a)所示;以单模型(模型组)为平差单元的独立模型法区域网空中三角测量,如图 8 -1(b)所示;以像片(光线束)为平差单元的光束法区域网空中三角测量,如图 8 -1(c)所示。三种方法的特点是:①光束法区域网空中三角测量理论严密,理论上精度最高;②独立模型法区域网空中三角测量对计算机容量要求大,计算时间也长;③航带法区域网空中三角测量在理论上不如前两种严密,精度较低,但对计算机的内存容量要求小,计算时间短。

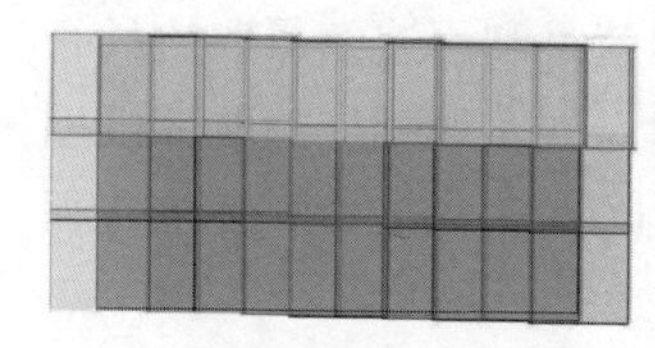
(a) 航带法区域网空中三角测量

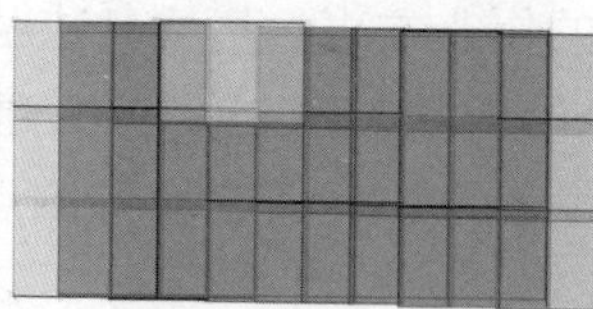
(b) 独立模型法区域网空中三角测量

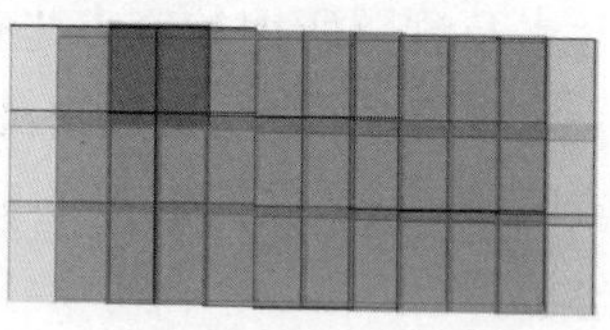
(c) 光束法区域网空中三角测量

图 8 -1 区域网空中三角测量

8.2.1 航带法区域网空中三角测量

1. 基本思想

在建立航线模型的基础上,以控制点的内业坐标与外业坐标相等,上下航线的同名加密点(接边点)的内业坐标相等为条件,在整个加密区域内,将各点的航线坐标看作观测值,用平差的方法整体解算各航线的变形改正参数,从而计算各加密点的地面坐标。

如图8-2所示,首先按单航带的方法将每条航带构成自由网;然后用本航带的控制点及与上一条相邻航带的公共点,进行本航带的三维线性变换,把整个区域内的各条航带都纳入到统一的摄影测量坐标系中;最后各航带按非线性变形改正公式同时解算各航带的非线性改正系数,求出整个区域待定点的地面坐标。需要注意几点:①平差中所确定的各航线变形改正参数,分别用于改正各航线的系统变形;②计算过程中既要顾及相邻航带间公共点的坐标应相等,控制点的摄测坐标与它的地面摄测坐标应相等,又要使观测值改正数的平方和最小二乘值最小;③单点在平差中不起作用,故不参加平差计算。

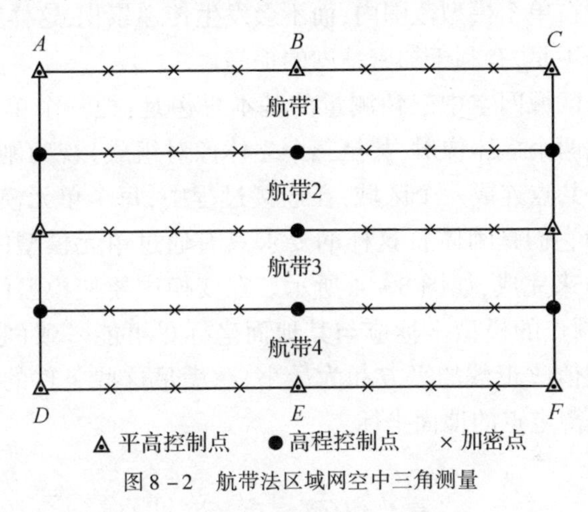

图8-2 航带法区域网空中三角测量

2. 基本过程

(1)分别构成各条航带的航带模型,如图8-3(a)所示。

(2)将相邻航带进行连接,把所有航带模型都纳入到一个统一的摄测坐标系中,即将整个区域连接成一个更大的区域模型,如图8-3(b)所示。

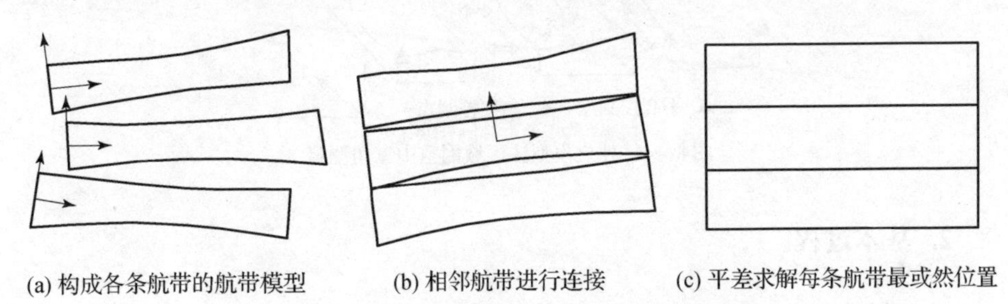

(a) 构成各条航带的航带模型 (b) 相邻航带进行连接 (c) 平差求解每条航带最或然位置

图8-3 航带法区域网空中三角测量基本过程

(3)进行统一的平差运算,求出每条航带的模型的最或然位置,如图 8-3(c)所示。

(4)对各航带模型进行变形改正,并计算出各加密点的地面坐标。

8.2.2 独立模型法区域网空中三角测量

1. 基本思想

为了避免误差累积,可以单模型(或双模型)作为平差计算单元。一个个相互连接的单模型既可以构成一条航带网,也可以组成一个区域网,但构网过程中的误差却被限制在单个模型范围内,而不会发生传递累积,这样就可克服航带法空中三角测量的不足,有利于加密精度的提高。

独立模型法区域网空中三角测量的基本思想是:把一个单元模型(可以由一个立体像对或两个立体像对,甚至三个立体像对组成)视为刚体,利用各单元模型彼此间的公共点连成一个区域,在连接过程中,每个单元模型只能作平移、缩放、旋转(因为它们是刚体),这样的要求只有通过单元模型的三维线性变换(空间相似变换)来完成,如图 8-4 所示。在变换中要使模型间公共点的坐标尽可能一致,控制点的模型坐标应与其地面坐标尽可能一致(它们的差值尽可能小),同时观测值改正数的平方和为最小,在满足这些条件的情况下,按最小二乘法原理求得待定点的地面坐标。

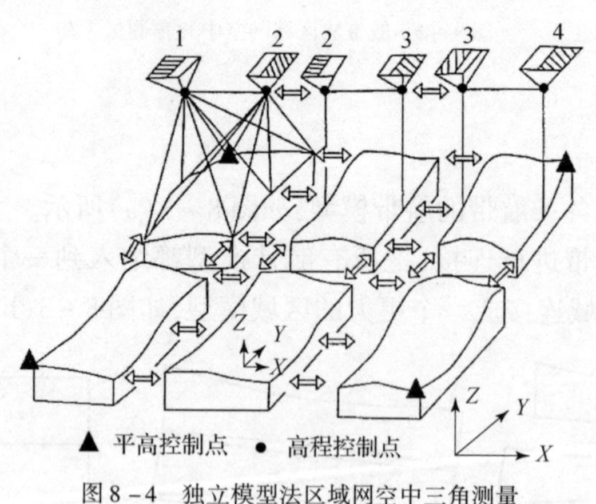

图 8-4 独立模型法区域网空中三角测量

2. 基本过程

独立模型法区域网空中三角测量基本过程如图 8-5 所示。

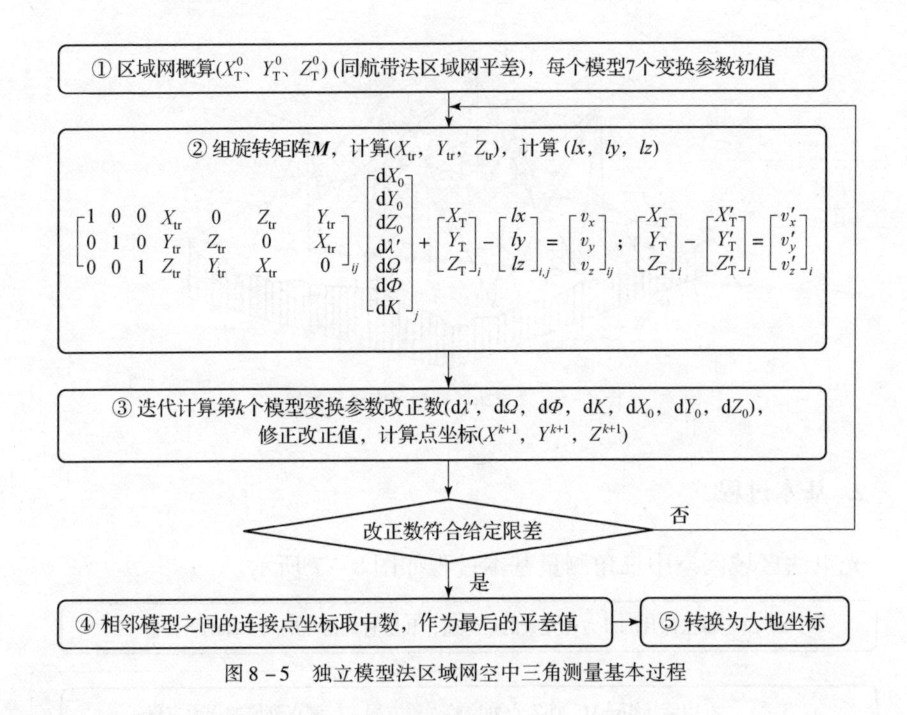

图 8－5　独立模型法区域网空中三角测量基本过程

8.2.3 光束法区域网空中三角测量

1. 基本思想

光束法区域网空中三角测量是以一幅影像所组成的一束光线(像片)作为平差的基本单元,以中心投影的共线方程作为平差的基础方程。通过各光线束在空间的旋转和平移,使模型之间公共点的光线实现最佳的交会,并使整个区域最佳地纳入到已知的控制点坐标系统中去。这里的旋转相当于光线束的外方位角元素,而平移相当于摄站的空间坐标。在具有多余观测的情况下,由于存在着像点坐标量测误差,所谓的"相邻影像公共交会点坐标应相等",及"控制点的加密坐标与地面测量坐标应一致",均是在保证[pvv] = min(余差的平方和最小)意义下的一致。这便是光束法区域网空中三角测量的基本思想,如图 8－6 所示。

同单张影像空间后方交会一样,光束法区域网平差以共线条件方程式作为其基本数学模型。影像坐标观测值是未知数的非线性函数,因此需经过线性化处理后,才能用最小二乘法原理进行计算。同样,线性化过程中,需要给未知数提供一组初始值,然后逐渐趋近地求出最佳解,使得[pvv]最小。所提供的初始值越接近最佳解,收敛速度越快。不合理的初始值不仅会影响收敛速度,甚至可能造成不收敛。

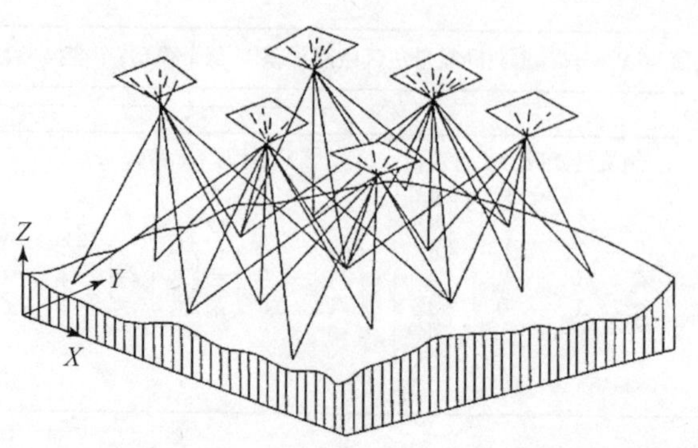

图 8－6　光束法区域网空中三角测量

2. 基本过程

光束法区域网空中三角测量基本过程如图 8－7 所示。

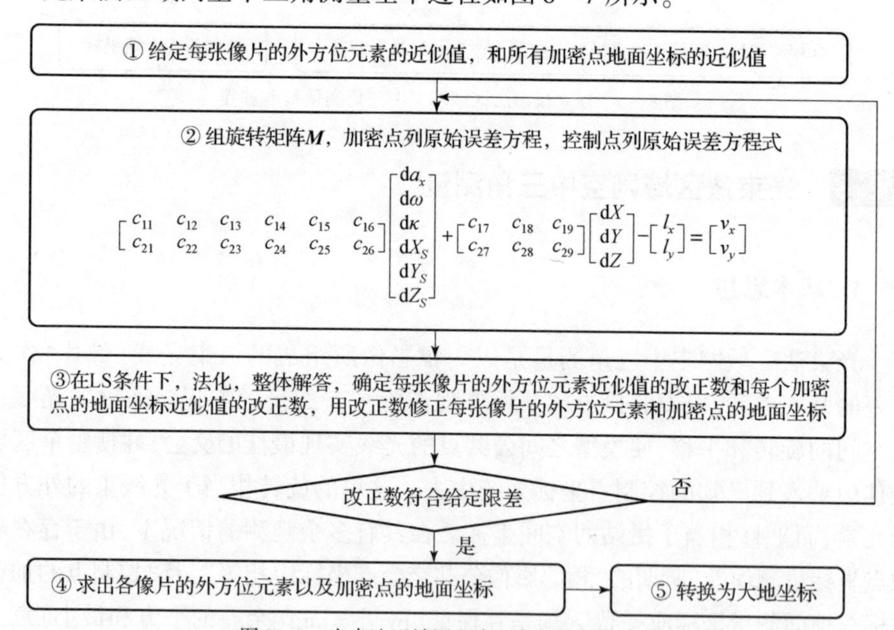

图 8－7　光束法区域网空中三角测量基本过程

8.2.4　三种方法比较

分析三种区域网空中三角测量平差方法的平差基本单元就会发现：航带法区域网平差是以每条航带为平差单元，将单航带的摄影测量坐标视为"观测值"；独立模型法区域网平差则是以单元模型为平差单元，将点的模型坐标作为观测值；而光束法区域网平差则以单张影像为平差单元，将影像坐标量测值作为观测值。显然,只有影像坐标才是真正原始的、独立的观测值,而其他两种方法下的观测值往往是相关而不独立的。从这个意义上讲,光束法平差是最严密的。此外,第6章曾介绍过影像坐标中存在着物理因素、量测仪器误差等引起的像点坐标系统误差,这些误差项均是影像坐标的函数。由于光束法区域网平差是从原始的影像坐标观测值出发建立平差数学模型的,因此只有在光束法平差中才能最佳地顾及和改正影像系统误差的影响。三种区域网空中三角测量平差方法关系如图8-8所示。

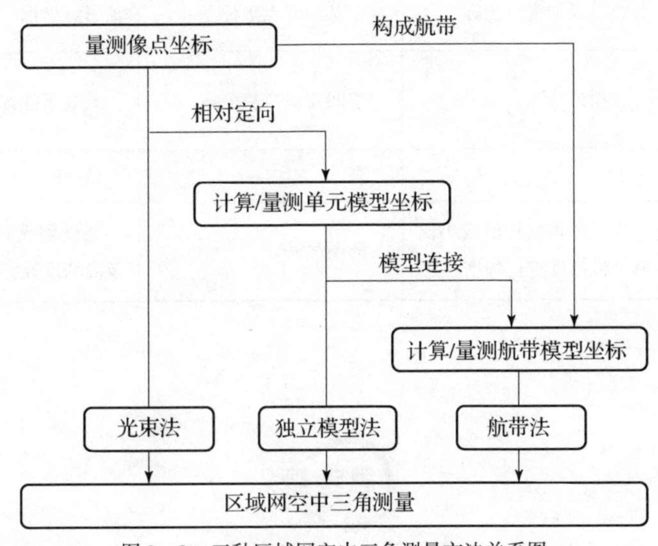

图8-8 三种区域网空中三角测量方法关系图

三种区域网空中三角测量平差方法不同点比较如表8-1所列。

表8-1 三种区域网空中三角测量方法的不同点比较

比较项目	航带法	独立模型法	光束法
基本思想	以航带模型为基本平差单元,根据控制点的外业坐标与内业坐标相等、连接点的内业坐标相等,按照非线性改正公式列出误差方程,在整个区域内统一进行平差,答解出各航带的非线性改正系数,计算出加密点地面坐标	以各自建立的单模型为基本平差单元,根据控制点的外业坐标与内业坐标相等、连接点的内业坐标相等,按照三维空间相似变换列出误差方程,在整个区域内统一进行平差,答解出各模型的绝对定向参数,并计算出加密点地面坐标	以每个光束(像片)作为基本平差单元,根据控制点的外业坐标与内业坐标相等、加密点的内业坐标相等,按照共线条件方程列出误差方程,在全区域内统一进行平差处理,答解出各每张像片的外方位元素,然后按多片前方交会计算出加密点地面坐标

续表

比较项目	航带法	独立模型法	光束法
平差单元	航带	单模型	单张像片
观测值	航带模型点的航带坐标	模型坐标	像点坐标
未知数	各航带非线性变形改正参数以及加密点坐标	各模型空间相似变换参数以及加密点坐标	各像片外方位元素以及加密点坐标
采用数学模型	多项式	空间相似变换公式	共线条件方程
精度	低	高	最高
应用领域	为平差提供初值或小比例尺低精度点位加密	测图加密	低级别大地测量三角网及高精度数字地籍测量等

1. 空中三角测量的定义和特点是什么？
2. 航带法空中三角测量的基本过程是什么？描述该过程的坐标变化？
3. 航带法区域网空中三角测量的基本过程是什么？
4. 独立模型法区域网空中三角测量的基本过程是什么？
5. 光束法区域网空中三角测量的基本过程是什么？
6. 分别说明区域网空中三角测量三种方法的平差单元和在平差中主要解算的内容。在这三种方法中，哪种方法在理论上是最严密的？为什么？

第9章
数字遥感测绘基础

进入数字遥感测绘时代,遥感测绘的解析关系、对应性关系都利用计算机来实现。由计算机处理对应关系(同名点关系)是数字遥感测绘最大的发展。对应性问题是数字遥感测绘的“核心”,也是它的“生命力”所在,它已经促使遥感测绘生产中内定向、相对定向、空中三角测量、DEM的生成,进而使得正射纠正的自动化(或半自动化),极大提高了遥感测绘工作效率和生产力。数字遥感测绘广泛应用计算机技术、数字图像处理、模式识别、人工智能等技术,将遥感测绘与计算机视觉等技术相结合,其内涵已远远超过了模拟遥感测绘与解析遥感测绘的范围。

9.1 数字遥感测绘概述

《中国百科全书(测绘学分册)》中给数字遥感测绘的定义为:以数字影像为数据源,根据遥感测绘原理,通过计算机软件处理获取被摄物体的形状、大小、位置及其性质的技术。数字遥感测绘本质特点表现为:①数字形式的数据源(数字影像);②基于遥感测绘的数学模型或原理;③利用计算机软件自动(或半自动)获取被摄对象的几何与物理信息。

数字遥感测绘主要研究内容包括:

(1)辐射信息的数字化处理。

(2)数据量与信息量。

(3)摄影测量数据处理速度与精度的提高。

(4)自动化与影像匹配。

(5)影像自动智能解译。

数字影像是数字遥感测绘的主要数据源。随着CCD传感器技术的发展和成熟,遥感测绘中已经把数字航空摄影仪或数字相机所获取的数字影像作为遥感测绘的首要数据源。数字影像是遥感测绘自动化的必然要求,也是遥感测绘建立一个自动的数据处理流程或数据处理链的首要条件。

数字影像又称为数字图像,是物体电磁波辐射能量的二维数字阵列表示,还可称为用像素灰度值的二维矩阵 $\boldsymbol{g}$ 表示的像片，它是便于计算机处理的图像形式。像素灰度值的二维矩阵可表示为

$$\boldsymbol{g}=\begin{bmatrix} g_{0,0} & g_{0,1} & \cdots & g_{0,n-1} \\ g_{1,0} & g_{1,1} & \cdots & g_{1,n-1} \\ \vdots & \vdots & & \vdots \\ g_{m-1,0} & g_{m-1,1} & \cdots & g_{m-1,n-1} \end{bmatrix} \tag{9-1}$$

式中，矩阵的每个元素 $g_{i,j}$ 是一个灰度值，对应着光学影像或实体的一个微小区域（如图 9－1 所示），称为像元素或像元或像素（pixel）。各像元素的灰度值 $g_{i,j}$ 代表其影像经采样与量化了的“灰度级”。

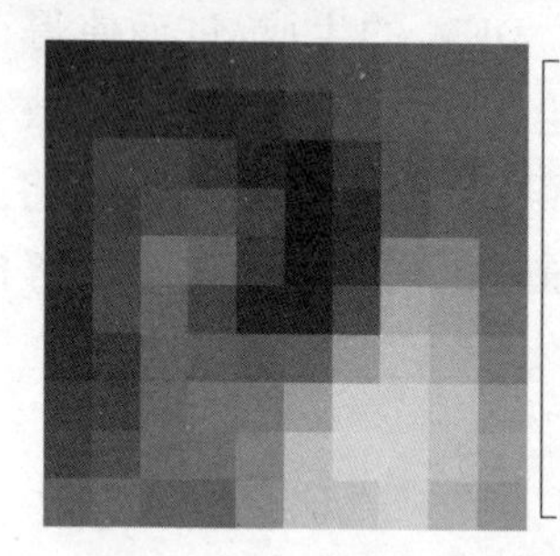

$$\begin{bmatrix} 94 & 100 & 104 & 119 & 125 & 136 & 143 & 153 & 157 & 158 \\ 103 & 104 & 106 & 98 & 103 & 119 & 141 & 155 & 159 & 160 \\ 109 & 136 & 136 & 123 & 95 & 78 & 117 & 149 & 155 & 160 \\ 110 & 130 & 144 & 149 & 129 & 78 & 97 & 151 & 161 & 158 \\ 109 & 137 & 178 & 167 & 119 & 78 & 101 & 185 & 188 & 161 \\ 100 & 143 & 167 & 134 & 87 & 85 & 134 & 216 & 209 & 172 \\ 104 & 123 & 166 & 161 & 155 & 160 & 205 & 229 & 218 & 181 \\ 125 & 131 & 172 & 179 & 180 & 208 & 238 & 237 & 228 & 200 \\ 131 & 148 & 172 & 175 & 188 & 228 & 239 & 238 & 228 & 206 \\ 161 & 169 & 162 & 163 & 193 & 228 & 230 & 237 & 220 & 199 \end{bmatrix}$$

图 9－1　数字影像与相应灰度数字矩阵

9.2　特征提取

对于一幅数字影像，我们最感兴趣的是那些非常明显的目标，而要识别这些目标，必须借助于提取构成这些目标的影像特征。特征是区分不同目标图像的根据，是不同目标图像上固有性质的某种表现形式。特征可分为点特征、线特征与面特征，如图 9－2 所示。点特征主要指明显点，如角点、圆点等；线特征主要指影像的“边缘”与“线”；面特征主要指影像的“成片”区域。

(a) 点特征

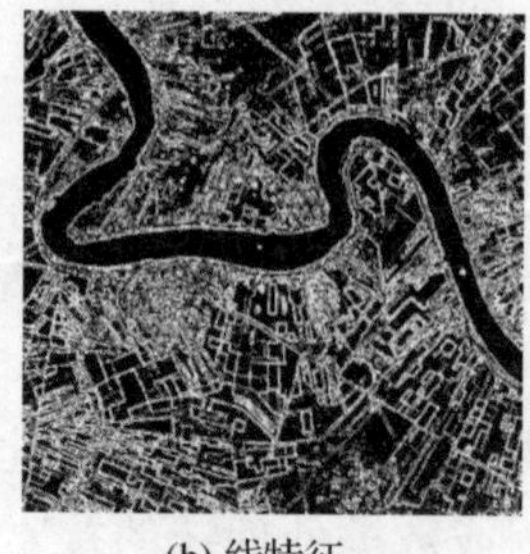

(b) 线特征

(c) 面特征

图 9－2　影像特征

特征提取是从图像中提取图像特征的技术过程,或者从原始图像中提取区分某类目标图像依据的技术过程。特征提取是影像分析和影像匹配的基础,也是单张影像处理的最重要的任务。若不考虑噪声,实际影像是理想灰度函数与点扩散函数的卷积,其灰度的分布均表现为从小到大或从大到小的明显变化,因而可以利用各种梯度或差分算子提取特征。其原理是对各个像素的邻域(窗口)进行一定的梯度或差分运算,选择其极值点(极大或极小)或超过给定阈值的点作为特征点。特征提取算子又可分为点特征提取算子与线特征提取算子,而面特征主要是通过区域分割来获取。

点特征提取算子是指运用某种算法使图像中独立像点更为突出的算子,主要用于提取我们感兴趣的点(如角点、圆点等)。在数字图像处理领域中已提出了一系列算法各异且具有不同特色的点特征提取算子,在数字遥感测绘中比较常用的有 Moravec 算子和 Förstner 算子。

线特征是指影像的"边缘"与"线"。"边缘"可定义为影像局部区域特征不相同的那些区域间的分界线,而"线"则可以认为是具有很小宽度的、其中间区域具有相同的影像特征的边缘对,也就是说距离很小的一对边缘构成一条线。因此,线特征提取算子通常也称为边缘检测算子。常用线特征提取算子有梯度算子、拉普拉斯算子、LOG 算子等。由于各种差分算子均对噪声较敏感(提取的特征并非真正的特征,而是噪声),因此一般应先做低通滤波,尽量排除噪声的影响,再利用差分算子提取边缘。LOG 算子就是这种将低通滤波与边缘提取综合考虑的算子。

9.3 影像匹配

在遥感测绘中,匹配可以定义为在不同的数据集合之间建立一种对应关系。这些不同的数据集合可以是影像,也可以是地图,还可以是目标模型和 GIS 数据。如图 9-3 所示为影像与 GIS 矢量数据匹配。

影像匹配是指在两幅(或多幅)影像之间识别同名元素(点)的过程,它是计算机视觉及数字遥感测绘的核心问题,也是图像融合、目标识别、目标变化监测等问题的一个重要基础步骤。数字遥感测绘是以影像匹配代替传统的人工量测,来达到自动确立同名像点的目的。

人通过目视判别寻找同名像点的过程一般为"基于解译→基于特征→基于灰度"的顺序,而计算机匹配自动寻找识别同名像点的过程恰好相反,而是采用"基于灰度→基于特征→基于解译"。当然,数字影像匹配通常是分层次进行

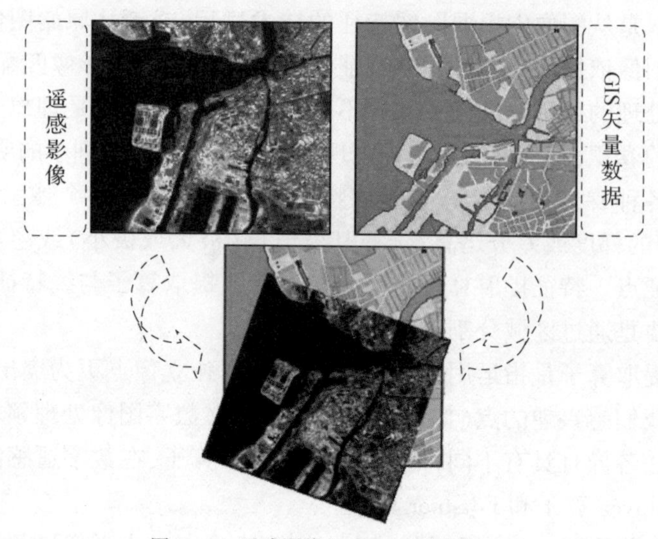

图9-3 遥感影像与GIS矢量数据匹配

的，需要将上述过程中的三者结合起来，才能真正实现立体观测的全自动化。

匹配方法定义为计算或实现匹配实体相似性测度的方法，也可以称为匹配算法。按照匹配实体的不同，通常可以将匹配方法大致分为三类：基于灰度的匹配方法、基于特征的匹配方法以及关系匹配方法。在遥感测绘中，影像匹配主要应用在内定向、相对定向、数字空三中的转点、绝对定向、DEM获取以及影像解译等影像处理环节。最初的影像匹配是利用相关技术实现的，随后发展了多种影像匹配方法。

基于灰度影像匹配的一般过程如图9-4所示。

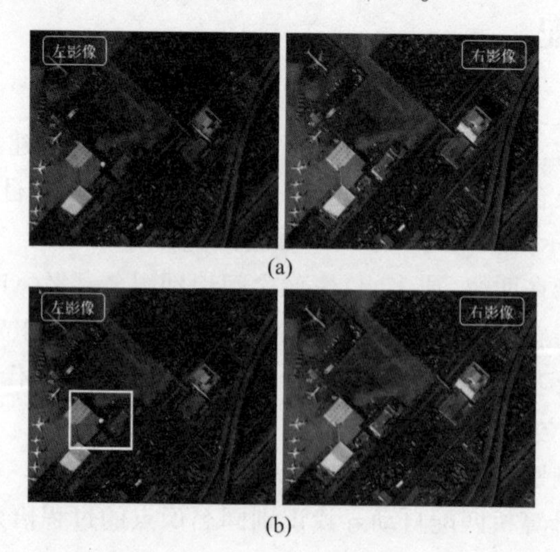

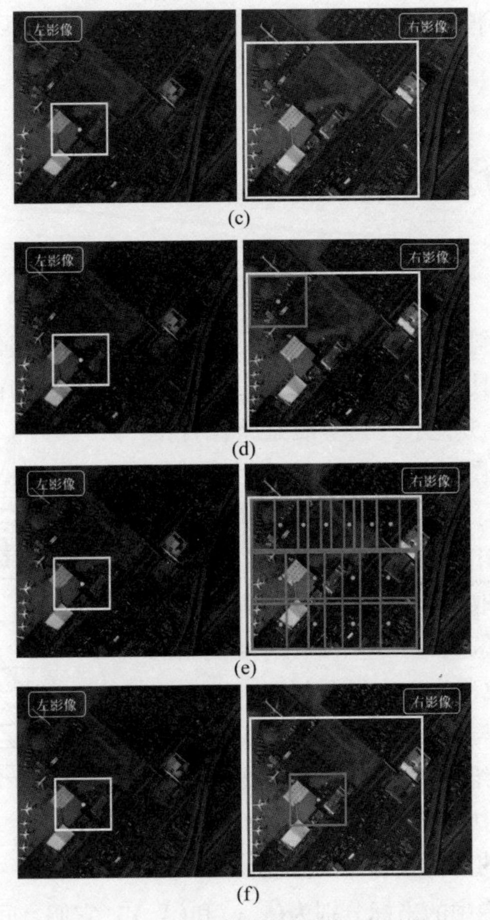

图9－4 基于灰度影像匹配的一般过程

(1)在左影像上选择一个要匹配的点,称为目标点,如图9－4(a)所示。

(2)以目标点为中心,开取一定大小的窗口,称为目标窗口,如图9－4(b)所示。

(3)以影像的重叠范围以及其他的先验知识,确定右影像上同名点可能存在的范围,称为搜索区域,如图9－4(c)所示。

(4)以搜索区域内的每一点为中心,开取同样大小的窗口,称为搜索窗口,如图9－4(d)所示。

(5)让搜索窗口在搜索区域内不停地移动,每次移动都要计算目标窗口与搜索窗口之间的相似性测度值,直至整个区域搜索完毕,如图9－4(e)所示。

(6)以相似性测度极值所对应的匹配窗口作为目标窗口的共轭窗口,其中心点就是目标点的同名点,如图9－4(f)所示。

(7)按照同样的步骤不断地重复上述过程,就可以得到若干对同名像点。

(8)从正确率、精度以及效率等方面进行精度评定，对匹配的质量进行综合的评价。

9.4 数字微分纠正

9.4.1 定义

消除因像片倾斜产生的像点位移，限制或消除因地形起伏产生的投影误差，同时将影像归化为具有规定比例尺的正射影像的技术，称为微分纠正，或者正射投影技术，如图 9－5 所示。其实质是将像片的中心投影变换为成图比例尺的正射投影。根据有关的参数与 DEM，利用相应的构像方程式，或按一定的数学模型用控制点解算，从原始非正射投影的数字影像获取正射影像，这种过程是将影像化为很多微小的区域逐一进行纠正，且使用的是数字方式处理，故称为数字微分纠正。

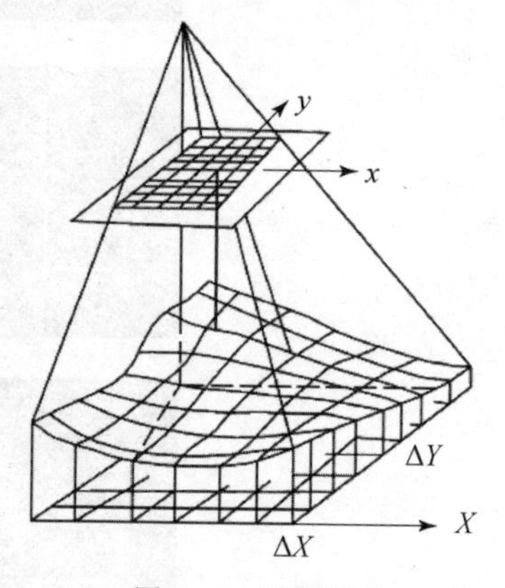

图 9－5　微分纠正

数字微分纠正与光学微分纠正一样，其基本任务是实现两个二维图像之间的几何变换。在数字微分纠正过程中，必须首先确定原始图像与纠正后的图像之间的几何关系。设任意像元在原始图像和纠正后图像中的坐标分别为(x,y)和(X,Y)，它们之间存在着映射关系为

$$\begin{cases} x = f_x(X,Y) \\ y = f_y(X,Y) \end{cases} \tag{9-2}$$

$$\begin{cases} X = \varphi_X(x,y) \\ Y = \varphi_Y(x,y) \end{cases} \tag{9-3}$$

式(9－2)是由纠正后的像点坐标出发反求其在原始图像上的像点坐标，这种方法称为反解法(或称为间接法)。而式(9－3)则相反，它是由原始图像上像点坐标解求纠正后图像上相应点坐标，这种方法称为正解法(或称直接法)。在数字纠正中，通过解求对应像元素的位置，进行灰度的内插与赋值运算。本节将结合航空影像纠正为正射影像的过程，分别介绍反解法和正解法的数字微分纠正过程。

9.4.2 反解法数字微分纠正

反解法(间接法)数字微分纠正的原理如图 9－6 所示，它是从纠正图像出发，

将纠正图像上逐个像元素用式(9－2)求得原始图像的像点坐标,基本步骤如下。

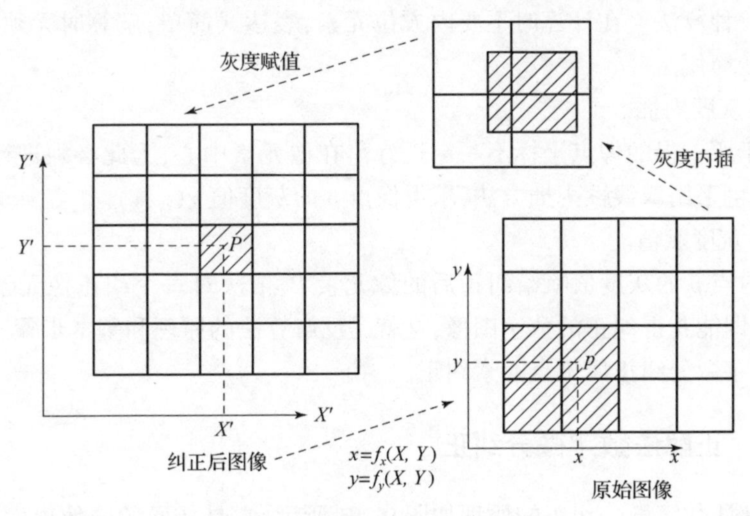

图9－6　反解法数字微分纠正原理图

(1)计算地面点坐标。

设正射影像上任意一点(像素中心)P 的坐标为(X',Y'),由正射影像左下角图廓点地面坐标(X_0,Y_0)与正射影像比例尺分母 M 计算 P 点所对应的地面坐标(X,Y)的计算公式为

$$\begin{cases} X = X_0 + MX' \\ Y = Y_0 + MY' \end{cases} \tag{9－4}$$

(2)计算像点坐标。

应用式(9－2)计算原始图像上相应像点坐标 $p(x,y)$,在航空摄影情况下,反解公式为共线方程,即

$$\begin{cases} x - x_0 = -f\dfrac{a_1(X-X_S)+b_1(Y-Y_S)+c_1(Z-Z_S)}{a_3(X-X_S)+b_3(Y-Y_S)+c_3(Z-Z_S)} \\ y - y_0 = -f\dfrac{a_2(X-X_S)+b_2(Y-Y_S)+c_2(Z-Z_S)}{a_3(X-X_S)+b_3(Y-Y_S)+c_3(Z-Z_S)} \end{cases} \tag{9－5}$$

式中:Z 为 P 点高程,可通过 DEM 内插获得。由于原始数字化影像是以行、列数进行计量的,因此需要利用影像坐标与扫描坐标之间的关系,求得相应的像元素坐标。也可以由式(9－6)直接解求(X,Y,Z)与扫描坐标(I,J)之间的关系,即

$$\begin{cases} I = \dfrac{L_1X + L_2Y + L_3Z + L_4}{L_9X + L_{10}Y + L_{11}Z + 1} \\ J = \dfrac{L_5X + L_6Y + L_7Z + L_8}{L_9X + L_{10}Y + L_{11}Z + 1} \end{cases} \tag{9－6}$$

式(9－6)也称为直接线性变换(DLT),该公式是建立扫描坐标与物空间坐标关系式的一种算法。在计算时不要内方位元素,表达式简单,解算时无须初始值、解算比较简便。

(3)灰度内插。

由于所求得的像点坐标不一定正好落在像元素中心,为此必须进行灰度内插,一般可采用双线性内插方法,求得像点 p 的灰度值 $g(x,y)$。

(4)灰度赋值。

将像点 p 的灰度值赋给纠正后的像元素 P,依次对每个纠正像元素进行上述运算,即能获得纠正的数字图像,这就是反解算法的原理和基本步骤。从原理上讲,数字微分纠正属于点元素纠正。

9.4.3 正解法数字微分纠正

正解法数字微分纠正的原理如图 9－7 所示,它是从原始图像出发,将原始图像上逐个像元素用式(9－3)求得纠正后的像点坐标,基本步骤如下:

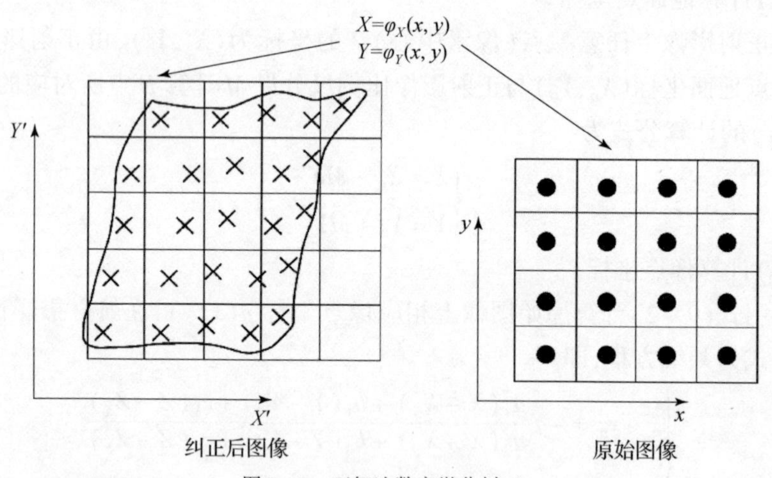

图 9－7　正解法数字微分纠正

(1)计算像元坐标。

通过仿射变换式(9－7)来计算像元坐标,其中各系数可通过框标位置计算得到。

$$\begin{cases} x = a_0 + a_1 I + a_2 J \\ y = b_0 + b_1 I + b_2 J \end{cases} \tag{9-7}$$

(2)计算地面点坐标。

利用共线条件方程式(9－8)计算地面点坐标。

$$\begin{cases} X - X_S = (Z - Z_S)\dfrac{a_1x + a_2y - a_3f}{c_1x + c_2y - c_3f} \\ Y - Y_S = (Z - Z_S)\dfrac{b_1x + b_2y - b_3f}{c_1x + c_2y - c_3f} \end{cases} \tag{9-8}$$

(3)灰度赋值。

将原始像元的灰度赋给正射影像的像元。

这一方案存在着很大的缺点,即在纠正后的图像上,所得的像点是非规则排列的,有的像元素内可能出现"空白"(无像点),而有的像元素可能出现重复(多个像点),因此很难实现灰度内插并获取规则排列的数字影像。

在航空遥感测绘情况下,利用式(9-8)进行微分纠正,必须先知道 Z,但 Z 又是待定量(X,Y)的函数。为此,要由(x,y)求得(X,Y),必先假定一近似值 Z,求得(X_1,Y_1),再由 DEM 内插求得该点(X_1,Y_1)的高程 Z_1,然后由正算公式求得(X_2,Y_2),如此反复迭代,如图9-8所示。因此,由式(9-8)计算(X,Y),实际是由一个二维图像(x,y)变换到三维空间(X,Y,Z)的过程,它必须是个迭代求解过程。

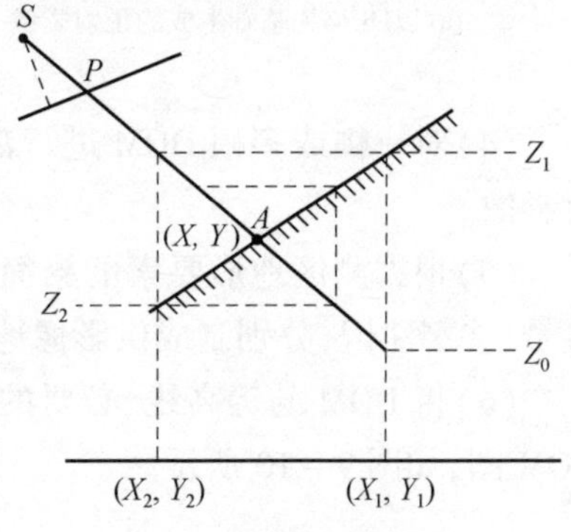

图9-8 正解法数字微分纠正迭代求解

由于正解法的上述缺点,因此数字微分纠正一般采用反解法。

9.4.4 数字正射影像图制作

DOM 是利用 DEM 对航空摄影影像(单色或彩色),经逐像元进行辐射改正、微分纠正和镶嵌,并按规定图幅范围裁剪生成的影像数据,带有公里格网、图廓(内、外)整饰和注记的平面图。它具有地形图的几何精度和影像特征。DOM 具有精度高、信息丰富、直观真实、连续性强(一定历史时期的影像连续反映)、现势性强等特点。它可作为背景控制信息,评价其他数据的精度、现势性和完整性,不仅可从中提取自然资源和社会经济发展的历史信息,为防灾治害和公共设施建设规划等应用提供可靠依据;还可从中提取和派出新的信息,实现地图的修测更新。

一般 DOM 地图制作流程如下。

(1)获取数字影像和影像的外方位元素(参数)。

(2)获取正射影像图范围对应的高程值(DEM)。

(3)以数字影像和 DEM 为基础,利用共线方程构建像点之间的关系,进行数字微分纠正，生成 DOM。真正射影像是以 DSM 模型为基础进行纠正的，如图 9－9 所示。

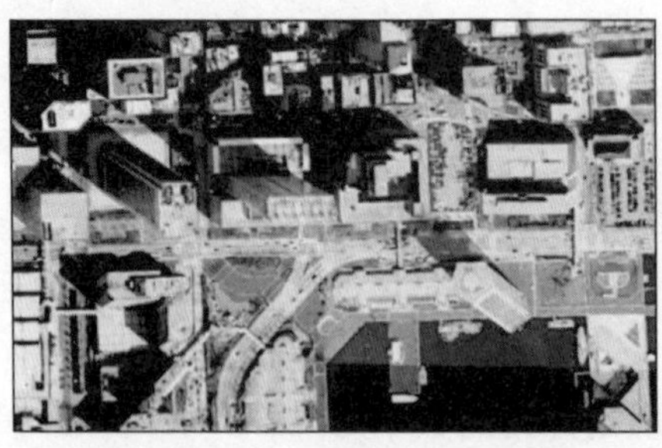

(a) 以DEM为基础生成的正射影像

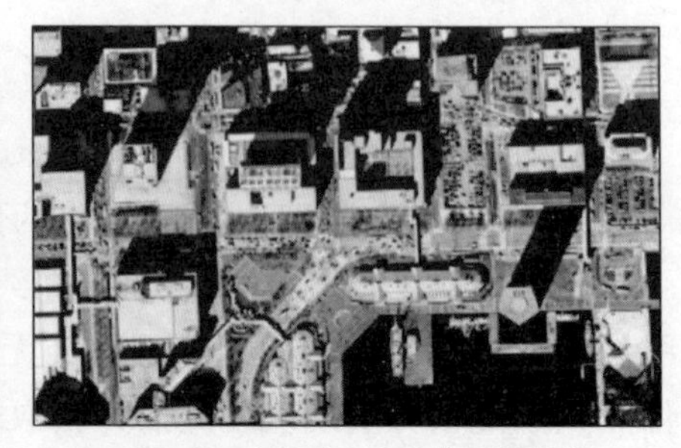

(b) 以DSM为基础生成的真正射影像

图 9－9　正射影像和真正射影像

(4) 对一幅或多幅 DOM 进行裁剪拼接，形成按相应地图分幅标准分幅的正射影像。

(5) 根据测区地形要素的繁简和成图技术要求，加绘等高线和必要的地形符号、文字注记，分别制成供影像地图制版印刷用的出版数字原图。

(6) 将 DOM 与等高线、必要的地形符号图层、图廓、注记图层等套合，形成 DOM 图，如图 9－10 所示。

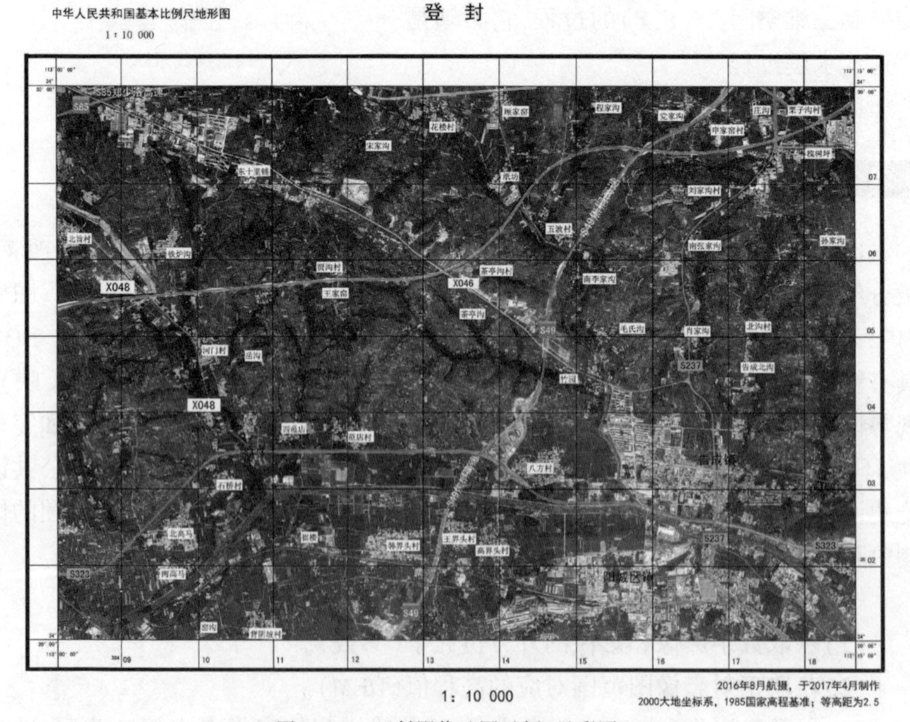

图 9－10　正射影像地图示例(见彩图)

9.5 数字遥感测绘系统

进入21世纪以来，数字遥感测绘技术得到了迅速的发展，数字遥感测绘(摄影测量)系统(DPS)得到了越来越广泛的应用，利用数字遥感测绘系统生产的产品也越来越丰富。DPS就是基于数字影像或数字化影像来完成遥感测绘作业的所有软、硬件组成的系统。目前市场上的数字遥感测绘系统可以分为两类：第一类是自动化功能较强的多用途数字遥感测绘系统，如Autometric、LH System、Z/I Imaging、Inpho、DPGrid、MapMatrix、VirtuoZo NT等，这类系统可处理各种类型影像数据，能生成数字遥感测绘全系产品；第二类是以遥感影像自动处理为主的多功能遥感影像处理系统，如ER Mapper、Erdas、Matra、Pixel Factory、MicroImages、PCI Geomatics等，这类系统大部分没有立体测图能力，主要用于遥感影像辐射/几何纠正、图像融合、正射影像生产等。

9.5.1 数字遥感测绘系统构成

1. 硬件组成

数字遥感测绘系统的硬件由计算机及其外部设备组成，如图9-11所示。

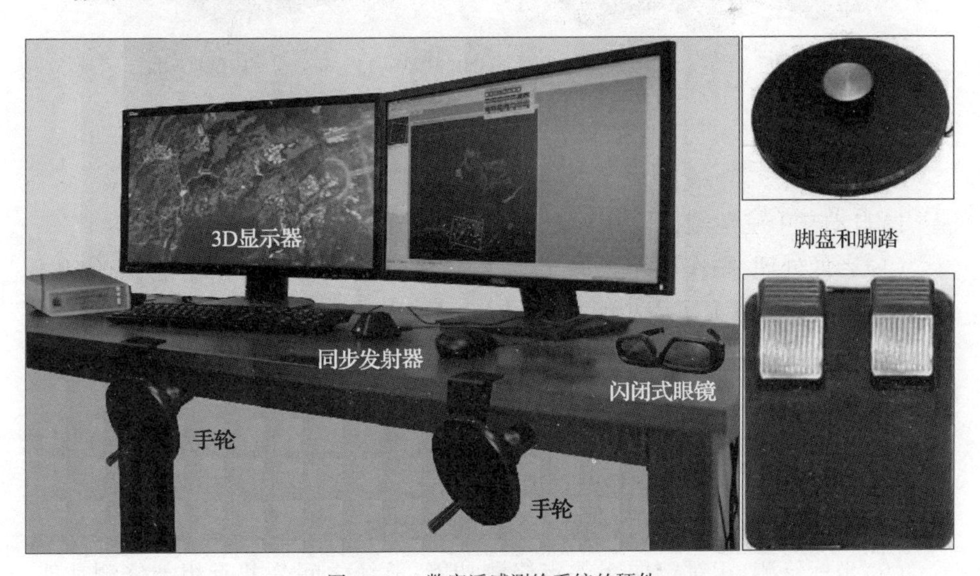

图9-11 数字遥感测绘系统的硬件

1)计算机

为了便于后期影像数据的处理,建议配置高档微机或工作站(CPU 和内存高配),并配有独立 3D 显卡。

2)外部设备

外部设备分为立体观测及操作控制设备与输入、输出设备。

(1)立体观测设备:立体观测可配置双屏或单屏显示器,双屏便于立体测图地物地貌数据采集结果显示,用于立体显示的显示器刷新频率需达到 120Hz;立体观测通常采用闪闭式液晶眼镜 + 信号同步发射器。

(2)操作控制设备:主要包括手轮、脚盘(如图 9 – 11 所示)与普通鼠标或三维鼠标(如图 9 – 12 所示)。目前的数字摄影测量系统使用普通鼠标基本能完成大部分作业任务,但是在追踪等高线时最好使用手轮和脚盘,二者配合使用可以高质量完成大比例尺测图和等高线绘制,但工作强度较大。三维鼠标可以代替传统手轮和脚盘,实现三维地形地物与线划图的全要素采集。

(3)输入、输出设备:主要包括影像数字化仪(扫描仪)、矢量绘图仪、高分辨率影像打印机(如图 9 – 13 所示)等。

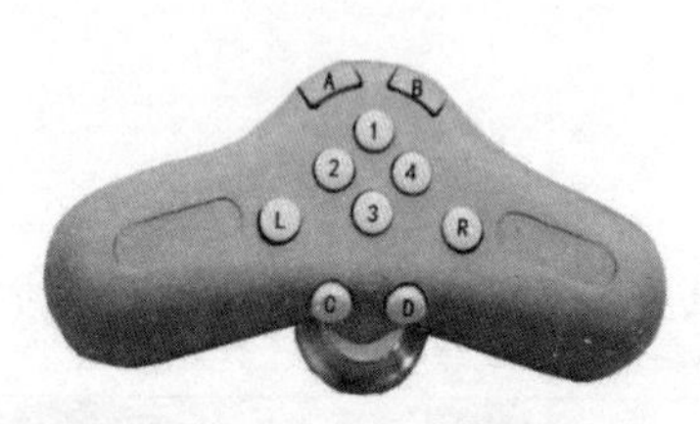

图 9 – 12　三维鼠标

图 9 – 13　高分辨率影像打印机

2. 软件组成

1)自动空中三角测量软件系统

(1)影像处理:制作压缩影像功能;彩色影像转换灰度影像功能;影像几何变换功能;制作影像金字塔功能。

(2)框标量测、内定向:人工量测框标功能;自动匹配框标功能;框标内定向功能。

(3)加密点像点坐标采集:航线拼接点、标准点位点、地面控制点人工采集功能;标准点位点、航线间公共点自动匹配功能。

(4)构建航线自由网:相对定向功能;模型连接功能。

(5)坐标修测:相对定向粗差点修测功能;航线之间公共点粗差修测功能;地面控制点粗差修测功能;保密点修测功能;自动标准点位点修测功能;测区接

边点修测功能。

(6)像点坐标反算:地面控制点反算功能;三角点反算功能;航线之间公共点反算功能;相邻测区接边点反算功能。

(7)整体平差:多项式整体平差功能;光束法整体平差功能。

(8)GPS 数据联合平差:POS 数据联合平差功能;构架航带联合平差功能。

(9)各种检查功能:检测影像文件功能;影像检查及处理功能:检查内定向成果功能;检查航线拼接点功能;检查标准点位人工点功能;检查地面控制点功能;检查保密点功能;显示最终点位图功能。

(10)各种辅助功能:测区接边功能;输出小影像功能;输出最后成果功能。

2)数字遥感测绘软件系统

(1)数字影像处理软件主要包括:影像旋转;影像滤波;影像增强;特征提取。

(2)模式识别软件主要包括:特征识别与定位,包括框标的识别与定位;影像匹配(同名点、线与面的识别);目标识别。

(3)解析摄影测量软件主要包括:空中参数计算;核线关系解算;坐标计算与变换;数值内插;数字微分纠正;投影变换。

(4)辅助功能软件主要包括:数据输入、输出;数据格式转换;注记;质量报告;图廓整饰;人机交互。

9.5.2 数字遥感测绘系统功能模块

1. 影像数字化

利用高精度影像数字化仪(扫描仪)将传统相片(负片或正片)转化为数字影像。

2. 影像处理

通过影像处理,使影像的亮度与反差合适、色彩适度、方位正确。

3. 量测

单像量测主要包括特征提取与定位(自动单像量测)及交互量测。立体量测主要包括影像匹配(自动双像量测)及交互立体量测。多像量测主要包括多影像间的匹配(自动多像量测)及交互多影像量测。

4. 影像定向

(1)内定向。

在框标的半自动与自动识别与定位的基础上,利用框标的检校坐标与定位坐标,计算扫描坐标系与像点坐标系间的变换参数。

(2)相对定向。

提取影像中的特征点,利用二维相关寻找同名点,计算相对定向参数。对于非量测相机的影像,在不需进行内定向而直接进行相对定向时,需利用相对定向的直接解。金字塔影像数据结构与最小二乘影像匹配方法一般都需要用于相对定向的过程,人工辅助量测有时也是需要的。传统的摄影测量一般只在所谓的标准点位量测 6 对同名点,数字摄影测量及与自动化与可靠性的考虑,通常要匹配数十至数百对同名点。

(3)绝对定向。

绝对定向主要由人工在左(右)影像定位控制点,由影像匹配确定同名点,然后计算绝对定向参数。可利用影像匹配技术对新、老影像进行匹配,实现自动绝对定向。

5. 自动空中三角测量

自动空中三角测量包括自动内定向、连续相对的自动相对定向、自动选点、模型连接、航带构成、构建自由网、自由网平差、粗差剔除、控制点半自动量测与区城平差结算等。数字摄影测量利用影像匹配代替人工转刺等自动化处理,可极大地提高空中三角测量的效率。传统的空中三角测量一般只在标准点位选点,数字摄影测量的自动空中三角测量在选点时,为了利于粗差剔除、提高可靠性,不仅要选较多连接点,还要保证每一模型的周边有较多的点,以便于后续处理中相邻模型的 DEM 接边及矢量数据的接边。

6. 构成核线影像

按照核线关系,将影像的灰度沿核线方向予以重新排列,构成核线影像对,以便立体观测及将二维影像匹配转化为一维影像匹配。

7. 影像匹配

进行密集点的影像匹配,以便建立 DTM。

8. 建立 DTM 及其编辑

首先由密集点影像匹配的结果与定向元素计算同名点的地面坐标,然后内插格网点高程,建立矩形格网 DEM 或直接构建 TIN。

9. 自动绘制等高线

基于矩形格网 DEM 或 TIN 跟踪等高线。

10. 制作正射影像

基于矩形格网 DEM 与数字微分纠正原理,制作 DOM。正射影像制作有两种方法:第一种方法是由立体像对建立 DEM 后制作正射影像;第二种方法是由单幅影像与已有的 DEM 制作正射影像,这需要输入该影像的参数或量测若干控制点,利用单像空间后方交会解算该影像的参数。

11. 正射影像的镶嵌与修补

根据相邻正射影像重叠部分的差异,对相邻正射影像进行几何与色彩或灰度的调整,以达到无缝镶嵌。对正射影像上遮挡或异常的部分,用邻近的影像块或适当的纹理代替。

12. 数字测图

基于数字影像的单机或立体量测、适量编辑、符号化表达与注记,形成 DLG 产品。

13. 制作影像地图

通过矢量数据、等高线与正射影像叠加,制作影像图地图。

14. 制作透视图、景观图、三维图

根据透视变换原理与 DEM 可以制作透视图,将正射影像叠加到 DEM 透视图上,可以制作真实三维景观图。

1. 什么是数字遥感测绘？什么是数字影像？什么是核线影像？

2. 什么是特征？什么是特征提取？请分别写出一个常用点特征提取算子和线特征提取算子的名称？

3. 什么是影像匹配？请写出基于灰度影像匹配的一般过程？

4. 什么是数字微分纠正？数字微分纠正通常采用什么方法？其流程是什么？

5. 一般数字正射影像地图制作流程是什么？

6. 什么是数字遥感测绘系统？通常它由哪些软硬件组成？

第10章

地形图建库出版编辑与成果检查

遥感测绘方法获取的地形图数据必须经过编辑处理,才能达到地形图入库和出版要求。这种将地形图数据按相应的规范、图式规定,经必要的技术处理,使之达到地形图入库和出版要求的过程,总称为地形图编辑。

10.1 地形图基础理论

10.1.1 地形图的基本知识

1. 地形图基本概念

(1)地形图。

地形图是地表的起伏形态和地理位置、形状在水平面上的投影图。具体来讲,就是将地面上的地物和地貌按一定的投影方法和一定的比例尺缩绘到图纸上。

(2)地形图入库数据。

地形图入库数据是在原始地形数据的基础上,经规格化处理、拓扑关系处理、属性赋值等,且满足矢量地形图数据库结构要求的矢量数据。

(3)地形图出版数据。

地形图出版数据是对地形图入库数据进行符号化、图形编辑、图廓整饰等处理,符合数字地形图出版要求的矢量数据。

2. 地形图分类

地形图的分类标志有很多种,主要有地形图的内容、比例尺、制图区域范围、地图用图、使用方式等。本书主要列举按照内容和比例尺的分类。

(1)地形图按照内容分为普通地图和专题地图。

普通地图:各种基本地理要素(水系、地貌、土质、植被、居民地、交通网、境界等)齐全,且内容详细程度相对均衡,能满足多方面的应用需求,因而也是最基本的地图,是制作专题地图的基础地图。

专题地图:重在表示某一种或几种专题要素,这些作为地图主题的要素通常比普通地图详细得多,包含了普通地图上没有而属于专业领域特殊需要的内容,但其他要素则很概略,仅视反映主题内容的需要作为地理基础予以表示,有些甚至全部舍弃。

(2)地形图按照比例尺分为大比例尺地形图、中比例尺地形图和小比例尺地形图。

大比例尺地形图:1:10 万及更大比例尺的地形图,主要有 1:5 千、1:1 万、1:2.5 万、1:5 万、1:10 万。

中比例尺地形图:介于 1:10 万与 1:100 万之间的地形图,主要有 1:25 万、1:50 万比例尺地形图。

小比例尺地形图:1:100 万比例尺地形图。

3. 地形图的数据格式

常用地形图数据格式主要有:作业软件系统格式,如 MappingStar 软件格式、MicroStation 软件格式等;出版印刷格式,如 EPS、PDf 等标准电子出版格式。标准矢量数据格式主要包括交换格式和生产格式。

4. 地形图的成果样式

地形图成果样式主要有矢量数据和印刷纸图。

10.1.2 地形图的主要要素

1. 地形图的数学基础

(1)地图投影:依据一定的数学法则,将不可展的地球曲面运用特定的数学法则展示到平面上,最终在地表面点与地图平面点之间建立一一对应的关系。地图投影的分类有多种,有等角投影、等面积投影、任意投影、圆锥投影、圆柱投影、方位投影等。大于 1:50 万比例尺地形图采用的是高斯克吕格投影,即等角横切椭圆柱投影。1:100 万地形图采用的是兰伯特投影,即双标准纬线正轴等角圆锥投影。

(2)坐标系统:地形图坐标系统采用的是大地坐标系。常用的大地坐标系分为参心坐标系、地心坐标系。参心坐标有 1954 年北京坐标系、1980 年中国大地坐标系、新 1954 年北京坐标系;地心坐标系有 2000 年中国大地坐标系。目前的地形图采用的是2000中国大地坐标系。

(3)高程基准:地形图使用的高程基准有2种,分别为1956黄海高程基准和1985国家高程基准。我国地形图现行高程基准是1985国家高程基准,原点高程72.2604m,水准原点位于青岛观象山。

(4)高程系统:高程系统分为正常高和大地高。我国地形图高程系统采用的是正常高系统,其起算面为似大地水准面。

(5)深度基准:我国于1957年起采用理论深度基准,即理论最低低潮面。

2. 地形图表示的内容

(1)地形图表示的内容包括数学要素、地理要素和辅助要素。

数学要素主要包括反映制图区域的图幅范围、表示地图要素所属地球模型的坐标系、由球面空间位置向平面位置转换的投影法则,还有表示地图对实地缩小程度的比例尺,如地图投影、坐标系、高程基准、深度基准、比例尺等。

地理要素是地形图表示的主要内容,在地形图上的表示也称为"地图要素"。地理要素一般区分为自然地理要素和社会经济要素,如居民地、水系、道路、植被、地貌、工农业文化设施、注记等。

辅助要素是为阅读和使用地图而提供的具有一定参考意义的说明性内容或工具性内容,如图名、图号、接图表、图例、坡度尺、附注、资料说明等。

(2)地形图数据包括基础数据、几何数据、属性数据、拓扑数据和注记数据。

基础数据由数学要素和辅助要素组成,包括图名、图号、比例尺、资料说明、坐标系、投影方式、接图表、数据生产单位、数据生产方式、数据生产日期等。

几何数据是描述地理实体空间位置和几何形状的数据,表示地图要素的定位特征,反映地图要素的空间位置。根据其几何特征,地图要素可以分为点状要素、线状要素、面状要素三种基本类型。

属性数据是描述地理实体质量和数量特征的数据。属性数据可以对地图要素进行语义定义,表明其"是什么",还可以全面描述地图要素的分类分级和质量、数量、名称等特征。属性数据是区分不同地理要素的本质特征。

拓扑数据是通过关系数据来描述和反映地图要素间的联系,使地图能一目了然地反映空间物体的分布及联系。

注记是地图符号的重要内容之一,主要包括地名注记和说明性注记。在地形图中,注记可以作为地图要素的属性数据元素之一,但常常将注记作为单独一类数据,便于处理和多方面应用。

3. 地形图符号

根据不同的分类标志，地形图符号可以划分为多种类型，不同的分类标准适用不同的应用需求。

(1)按照符号所表示的地理要素的空间分布特征，可将地形图符号划分为点状符号、线状符号和面状符号三大类，如表 10－1 所列。

表 10－1　按空间分布特征分类的地形图符号

点状符号		线状符号		面状符号	
	GPS 点		铁路		街区
	烟囱		公路		湖泊
	亭		河流		经济林

点状符号：如果地形图符号所代表的概念在抽象意义下可认为是定位于几何上的点，则称为点状符号。这时点状符号的大小与地形图的比例尺无关且只具有定位意义，符号的定位点与地物实际位置一致，如测量控制点、独立地物、不依比例尺居民地符号等。

线状符号：如果符号所代指的概念在抽象的意义下可认为是定位于几何上的线，则称为线状符号。这时线状符号沿着某一方向延伸且其长度与地图比例尺发生关系，如海岸线、河流、道路、等高线等。

面状符号：如果地形图符号所代表的概念在抽象意义下认为是定位于几何上的面，则称为面状符号。这时面状符号的实际范围同地形图比例尺发生关系，如植被、湖泊、面状街区等。

(2)按照符号图形与比例尺的关系，将地形图符号分为不依比例符号、半依比例符号和依比例符号，如表 10－2 所列。

表 10－2　按符号图形与比例尺的关系分类的地形图符号

不依比例尺		半依比例尺		依比例尺	
	火车站		电力线		高层房屋
	水塔		围墙		双线河
	突出树		沟渠		干出礁

不依比例符号:如果地物依地形图比例尺缩小后成为一个点,无法显示其具体形状,那么符号只代表物体在地形图上的实际位置,其图形在地形图上的尺寸与地形图比例尺无关。它基本对应于点状符号。

半依比例符号:如果地物依地形图比例尺缩小后成为一条线,无法显示其宽度,那么符号只能准确描述物体在地形图上的实际位置及其长度,其宽度则与地形图比例尺无关。它基本对应于宽度不依比例的线状符号。

依比例符号:对于分布面积比较大的地物,如果依比例缩小到地形图上后仍能保持完整的形态,那么其符号的图形严格按地形图比例尺确定。它与面状符号和依比例的线状符号相对应。

10.2 地形图编辑

地形图数据编辑处理过程一般包括数据转换、入库数据编辑、出版数据编辑、图幅接边、图外整饰等内容。以 MappingStar 软件地形图编辑流程为例,该过程如图 10-1 所示。

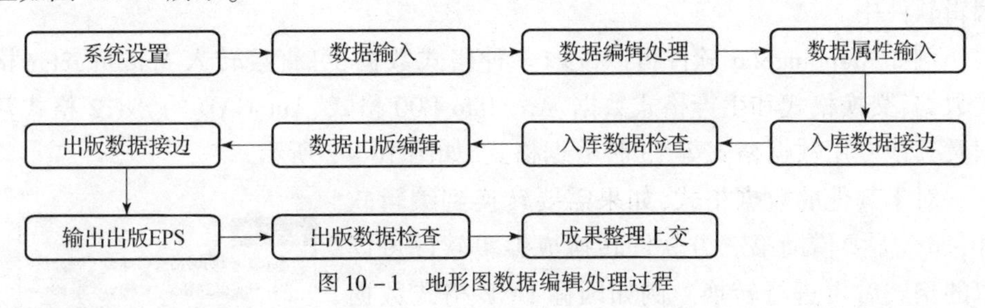

图 10-1 地形图数据编辑处理过程

10.2.1 地形图入库编辑

1. 地形图入库数据分层

地形图入库数据按照相关规定表示的内容,共分为 18 层,具体要素分层见表 10-3。

表 10-3 地形图入库 18 层数据

图层代号	表示内容	图层代号	表示内容	图层代号	表示内容
A	测量控制点	B	工农业社会文化设施	C	居民地及附属设施

续表

图层代号	表示内容	图层代号	表示内容	图层代号	表示内容
D	陆地交通	E	管线	F	水域/陆地
G	海底地貌及底质	H	礁石、沉船、障碍物	I	水文
J	陆地地貌及土质	K	境界与政区	L	植被
M	地磁要素	N	助航设备及航道	O	海上区域界线
P	航空要素	Q	特殊区域	R	注记

2. 地形图入库数据编辑流程

1)数据转换

地形图原始数据获取的手段不同,数据格式也不同,使用不同的编辑软件对数据格式的要求也不同。因此在进行数据编辑前,要将地形图原始数据转换到编辑软件中。

例如 MappingStar 软件可以读取多种格式数据,可直接转入 MappingStar 格式数据、交换格式和生产格式数据、Arc/Info E00 格式、AutoCAD 的 dxf12 格式数据及其他专用数据格式等 13 种数据格式,如图 10-2 所示。

对于其他的数据格式,如果需要转换到编辑软件,那么需要借助第三方软件转换成编辑软件可读取的格式后再进行转换。例如国标 DGB 格式数据需要转入 MappingStar 或者 MapStation 软件,并借助第三方软件将数据转换为交换格式,然后再转入编辑软件。

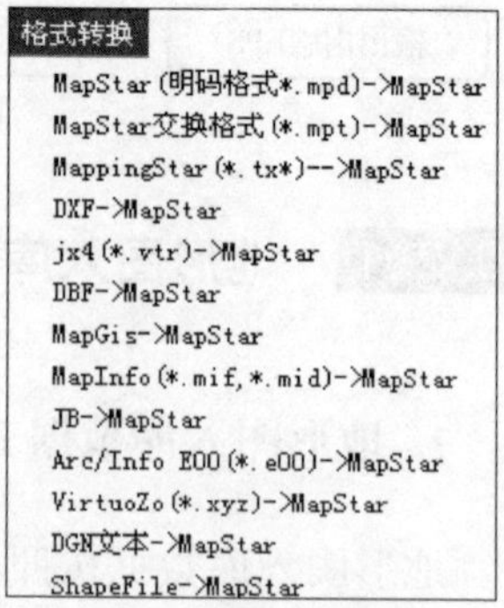

格式转换
MapStar(明码格式*.mpd)->MapStar
MapStar交换格式(*.mpt)->MapStar
MappingStar(*.tx*)-->MapStar
DXF->MapStar
jx4(*.vtr)->MapStar
DBF->MapStar
MapGis->MapStar
MapInfo(*.mif,*.mid)->MapStar
JB->MapStar
Arc/Info E00(*.e00)->MapStar
VirtuoZo(*.xyz)->MapStar
DGN文本->MapStar
ShapeFile->MapStar

图 10-2　数据转换格式

2)数据编辑

不同方法获取的原始地形图数据转入编辑软件后,不同程度地存在着要素分层错、属性编码不正确、数据不完整、存在冗余数据等问题,必须根据相关的技术要求,对原始地形图数据进行编辑处理,即:利用编辑软件提供的自动化处理功能,采用自动或人机交互式的方法,检查、编辑处理地物的伪结点、重复点、重复线等数据问题。对于部分缺少的要素,如果在采集地貌时等倾斜处的等高线未采集首曲线,那么需要利用编辑软件进行等高线内插处理等,确保数据的完整性。

(1)数据整理。

不同的编辑软件对数据的整理要求不同,例如 MappingStar 软件主要是对数据进行复缺省值、清除垃圾数据、图幅范围裁切等处理,如图 10 - 3 所示。

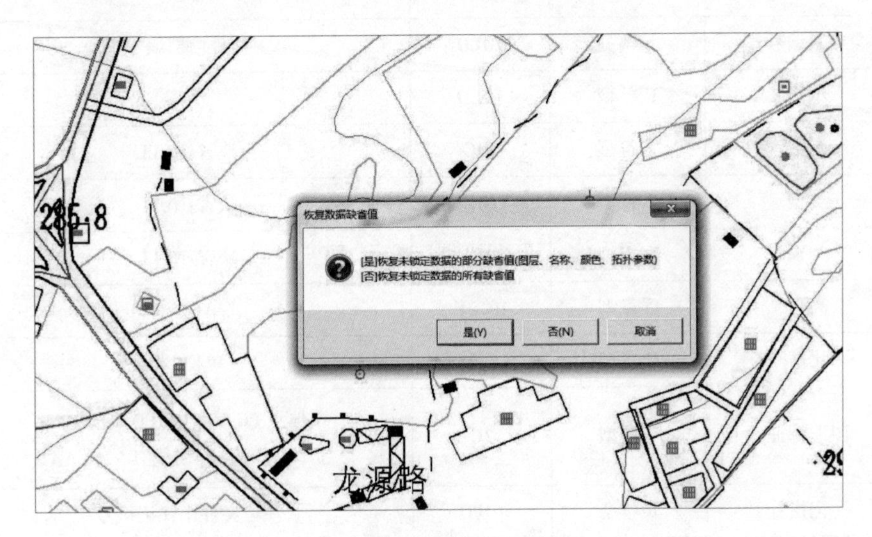

图 10 - 3 数据整理(见彩图)

(2)数据拓扑处理与检查。

数据拓扑处理与检查主要是进行分层查错、纠错和结点处理,消除数据中的伪结点、过短线、重复点、重复线等冗余错误,不同层要素共线数据复制。参与线拓扑和参与面拓扑的要素,编辑相关线要素的结点,建立好数据之间拓扑信息,根据相关属性自动或手工生成面标识点等。

在进行数据编辑时需要注意以下几点:①对各项检查和修改的参数设置,要根据数据情况和技术要求进行设置,既要保证数据的精度又要能够消除数据中的冗余错误。②进行各图层的图内闭合线复制时,注意复制的弧段必需与原始数据完全一致。③不同图层间的结点处理时,将几个需要进行重叠数据复制的图层同时打开,确保复制线的结点坐标的一致。④每个图层有各自的图内强制闭合线与图廓强制闭合线编码,在进行线复制时不能用错。

(3)数据属性录入。

数据完成编辑处理后,建立数据属性文件,并根据要素属性信息表,输入名称、类型、宽度等相关属性信息。根据相关规定,入库数据每一层有一个属性表,且各层的属性信息表不一样。因此在数据属性输入时,要对照各层的属性表输入各要素的相关属性信息。表 10 - 4 列举了工农业文化设施层和交通层的属性表内容。

表 10－4　工农业文化设施层和交通层的属性表

工农业社会文化设施 B			
数据项	数据类型	格式	备注
要素编号	长整型	10LD	文件内部编号
编码	长整型	10LD	—
名称	字符型	30C	缺省:NULL
类型	字符型	20C	缺省:NULL
类别	字符型	10C	缺省:NULL
高程	浮点型	10.2F	单位:米
比高	浮点型	10.2F	单位:米
图形特征	字符型	2C	实体点 PG、有向点 PO、结点 PN 折线 LS、弧线(曲线)LA、面 AA
注记指针	长整型	10LD	注记文件中注记编号
外挂表指针	长整型	10LD	外挂表为用户自定义表
陆地交通 D			
数据项	数据类型	格式	备注
要素编号	长整型	10LD	文件内部编号
编码	长整型	10LD	—
名称	字符型	30C	缺省:NULL
类型	字符型	20C	缺省:NULL
编号	字符型	20C	缺省:NULL
等级	字符型	20C	缺省:NULL
宽度	浮点型	10.2F	单位:米
铺宽	浮点型	10.2F	单位:米
桥长	浮点型	10.2F	单位:米
净空高	浮点型	10.2F	单位:米
载重吨数	浮点型	10.2F	单位:吨
里程	浮点型	10.2F	单位:公里

续表

陆地交通 D			
数据项	数据类型	格式	备注
比高	浮点型	10.2F	单位:米
通行月份	短整型	8D	单位:月
水深	浮点型	10.2F	单位:米
底质	字符型	20C	缺省:NULL
最小曲率半径	浮点型	10.2F	—
最大纵坡	浮点型	10.2F	—
图形特征	字符型	2C	实体点 PG、有向点 PO、结点 PN 折线 LS、弧线(曲线)LA、面 AA
注记指针	长整型	10LD	注记文件中注记编号
外挂表指针	长整型	10LD	外挂表为用户自定义表

(4)数据接边。

地形图入库数据接边分为几何位置接边和属性接边。几何位置接边是指本图数据与邻图的数据位置一致。属性接边是指本图接边处的要素编码、名称、类型等属性信息与邻图要一致。图 10－4(a)所示为乡道公路上下图几何位置不接边;图 10－4(b)所示为上下图沟渠的类型属性不接边,上图沟渠类型是“次要”,下图沟渠类型是“主要”。

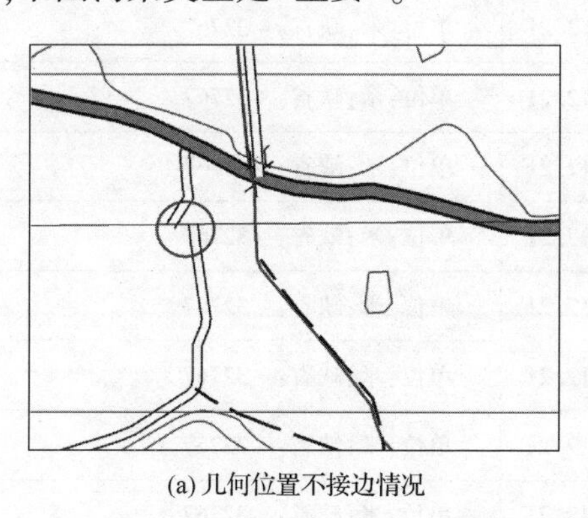

(a) 几何位置不接边情况

(b) 类型属性不接边情况

图 10－4　数据接边

(5)填写元数据文件。

元数据是关于数据的数据,是用来描述地形图数据的内容、状况、质量、特征等说明性信息。元数据中记录了数据的生产单位、生产日期、更新日期、图名、图号、图廓信息、使用的资料、政区信息、质量、接边情况等信息。在数据编辑完成后，要结合数据的实际情况，填写相关的信息，如实记录数据情况。元数据共有110项，在填写时根据实际情况填写，有信息就填写，没有就填写缺省值，表10－5列出了元数据的部分内容。

表10－5　元数据表

记录号	记录名称	类型	格式	备注
1	产品生产单位	字符型	30C	缺省:NULL
2	产品生产日期	字符型	8C	格式:YYYYMMDD;缺省:NULL
3	产品更新日期	字符型	8C	格式:YYYYMMDD;缺省:NULL
4	参照图式编号	字符型	20C	缺省:NULL
5	参照要素分类编码编号	字符型	20C	—
6	图名	字符型	30C	缺省:NULL
7	图号	字符型	10C	例如6－50－12表示成065012;缺省:NULL
8	图幅等高距	短整型	8D	单位:米;缺省:－32767
9	地图比例尺分母	长整型	10LD	缺省:－32767
10	图廓角点经度范围	字符型	20C	±DDDMMSS－±DDDMMSS
11	图廓角点纬度范围	字符型	20C	±DDMMSS－±DDMMSS
12	西南图廓角点横坐标	双精度	12.2F	单位:米;缺省:－32767
13	西南图廓角点纵坐标	双精度	12.2F	单位:米;缺省:－32767
14	东南图廓角点横坐标	双精度	12.2F	单位:米;缺省:－32767
15	东南图廓角点纵坐标	双精度	12.2F	单位:米;缺省:－32767
16	东北图廓角点横坐标	双精度	12.2F	单位:米;缺省:－32767
17	东北图廓角点纵坐标	双精度	12.2F	单位:米;缺省:－32767
18	西北图廓角点横坐标	双精度	12.2F	单位:米;缺省:－32767
19	西北图廓角点纵坐标	双精度	12.2F	单位:米;缺省:－32767
20	椭球长半经	双精度	12.2F	单位:米;缺省:－32767

续表

记录号	记录名称	类型	格式	备注
21	椭球扁率	双精度	15.9F	缺省：-32767
22	大地基准	字符型	20C	1954年北京坐标系、1980年西安坐标系、独立坐标系、地心坐标系等
23	地图投影	字符型	10C	无投影、高斯、等角圆锥、墨卡托等
24	中央经线	浮点型	10.5f	单位:度;缺省为-32767
25	标准纬线1	浮点型	10.5F	单位:度;缺省为-32767
26	标准纬线2	浮点型	10.5F	单位:度;缺省为-32767
27	分带方式	字符型	10C	3度带、6度带、不分带
28	高斯投影带号	短整型	8D	缺省：-32767
29	坐标单位	字符型	10C	米、秒、度
30	坐标维数	短整型	8D	2:二维;3:三维
31	坐标放大系数	浮点型	10.6F	缺省：-32767
32	相对原点横坐标	双精度	12.2F	几何数据左下角点横坐标;单位:米;缺省：-32767
33	相对原点纵坐标	双精度	12.2F	几何数据左下角点纵坐标;单位:米;缺省：-32767
34	磁偏角	长整型	8D	前两位为度,后两位为分;缺省-32767
35	磁坐偏角	长整型	8D	前两位为度,后两位为分;缺省-32767
36	坐标纵线偏角	长整型	8D	前两位为度,后两位为分;缺省-32767
37	高程系统名	字符型	10C	正常高、大地高
38	高程基准	字符型	30C	1956年黄海高程系、1985国家高程基准等
39	深度基准	字符型	30C	理论最低潮面、略最低低潮面、设计水位、航行基准面等
40	主要资料	字符型	10C	航片、原图、影像、野外数据等

(6)数据转出。

地形图入库编辑完成后,利用编辑软件转换成交换格式数据。前面提到过地形图入库数据共有 18 个图层,在转换交换格式时按照数据实际有的图层进行转换,每个图层有 4 个文件,即 *. MS、*. SX、*. TP、*. ZB,每个文件种类标识见表 10 - 6。

表 10 - 6 数据转出文件种类标识

文件名	文件标识
*. MS	描述文件
*. SX	属性文件
*. ZB	坐标文件
*. TP	拓扑文件

3. 地形图入库数据编辑的要求

1)地形图入库数据编辑的一般要求

各要素分类代码正确以及属性项完整;各类要素无伪节点、重复点、重复线等冗余错误;面状地物要素封闭成面,面域点生成正确、唯一;公路与县级以上居民地主要街道相交时,处理公路与街道中心线的结点关系;河流与河流结构线之间的关系正确;同一区域内点、线、面等不同要素数据间的相互关系正确;共边线的不同层地物要素在重叠部分几何数据应完全一致;地形图上不表示边线的面状要素,其边界分类代码用面属性确定的边线编码;各要素属性输入项以收集的资料为准,未收集到的内容不输入,缺省表示;数字、括号、问号等字符作为名称时一般用全角输入,作为代码、数字、编号时一般用半角输入。

2)地形图入库数据编辑的拓扑关系要求

地形图建立线拓扑的要素主要有各要素层中依比例尺表示的面状要素、公路、街道、单线河流等各类地物要素,详细建立拓扑的地物以各类作业的规范标准为依据。地形图入库数据仅在同一要素层中建立拓扑关系,同一要素层中不具有实交关系的地物不建立拓扑关系;要素的拓扑关系应注意多边形的闭合、结点匹配等,保证逻辑一致性;正确处理同一层中各要素间的结点关系,以及层与层间地形要素的衔接关系;不同属性弧段的分界点作为结点处理;面状要素一般应建立拓扑关系,每一个面域多边形仅有一个面域点。

3)各要素层入库数据编辑的详细要求

地形图入库数据分为 18 层,本书仅列出具有代表性的几层数据的编辑要求,详细各层数据的编辑要求可参考相应的规范细则。

(1)测量控制点。

测量控制点的名称、等级、高程、比高、理论坐标(不加带号)作属性输入。测量控制点与山峰同名时,注记编码赋山峰注记编码,山峰名称不单独采集。独立地物作为控制点时,分别在相应要素层中采集控制点和独立地物,在类型中加“独立地物”说明。已破坏的测量控制点在类型说明中输入“已破坏”。

(2)工农业社会文化设施。

要素的名称、类型、高程、比高等均作为属性输入,没有的属性项可缺省。半依比例尺表示的线状要素按线目标表示,如露天矿等。依比例表示的体育场等要素,按线目标沿外围轮廓线表示。

(3)居民地。

依比例尺的独立房屋、突出房屋、高层房屋的边线赋面属性确定的边线属性;对在数据采集过程中采用简化方法获取的街区式居民地骨架数据,按成图要求进行处理;运动场、水域等面状要素在街区中应空出;破图廓的街区,用图边强制闭合线闭合;居民地有总名和分名时,一般将分名在属性表中输入;当分名指向的居民地无明确分界时,则在属性表中输入总名。居民地应输入相应级别最新行政区划代码,无资料时输入上一级的行政区划代码。

(4)陆地交通。

铁路、铁路车站应输入路线名称、车站名称和代码,电气、轻便、缆车道等铁路还应输入类型说明,如“电气”“轻便”“缆”等;公路属性应输入编码、名称、技术等级、道路编号、路面宽度、铺面宽度和铺面类型等;公路交叉点和属性变换点均为公路线目标的分割结点,按结点处理;铁路、公路通过海峡、双线河等的渡口,弧段分割在岸线上,赋渡口相应属性;国道、省道通过的渡口还应输入相应的公路编号;高速公路出入口匝道应正确表示编码;有名称的街道应输入名称,与有编号的道路相连接的街道应输入道路编号;路堤应拷贝道路中心线赋路堤属性,并输入类型属性。

(5)管线。

管线按实际情况输入名称、类型、净空高度和埋藏深度等属性,类型包括电力线伏特数(以 kV 为单位)和各种管道的用途(油、煤气、水、蒸汽)等。电力线的端点处为电站、变电所,应将电力线的端点处理在电站、变电所的中心位置;电力线遇居民地等面状地物,电力线不间断。

(6)水域/陆地。

有名称的河流、运河、沟渠应输入名称,一条河流上、中、下游名称不同时,应按河名指向范围将河流分成不同的目标段表示,分段赋河流名称,并赋相应河流代码。在双线河流与湖泊、水库、海洋汇水处,不同名称段双线河流分界处,需加图内面域强制闭合线，形成各自封闭的多边形。河流入海口，应将河流常水位岸线与海岸线分开，分别赋相应属性。常水位岸线、海岸线与一般堤、无滩陡岸等线状要素重叠时，岸线不间断表示，一般堤和无滩陡岸等线状要素采用拷贝生成，赋相应属性。双线依比例尺表示的河流、运河、沟渠、时令河、干涸河等，以及有单线河或双线河穿越的湖泊、水库、池塘、时令湖、干涸湖等，在双线或多边形中心线或主航道上采集河流结构线，与单线河流连接共同构成河流网络；双线河流、沟渠结构线的河流代码、名称属性与其所在的河流、渠道相同，河流结构线穿越湖泊、水库等的，其河流代码、名称属性应赋与之相连接的河流、渠道等的属性；湖泊、水库等是上下游河流名称的分界时，应赋上游河流属性。不依比例尺表示的码头按线目标采集。依比例尺表示的各类码头，按面目标采集，码头边线与岸线重叠时不重复采集，没有岸线的部分用图幅内强制闭合线封闭。

(7)陆地地貌及土质。

等高线分为首曲线、计曲线、间曲线、助曲线、草绘曲线和任意曲线。其属性类型缺省为普通等高线，雪山等高线在类型码中输入“雪山”。等高线的类别分为正向和负向，缺省为正向，负向地貌应在类别码中输入“负向”。各类等高线均应输入高程值。等高线遇单线冲沟，单线河、公路、陡崖等要素及注记压盖而间断表示时，应根据曲线走向连接。在入库数据中等高线除遇到大的地貌要素(如面状的陡石山、崩崖、露天矿等)外，均应连续完整表示。

(8)境界与政区。

各级境界按连续的线目标表示，一般应组成封闭的多边形；境界层面域点要输入相应的政区名称和政区代码；对延伸到海部的境界线，拷贝海岸线数据使面域闭合，赋图内强制闭合线属性；境界在海湾或河流入海口中部，汇合点应选择海岸线与境界线最接近之处，海岸线与境界线之间加图内强制闭合线，使其闭合；穿过海岸线延伸到海部的境界，作为线目标表示，不必形成封闭面域；没有境界包围的海岛，应拷贝其岸线数据到境界层，赋图内强制闭合线属性，输入相应的政区代码和名称。

(9)植被。

同一面域中的森林有多个树种时，按其主次选择主要树种在类型中输入；植被层面状要素与道路、水系、居民地等共边时，拷贝共边部分为植被层图内强制闭合线，与原有的植被边线形成面，面域点赋相应的面属性；植被中的水域、街区应空出，赋要素层背景面属性。

(10)注记。

名称注记应输入主记的字体、字型、字大(级)、字向(角度)、颜色等属性。有实体对应的名称注记，在实体属性中要输入名称，如古塔名称、行政村以上居民地名称等；对于要素实体或范围不能准确定位的地名，地名定位点在要素概略中心位位置上表示，如水库、海湾、河流名称等。无实体对应的名称注记只在注记层表示名称。对于河流、公路、铁路等较长的线状要素的名称，在图内入库时只表示一组注记，出版时应根据要素分布情况分段注出。

10.2.2 地形图出版编辑

地形图出版编辑是指对地形图入库数据在入库编辑的基础上，按照地形图出版的符号规格、压盖关系、要素间的相互关系等进行数据编辑，形成满足要求的地形图出版数据，并输出 EPS 或 PDF 数据。

1. 地形图出版数据分层

地形图出版数据表示的要素按照有关规定要求，共分为 9 大类，具体表示要素见表 10－7。

表 10－7 数据转出文件种类标识

序号	要素	序号	要素	序号	要素
1	测量控制点	2	居民地	3	工农业和社会文化设施
4	交通运输设施	5	水系及其附属建筑	6	植被
7	地貌与土质	8	境界	9	注记

2. 地形图出版流程

（1）入库数据符号化。

符号化是指在编辑软件中将入库编辑完成的成果数据根据地形图图式规定，对点、线、面等地物要素配置相应的符号。例如面状街区、湖泊、水库、双线河流、植被等配置面域符号，图 10－5（a）所示为入库数据，图 10－5（b）所示为符号化后的出版数据。

（2）图廓整饰。

将符号化后的出版数据按照图幅的相关信息生成图廓整饰文件，并加载到数据中。图 10－6 所示为一幅 1∶5 万比例尺的图廓整饰样例，按照从上到下从左到右的顺序依次为左上角图号、图号、图名、政区说明、密级、图例、附注、左下角图号、接图表、三北方向角、比例尺、版权单位、坡度尺、图幅使用资料说明，中间主体是方里网线及方里网注记。

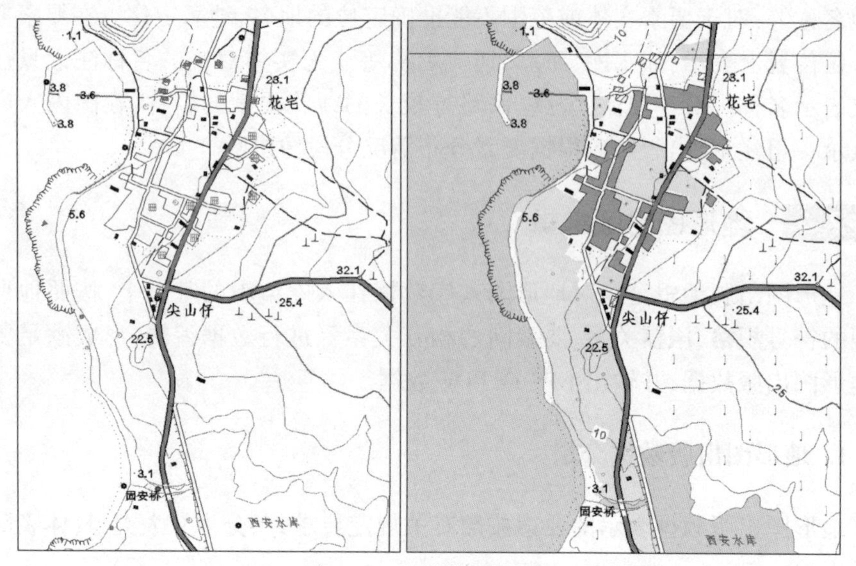

图 10－5　入库数据符号化

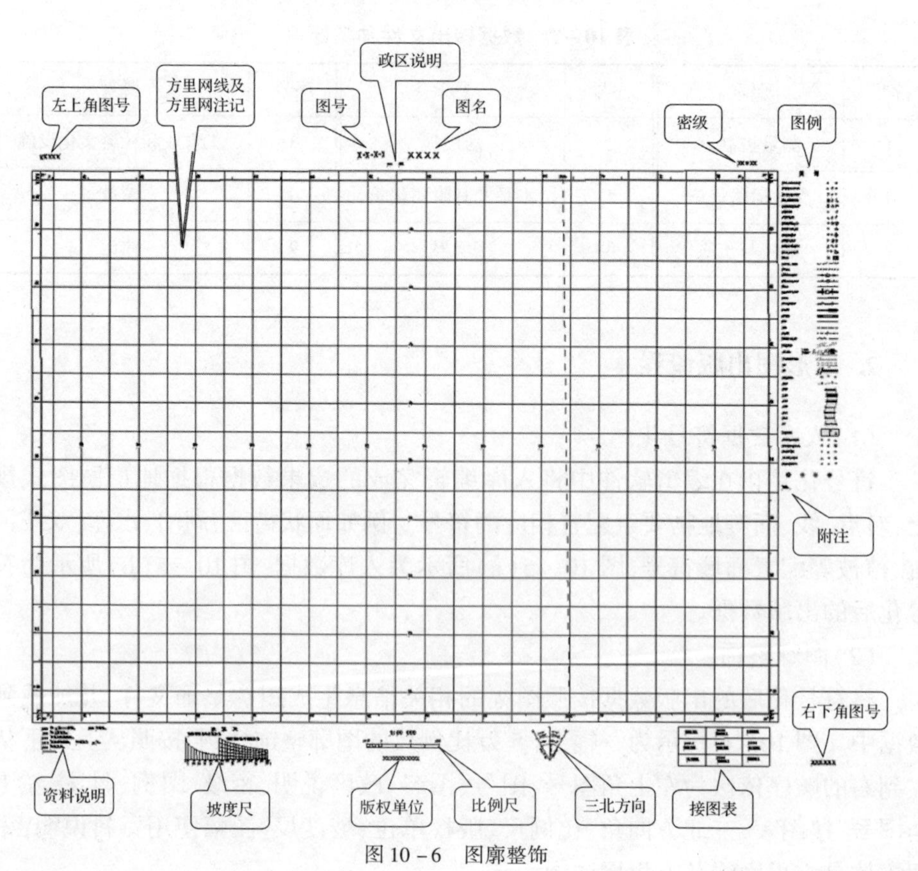

图 10－6　图廓整饰

（3）出版数据编辑。

根据相关的图式、细则等规范要求，正确处理要素间的相互关系，确保地形图出版数据其线划光滑、自然，无抖动、无重复等现象，符号表示规格应符合相应比例尺地形图图式的规定，注记应尽量避免压盖地物，地物符号间应保持规定的间隔，达到清晰、易读。主要是进行要素（如比高、高程、类型、宽度等属性信息）注记标注；河流根据长度进行上下游、主支流渐变；双线道路交叉口符号处理；注记与地物要素避让关系处理；面域配置符号避让及压盖关系处理等。

（4）数据接边。

地形图出版编辑完成后，本图应与邻图数据进行接边，主要进行位置接边和符号接边。位置接边，是进行几何位置接边，确保两边的数据接边位置一致。符号接边，是要确保两边数据要素符号一致。线状地物除属性和位置必须严格接边外，在图廓处过渡应自然、光滑，避免在图廓处产生小折角或走向不合理，如图10－7所示。

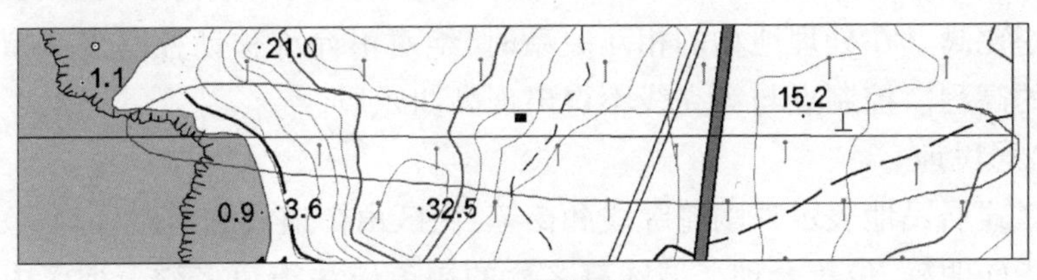

图10－7　数据接边

（5）输出出版EPS或PDF数据。

出版数据完成接边后，按专色输出EPS。图10－8（a）所示为在编辑软件中显示的出版数据，图10－8（b）所示为转出的EPS数据。

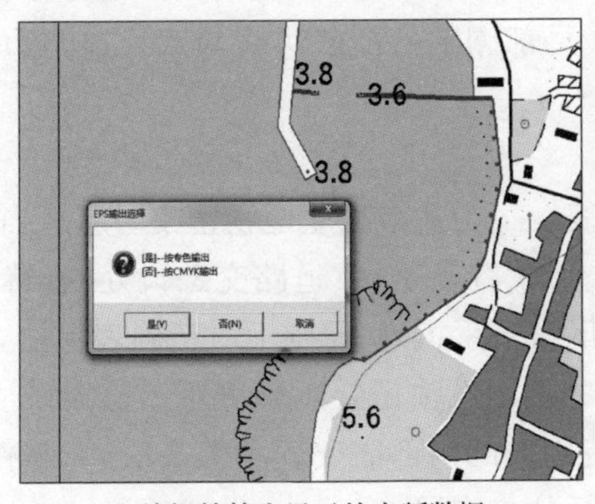

(a) 编辑软件中显示的出版数据

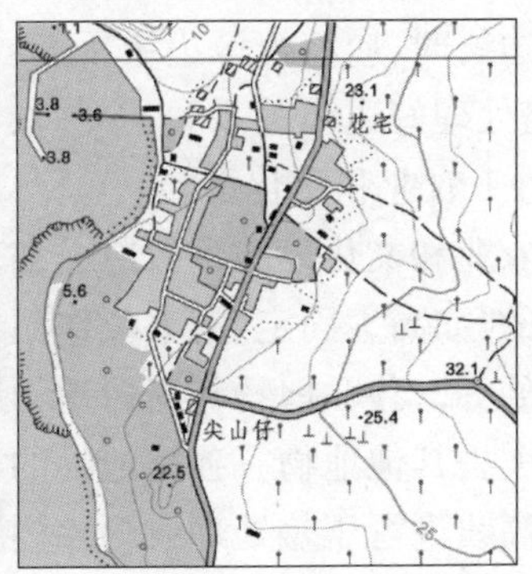

(b) 转出的EPS数据

图10－8　输出出版数据

3. 出版数据编辑的要求

1)出版数据编辑的一般要求

要素符号应正确配置。图层间的叠制应确保顺序正确,不能无故压盖。属性注记应正确标注,例如道路及其附属设施、管线等的属性标注以及地物的比高、沟宽、水深、类型等。

各要素间的相互关系应正确标注,点状符号的压盖关系应处理合理。居民地、水系、植被等面域符号应配置正确,上下层压盖顺序应标注正确。配置符号与周围地物的关系应标注正确。道路与道路、道路与河流交接处连通性应标注正确。

2)出版数据编辑详细要求

(1)测量控制点。

测量控制点与独立地物重合时,出版只表示独立地物符号,并注出控制点高程和地物比高。在处理地物的相互关系时,绝对不允许移动控制点或擅自修改控制点的高程。控制点与等高线不得出现高曲矛盾。

(2)居民地。

街区式居民地表示外围轮廓线和街道,街区由街道线和道路分割生成,居民地注记指向明确、位置合理。城区有名称的街道应注街道名称。街区内的街道应贯通。成排分布的窑洞,应保持两端窑洞位置准确,中间内插表示,多层分布的窑洞应保持上下层位置准确,中间层内插表示。高架在水面上的房屋按真实位置表示,对于伸入水面上的房屋,水涯线至房屋的边缘应间断,当房屋紧靠湖等岸边且间隔小于图上 0.2mm 时,房屋边缘可代替水涯线。独立符号、注记压盖街区边线时,应将街区边线压盖或局部删除。街区边线与双线道路边线重合时,严格处理好边线关系。

(3)工农业和文化设施。

工农业和文化设施一般应详细表示。当几个独立地物密集时应适当舍去一些次要的,如高大固定、有方位作用、形状容易辨认、道路交叉口处、有特征的河流拐弯处等。独立地物与周边地物压盖关系正确,原则上应精确表示独立地物,移动或舍去其他地物。独立地物的各类属性注记要正确表示。露天矿、采掘场内的等高线进行压盖处理或删除(特别大的内部需要表示等高线)。与控制点、高程点重合的独立地物按照要求进行分式注记。

(4)交通运输设施。

正确表示各种道路编号、名称。正确标注各种道路的属性信息,如宽度、类型等。各种附属设施的标注(如里程碑、桥梁注记、路堤比高注记等)要正确、规范。各种双线路之间、单线路与双线路之间、单线路与单线路之间的交叉路口应正确表示,如双线路之间互相贯通、单线路与双线路之间实部与双线路边线相交、单线路与单线路之间实部相交。普色公路过街道时,国道、省道通过街区套色不中断,县道通过县以下居民地街区时套色不中断,通过县及县以上居民地街区时套色中断。高速公路的匝道、高架桥梁等符号、上下层关系要正确,路堑、路堤等齿状物的方向要正确。电力线电压值标注要正确表示。电力线的拐点表示要正确完整。面状居民地内部的电力线不表示,距铁路、公路3mm以内的电力线仅在其分岔、转折处表示一段符号以示走向。正确表示电力线与变电所、发电厂的关系。

(5)水系及其附属建筑。

河流与等高线套合发生矛盾时,根据地形特点一般应移动等高线,等高线移位变形太大时,应检查河流位置是否判读准确,再视情修改河流或等高线。平坦地区的河、渠与铁路、公路的位置发生矛盾时,可移动河、渠符号,铁路、公路一般不移位;平直道路与河、渠平行时,可同时移位。山区的河、渠与道路的位置发生矛盾时,则移动道路符号,保持河、渠位置不变。当房屋紧靠河、湖岸线,其间隔小于0.2mm,且其间无道路通过时,房屋边线可代替水涯线。道路两侧均是水系时,道路不动,外移水系。单线河流线划粗度应渐变,并与邻图做好接边处理,避免上下游线划粗度不协调。有名称的河流、沟渠、水库、湖泊等视情加注一组或几组名称,河流的上游名称字大不得大于下游。河流过桥、水坝、水闸等应线划中断。

(6)植被。

面状植被配置符号时应做到每个线状地物分割的区域至少配置一个符号;面积较大时,可放宽植被符号的间距配置符号。自动配置植被符号后,根据压盖关系、与其他地物和注记的间隔,适当调整植被符号位置,做到既表示清晰又美观大方。面状植被有树种、树高、树径等属性,且面积符合图式规定时,出版应注出。

(7)地貌及土质。

等高线一般应连续,当遇到陡坎、路堑、双线河渠等要素时应中断;当等高线特别密集影响图面清晰(首曲线之间空白小于0.2mm)时,需要间断等高线,间断等高线不能造成高程的判读失误,不能造成陡缓坡形的改变。间断等高线方法是:一三二四间隔断,最高最低不能断,计曲线也不能断。山头、鞍部、倾斜变换处等高线应位置准确,凹凸不易辨认的等高线应加示坡线,山顶最高等高线在图上直径小于0.4mm时应放大到0.4mm表示。等高线以外的各种地貌要素(如冲沟、陡石山、陡崖、沙丘、冰塔、堤、坎等)在图上的位置、形状、方向、大小要准确;对典型的地貌(如冰川地貌、黄土地貌、沙丘地貌、岩溶地貌、海岸地貌等)应突出表示其地貌特征;高程点与等高线山头的间距要满足0.2mm,与最近一根等高线的高程值要匹配正确,不能出现高曲矛盾。等高线应加注等高线高程注记,等高线注记字头指向朝向山头,字头避免朝下,避免在等高线转折处标注,且分布要均匀。

(8)境界。

国界应根据国家正式签订的边界条约或边界议定书及附图按实地位置在图上准确绘出,国界上的界碑、界桩、界标应注编号和小标号,并上报相关机构审核。境界线出图廓处应在图廓间加注对应的政区名称。国内境界只表示县级以上各级行政区境界,两级以上境界重合时只绘出高一级境界符号,并注高一级行政区名称。飞地的界线用隶属的行政单位的境界符号表示,并加隶属说明注记。国内境界以线状地物为界时,可沿线状地物跳绘。国家或省级人民政府颁布的自然与文化类保护区应用相应的符号表示,并在内部加注保护区名称。

(9)注记。

地图注记分为名称注记、说明注记和数字注记三种,其中:名称注记表示地面物体的名称,如居民地、道路、河流等;说明注记是对地物种类、性质或特征的补充说明,如路面性质、树种等;数字注记是说明地物的数量特征,如高程、比高、宽度、流速等。各类注记位置指向应明确清晰。注记的颜色应与其相应要素用色一致,即水系要素用蓝色注记,地貌要素用棕色注记,其他要素用黑色注记。注记放置有水平字列、垂直字列、雁行字列、屈曲字列,其中:雁行字列多用于河流、沟渠、山脉、山谷等地物名称注记;屈曲字列多用于道路、管线等地物名称注记。注记密集时可取舍,优先表示高等级注记,重要党政机关、医院、大学、大型化工厂等应注记,企事业单位名称可简注。对于跨图幅的居民地,图内较大部分的注记注在图内,较小部分注在图廓间。各色注记不得相互压盖,黑线划、黑符号不得压盖任何注记,同色线划或符号不得压盖同色注记。生僻字应在图历簿注明读音,并在地图附注中说明。

(10)图廓整饰。

图廓整饰的内容、位置、规格均需按图式要求进行设置。整饰内容必须完整、正确,不得有多余内容。图廓整饰的内容主要包括方里网线、方里网注记、图名、图号、政区注记、图例、附注、比例尺、坡度尺、接图表、三北方向、出版说明、图幅索引号等,对于跨带的图幅还应加绘邻带方里网线和邻带方里网注记。对于图幅上方的图名,两个字的中间空2个字的间隔,三个字的空一个字的间隔,四个字以上的空2mm的间隔;接图表中图名2个字的,空一个字的间隔。对于图幅的生僻字、不接边情况、磁偏角的计算依据等特殊情况,需在图例下方做附注说明。

10.2.3 地形图的接边原则

数字地形图必须经过接边处理，包括跨投影带相邻图幅的接边。原则上本图幅负责西、北图廓边与相邻图廓边的接边工作，但当相邻的东、南图幅数据为前期已经验收完成数据时，后期更新的图幅应负责与前期更新数据的接边。

相邻图幅相应接边要素之间距离为图上0.3mm以内的，可以移动一边数据直接接边；0.6mm以内的，两边平均移动接边；超过0.6mm的，应检查和分析原因，由技术负责人根据实际情况决定接边方法。

经过接边处理的要素关系应基本协调合理，主要要素应严格接边；一些次要要素（如小路等）原则上也应严格接边，接边时可通过舍弃或补充部分次要要素，实现与相邻图幅要素的接边。对于因客观原因未接边的情况，需在元数据、图历簿及出版图附注中说明情况。

10.3 地形图成果检查验收

数字地形图成果检查通常包括质量控制软件检查和喷绘纸图对照检查，一般按形式检查、精度检查、要素内容检查的顺序进行。形式检查，主要是检查成果目录、文件命名、数据格式等是否符合任务要求，成果数量是否正确。精度检查，主要是检查成果的各项位置精度是否符合任务要求。要素内容检查，主要是检查成果的各项要素内容、属性等是否符合任务要求。

10.3.1 检查的依据

（1）测绘任务书、合同文件中有关成果质量特性的摘录文件或委托检查、验收文件。

（2）国家和行业有关技术规范、标准。

（3）技术设计书和有关的技术规定等。

10.3.2 检查的内容

地形图成果检查内容通常包括形式检查、精度检查、要素内容检查等。

1. 数据形式

（1）数据文件命名格式、文件格式、记录格式等是否符合规定。

(2)数据文件能否正确读写,有无异常数据、非法字符。

(3)数据源生产日期是否正确,使用的资料是否为最新的资料。

(4)所上交的文档资料填写是否正确、完整。

(5)元数据文件、图历簿内容是否正确、完整。

2. 数学精度

(1)检查图幅的数学基础、空间定位系统是否正确,包括采用的地图投影、大地坐标系统、高程系统等。

(2)等级控制点、图廓点和坐标网交点的坐标精度是否符合要求。

(3)图廓边与图廓对角线的精度是否符合要求。

(4)地形要素的平面、高程精度是否符合要求。

3. 地形图入库数据

(1)各层名称是否正确,是否有漏层。

(2)要素分层、分类分级是否符合规定。

(3)属性项是否完整、正确,属性变换点是否合理。

(4)各要素内容是否建立了拓扑关系,拓扑关系建立是否正确。

(5)有向符号、有向线状要素的方向是否正确。

(6)弧段构面是否闭合,面域点是否正确。

(7)各要素的关系表示是否合理,是否能正确反映各要素的分布特点和密度特征。

(8)有实体对应的注记是否挂指针,指针挂接是否正确。

4. 地形图出版数据

(1)各要素之间、层与层之间关系处理是否正确,有无重叠、压盖。

(2)图面是否清晰,编辑精度、工艺是否满足要求,各要素符号是否正确,尺寸是否符合图式规定。

(3)图形线划是否连续光滑、清晰,线宽是否符合规定。

(4)被不同要素割断时要素的连通性表示是否符合规定。

(5)要素形态表示是否正确,有无严重失真。

(6)地名生僻字处理是否符合规定。

(7)各种注记有无错漏,位置是否正确合理,指向是否明确,字体、字大、字向是否符合规定。

(8)图面配置、图廓内外整饰是否符合规定。

5. 接边

(1)接边要素是否完整,要素关系处理是否合理。

(2)接边要素几何精度、属性信息是否符合规定要求。

(3)对于线状桥等横跨两幅图表示的符号,有无多余符号出现。同一桥梁两侧标注的名称、属性等要素是否一致。

(4)同一道路两侧标注的名称、属性等要素是否一致。

(5)路端注记是否与邻图情况一致。

(6)接边处单线河的渐变是否一致。有名称的河流名称是否一致、大小是否合理。

(7)电力线在接边处有无拐点存在(电力线两图之间应是直线走向)。

(8)在图幅的接边处,境界的级别是否一致,界端注记是否一致。

6. 复查

(1)上交数据是否为修改后的最新数据成果。

(2)检查中发现的问题是否逐一修改。

(3)问题修改是否正确,是否保持了数据的一致性和完整性。

(4)有无新出现、新发现的错误。

10.3.3 检查的方法

地形图质量检查方法包括软件自动检查、人机交互检查和喷绘纸图检查。

1. 地形图入库成果

地形图入库成果主要是使用编辑软件(如 MappingStar),进行要素相互关系、伪节点、冗余点、互相交、接边情况等检查。利用检查软件(如 MappingCheck),主要进行数学精度、属性、拓扑关系、元数据等检查。

2. 地形图出版成果

地形图出版成果主要是利用编辑软件(如 MappingStar),进行数学精度、要素相互关系、要素符号、河流渐变、图廓整饰、数据接边等检查。利用 Illustrator 软件,检查出版 EPS,主要检查要素符号的压盖关系、图面清晰度、编辑工艺等。

利用喷绘纸图，检查图面的要素符号表示、要素间的相互关系等整体的处理效果。

10.3.4 检查结果评定标准

1. 缺陷类型及分类

(1)缺陷类型。

地形图成果缺陷类型见表10－8。

表10－8 地形图成果缺陷类型

缺陷类型	缺陷类别代码	备注
严重缺陷	A	导致成果不合格、无法正常使用的缺陷
较重缺陷	B	一定程度上影响成果正常使用的缺陷
一般缺陷	C	轻微影响成果正常使用的缺陷

(2)缺陷分类。

地形图成果的缺陷性质分类按相关规定执行。

2. 单位成果质量等级评定

(1)质量评定单元。

地形图成果质量评定以“幅”为单位。

(2)单位成果质量评定。

单位成果质量按照百分制评定，质量等级根据得分值按表10－9确定。

表10－9 地形图质量等级

质量得分/分	质量等级
$90 \leqslant S \leqslant 100$	优秀
$75 \leqslant S < 90$	良好
$60 \leqslant S < 75$	合格
$S < 60$	不合格

3. 批成果质量评定

根据单位成果质量结果判定批成果质量。当单位成果中有不合格时,批成果质量为不合格;当单位成果全部合格时,批成果质量等级为合格,并统计优良率。

4. 单位成果质量统计记录与计算

1)统计记录

地形图成果质量检查应完整、真实地记录质量元素差错情况,并填写相应的成果质量检查记录表。

2)统计计算

(1)扣分标准。

缺陷扣分标准见表10-10。

表10-10　缺陷扣分标准

缺陷类型	缺陷类别代码	扣分标准/分
严重缺陷	A	41
较重缺陷	B	6
一般缺陷	C	1

(2)计算公式。

单位成果质量分数S计算公式为

$$S=100-[41a_1+(6a_2+1a_3)\times 平均定额工天 \div 图幅定额工天] \tag{10-1}$$

式中:a_1为A类缺陷个数;a_2为B类缺陷个数;a_3为C类缺陷个数。

1. 地形图按照比例尺分为哪几类?
2. 地形图的符号分为哪几种?
3. 地形图编辑流程是什么?

4. 地形图入库数据分层及入库编辑的一般要求是什么？
5. 地形图出版数据分类及出版编辑的一般要求是什么？
6. 地形图接边的原则是什么？
7. 地形图入库数据主要检查内容有哪些？
8. 地形图出版数据主要检查内容有哪些？
9. 地形图的检查方法有哪些？

参考文献

[1]刘静宇. 航空摄影测量学[M]. 北京:解放军出版社,1995:45 - 65,114 - 141.

[2]徐青,吴寿虎,朱述龙,等. 近代摄影测量[M]. 北京:解放军出版社,2000:84 - 191.

[3]张保明,龚志辉,郭海涛. 摄影测量学[M]. 北京:测绘出版社,2008:12 - 46.

[4]冯伍法. 遥感图像判绘[M]. 北京:科学出版社,2014:10 - 100.

[5]李德仁,王树根,周月琴. 摄影测量与遥感概论[M]. 北京:测绘出版社,2008:104 - 116.

[6]张彦丽. 摄影测量学[M]. 北京:清华大学出版社,2020:24 - 26,124 - 130.

[7]龚涛. 摄影测量学[M]. 成都:西南交通大学出版社,2014:133 - 190.

[8]潘洁晨,王冬梅,李爱霞. 摄影测量学(第3版)[M]. 成都:西南交通大学出版社,2016:135 - 150,165 - 172.

[9]丁华,张继帅,李英会,等. [M]. 北京:清华大学出版社,2018:6 - 48,149 - 163.

[10]邹晓军. 摄影测量与遥感[M]. 北京:测绘出版社,2011:108 - 119.

[11]李经纬,周金国. 无人机倾斜摄影三维建模[M]. 北京:电子工业出版社,2019:31,72 - 74.

[12]杨可明. 摄影测量基础[M]. 北京:中国电力出版社,2011:107 - 110.

[13]张丹,刘广社. 摄影测量[M]. 郑州:黄河水利出版社,2021:62 - 65.

[14]段延松,曹辉,王玥. 航空摄影测量内业[M]. 武汉:武汉大学出版社,2018:1 - 16,33 - 40.

[15]刘广社,高琼,张丹. 摄影测量与遥感[M]. 武汉:武汉大学出版社,2013:129 - 132.

[16]李玲,黎晶晶. 摄影测量与遥感基础[M]. 北京:机械工业出版社,2014:188 - 202.

[17]秦玉刚,李晓诗. 倾斜航空摄影空中三角测量技术及精度分析[J]. 北京测绘,2019,33(9):1113 - 1116.

[18]曹辉. 智能空中三角测量中若干关键技术的研究[D]. 武汉:武汉大学,2013:114 - 115.

[19]无人机航测入门知识——空中三角测量加密[EB/OL]. http://www.surveyhome.cn.

[20]张继贤,顾海燕,杨懿,等. 高分辨率遥感影像智能解译研究进展与趋势[J]. 遥感学报,2021,25(11):2198 - 2210.

[21]测绘学名词审定委员会. 测绘学名词[M]. 4版. 北京:测绘出版社,2020:62 - 63.

[22]陈微,赵晶,喻忠伟. 基于MapMatrix的输电线路工程DEM编辑应用[J]. 北京测绘,2021,35(5):627 - 629.

[23]王永祥. 浅谈VirtuoZo和MapMatrix在3D产品中的应用[J]. 测绘与空间地理信息,2013,36(7):139 - 141.

[24]武汉航天远景科技有限公司. MapMatrix软件使用手册[G]. 武汉:武汉航天远景科技有限公司,2018.

[25]武汉适普软件有限公司. 适普软件使用手册[G]. 武汉:适普软件有限公司,2017.

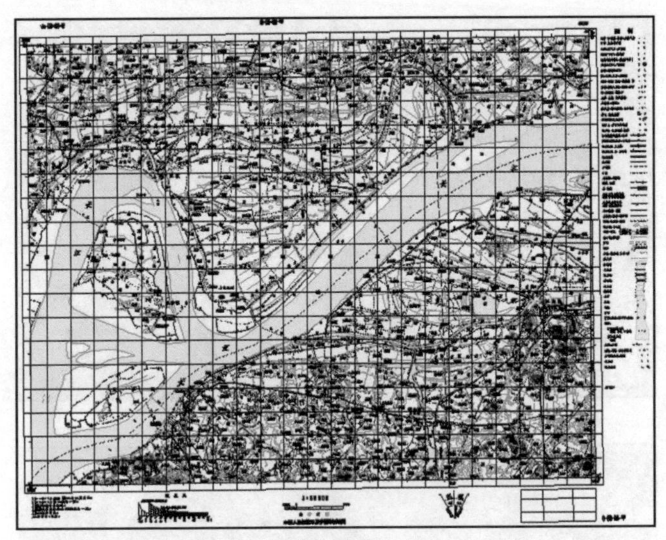

(a) DRG

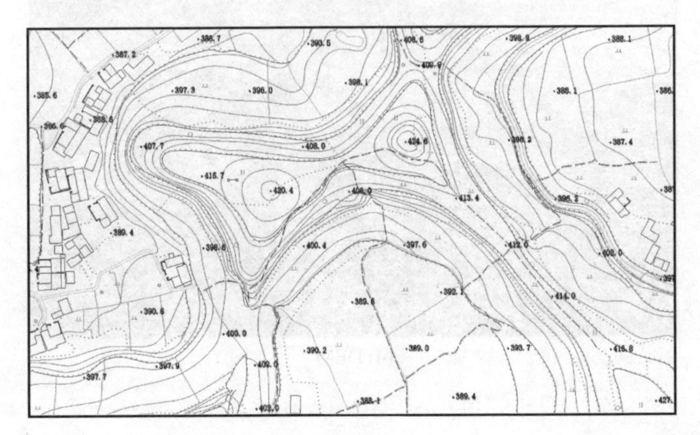
387.2
393.5
385.6
397.3
396.0
398.1
388.1
387.4
407.7
408.0
415.7
420.4
424.6
413.4
389.4
400.4
397.6
412.0
402.0
390.6
392.1
414.0
400.0
390.2
389.0
393.7
397.9
397.7
389.4

(b) DLG

(c) DOM

(d) DEM

图 1 – 5　遥感测绘 4D 产品

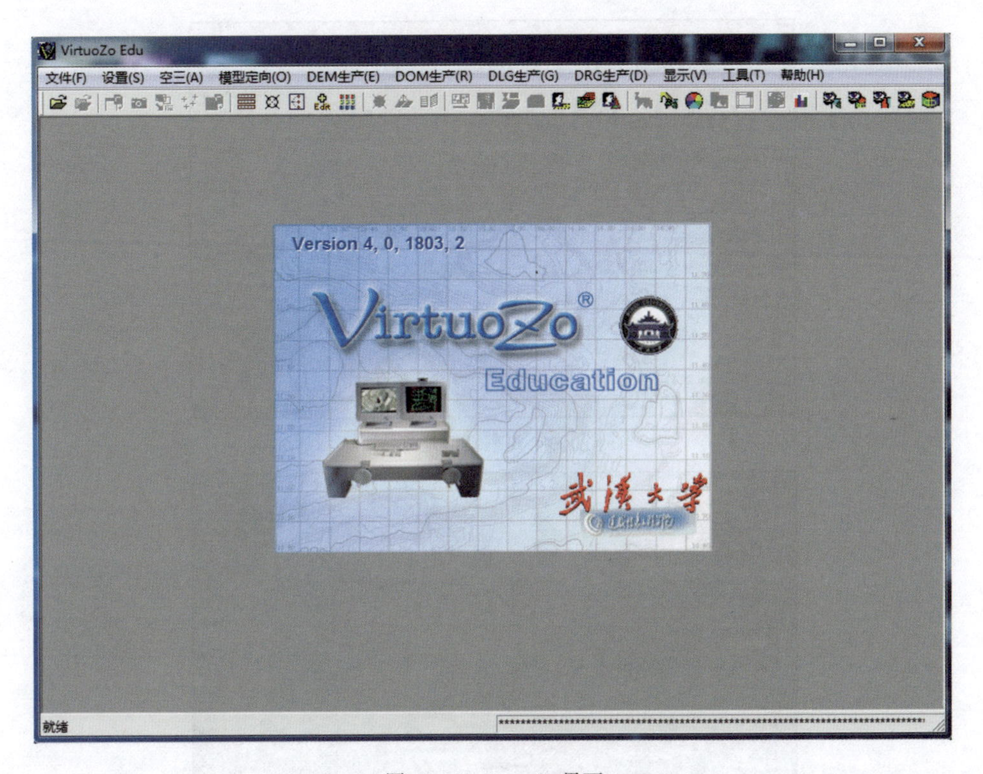

图 1－14　VirtuoZo 界面

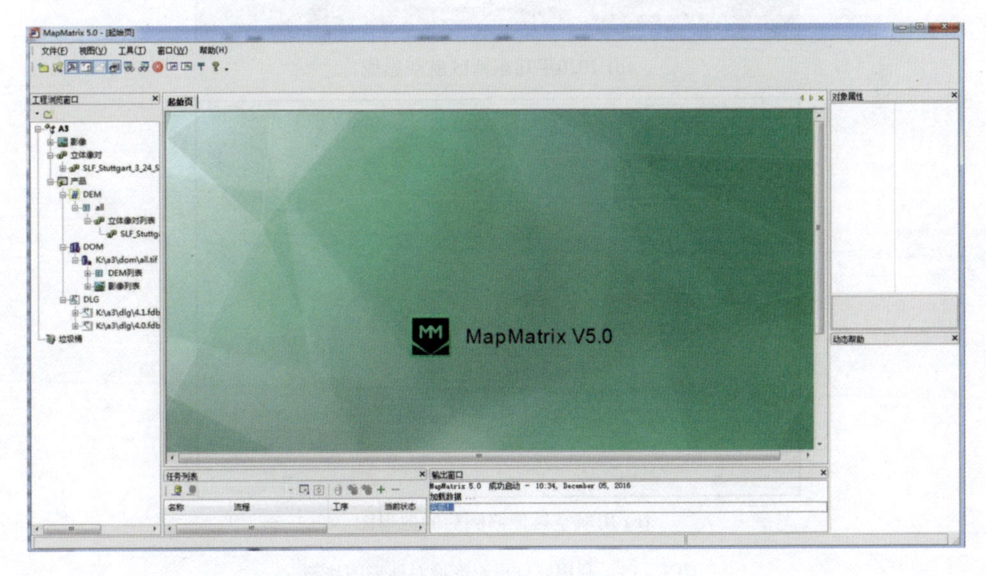

图 1－15　MapMatrix 界面

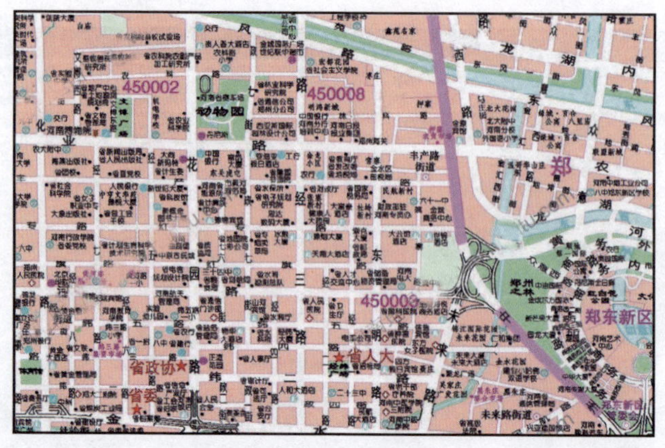

(a) 2000年郑东新区地形图

(b) 2020年郑东新区航空影像

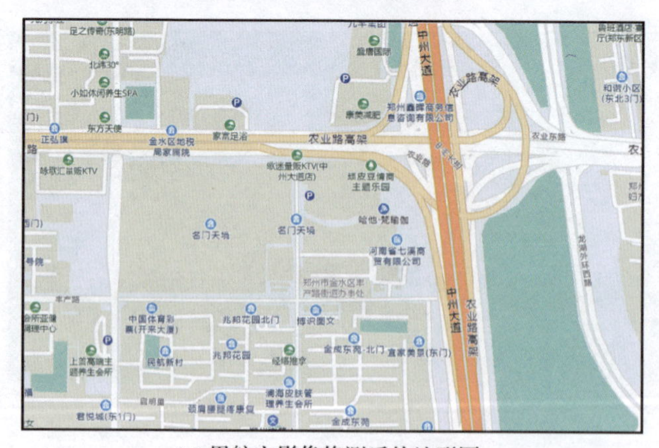

(c) 用航空影像修测后的地形图

图 3－15　利用航空摄影影像对地形图修测

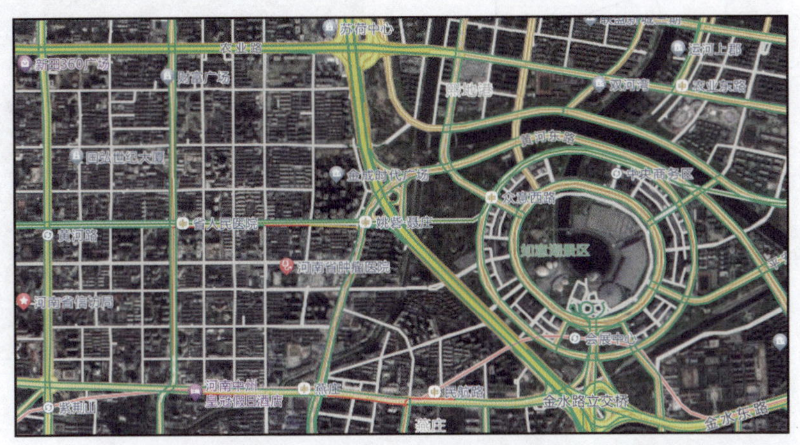

图 3－16　影像地图局部(集成了实时路况、交通事件、注记等信息)

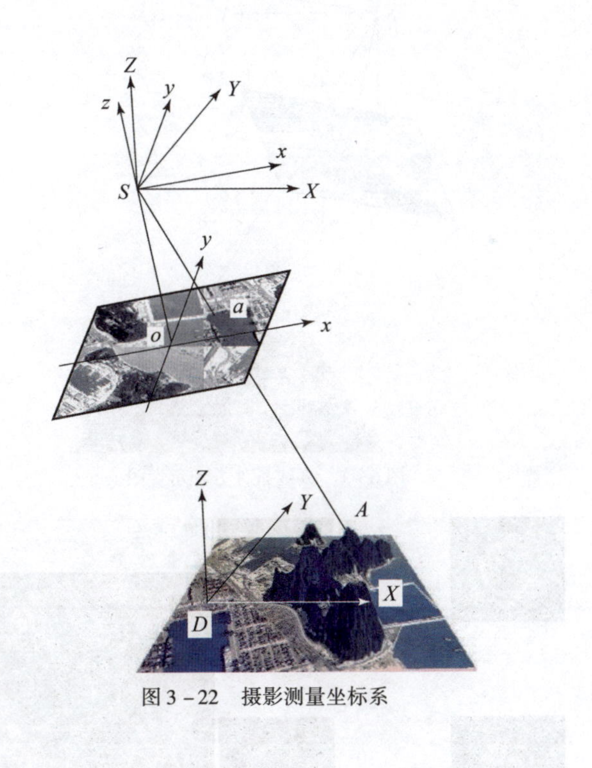

图 3－22　摄影测量坐标系

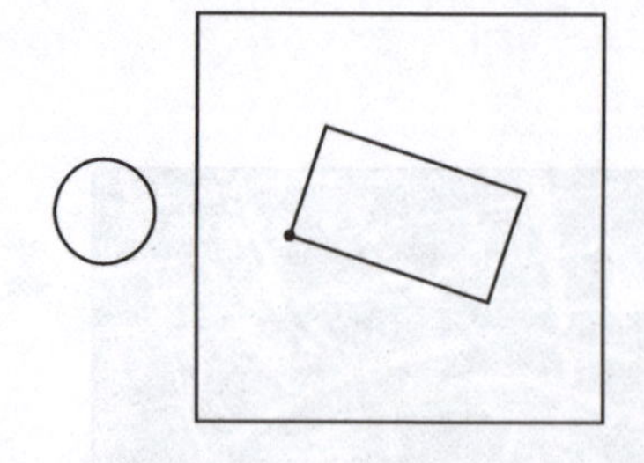

P01–01点（外业临时编号）刺在房屋西南角房顶，房高2.1m，高程量算至房顶。

刺点者：××× 2022.07.20

检查者：××× 2022.07.20

图 4 – 8　刺点整饰示例

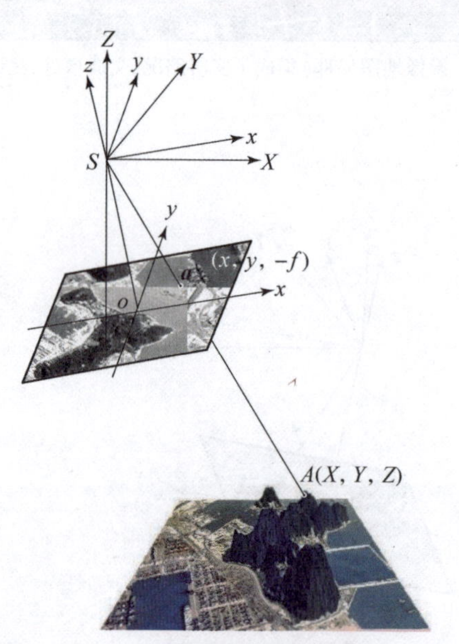

图 6 – 1　共线条件方程示意图

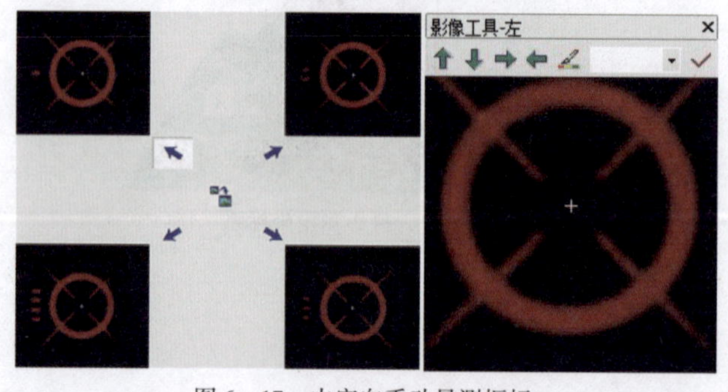

图 6 – 17　内定向手动量测框标

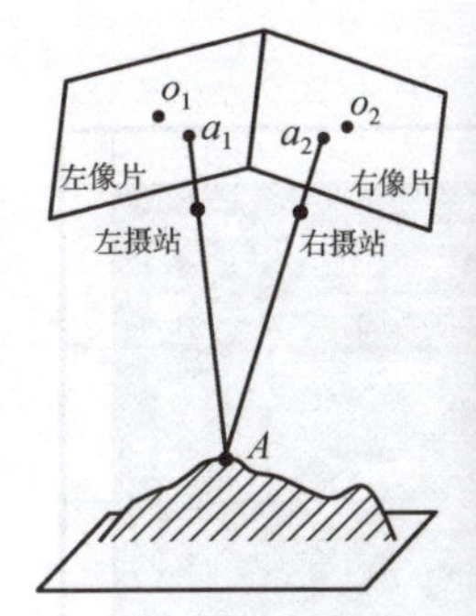

图 7 – 1　立体像对

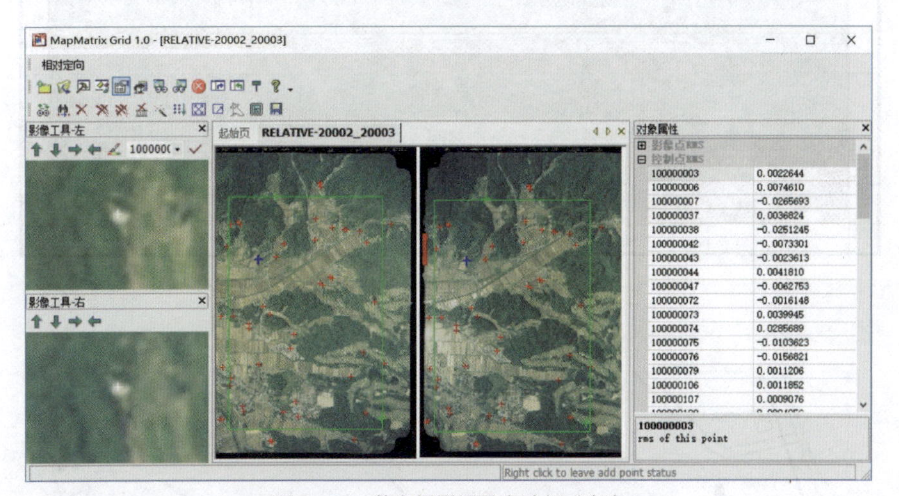

图 7 – 23　数字摄影测量自动相对定向

图 7 – 24　利用相对定向建立的三维模型

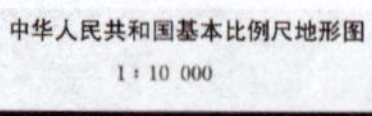

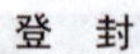

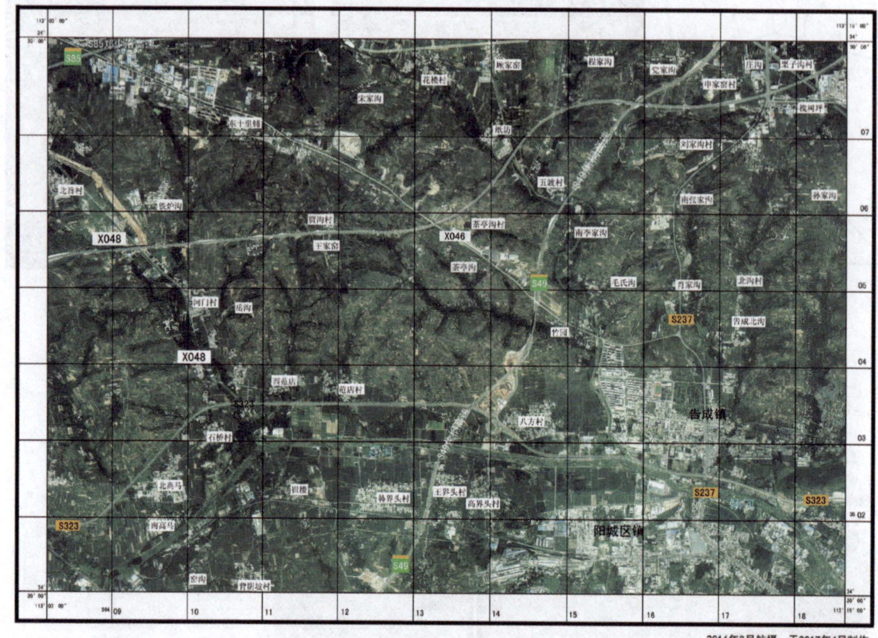

1：10 000

2016年8月航摄，于2017年4月制作

2000大地坐标系，1985国家高程基准；等高距为2.5

图 9－10　正射影像地图示例

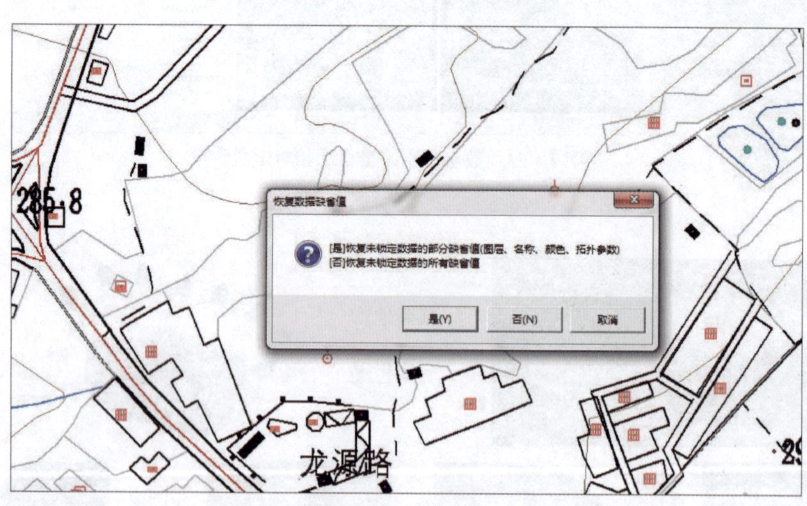

图 10－3　数据整理